高等学校
测绘工程专业核心课程规划教材

误差理论与测量平差

陶本藻　邱卫宁　主编

参编者（以编写章节先后为序）

赵长胜　邱卫宁　赵超英　张书毕　左延英

鲁铁定　史玉峰　刘国林　姚宜斌　童小华

U0249844

WUHAN UNIVERSITY PRESS
武汉大学出版社

图书在版编目（CIP）数据

误差理论与测量平差/陶本藻,邱卫宁主编.—武汉:武汉大学出版社,
2012.7(2021.7 重印)
高等学校测绘工程专业核心课程规划教材
ISBN 978-7-307-09859-6

Ⅰ.误…　Ⅱ.①陶…　②邱…　Ⅲ.①测量误差—高等学校—教材
②测量平差—高等学校—教材　Ⅳ.P207

中国版本图书馆 CIP 数据核字（2012）第 118316 号

责任编辑:王金龙　　　责任校对:刘　欣　　　版式设计:马　佳

出版发行:**武汉大学出版社**　（430072　武昌　珞珈山）
　　　　　（电子邮箱:cbs22@ whu.edu.cn 网址:www.wdp.com.cn）
印刷:武汉中科兴业印务有限公司
开本:787×1092　1/16　印张:14.5　字数:348 千字　　插页:1
版次:2012 年 7 月第 1 版　　2021 年 7 月第 3 次印刷
ISBN 978-7-307-09859-6/P · 202　　定价:28.00 元

高等学校测绘工程专业核心课程规划教材
编审委员会

序

根据《教育部财政部关于实施"高等学校本科教学质量与教学改革工程"的意见》中"专业结构调整与专业认证"项目的安排，教育部高教司委托有关科类教学指导委员会开展各专业参考规范的研制工作。我们测绘学科教学指导委员会受委托研制测绘工程专业参考规范。

专业规范是国家教学质量标准的一种表现形式，并是国家对本科教学质量的最低要求，它规定了本科学生应该学习的基本理论、基本知识、基本技能。为此，测绘学科教学指导委员会从2007年开始，组织12所有测绘工程专业的高校建立了专门的课题组开展"测绘工程专业规范及基础课程教学基本要求"的研制工作。课题组根据教育部开展专业规范研制工作的基本要求和当代测绘学科正向信息化测绘与地理空间信息学跨越发展的趋势以及经济社会的需求，综合各高校测绘工程专业的办学特点，确定专业规范的基本内容，并落实由武汉大学测绘学院组织教师对专业规范进行细化，形成初稿。然后多次提交给教指委全体委员会、各高校测绘学院院长论坛以及相关行业代表广泛征求意见，最后定稿。测绘工程专业规范对专业的培养目标和规格、专业教育内容和课程体系设置、专业的教学条件进行了详尽的论述，提出了基本要求。与此同时，测绘学科教学指导委员会以专业规范研制工作作为推动教学内容和课程体系改革的切入点，在测绘工程专业规范定稿的基础上，对测绘工程专业9门核心专业基础课程和8门专业课程的教材进行规划，并确定为"教育部高等学校测绘学科教学指导委员会规划教材"。目的是科学统一规划，整合优秀教学资源，避免重复建设。

2009年，教指委成立"测绘学科专业规范核心课程规划教材编审委员会"，制订"测绘学科专业规范核心课程规划教材建设实施办法"，组织遴选"高等学校测绘工程专业核心课程规划教材"主编单位和人员，审定规划教材的编写大纲和编写计划。教材的编写过程实行主编负责制。对主编要求至少讲授该课程5年以上，并具备一定的科研能力和教材编写经验，原则上要具有教授职称。教材的内容除要求符合"测绘工程专业规范"对人才培养的基本要求外，还要充分体现测绘学科的新发展、新技术、新要求，要考虑学科之间的交叉与融合，减少陈旧的内容。根据课程的教学需要，适当增加实践教学内容。经过一年的认真研讨和交流，最终确定了这17门教材的基本教学内容和编写大纲。

为保证教材的顺利出版和出版质量，测绘学科教学指导委员会委托武汉大学出版社全权负责本次规划教材的出版和发行，使用统一的丛书名、封面和版式设计。武汉大学出版社对教材编写与评审工作提供必要的经费资助，对本次规划教材实行选题优先的原则，并根据教学需要在出版周期及出版质量上予以保证。广州中海达卫星导航技术股份有限公司对教材的出版给予了一定的支持。

目前，"高等学校测绘工程专业核心课程规划教材"编写工作已经陆续完成，经审查合格将由武汉大学出版社相继出版。相信这批教材的出版应用必将提升我国测绘工程专业的整体教学质量，极大地满足测绘本科专业人才培养的实际要求，为各高校培养测绘领域创新性基础理论研究和专业化工程技术人才奠定坚实的基础。

二〇一二年五月十八日

前　　言

随着空间技术、通信技术、计算机技术和地理信息技术的发展，以"3S"（Global Position System，Remote Sensing，Geographic Information System）及其集成为代表的新技术成为现代测绘数据采集的主要方式。与此同时，测绘数据处理理论与方法的研究和应用的重要性也得到充分的认识。这明显地反映到测绘学科专业的教学计划之中。测绘数据处理的理论和方法的基础课程"误差理论与测量平差基础"，已成为测绘工程本科专业和有测绘学科背景的相关专业如地理信息系统、遥感科学与技术等专业的核心基础课程，在测绘本科教育中有着重要的地位。

随着专业教学改革的深入，专业基础课的地位得到进一步加强。在教育部高等学校测绘学科教学指导委员会指导和授意下，由武汉大学牵头，组织九所测绘学科专业的授课教授共同编写基础课程的全国通用教材《误差理论与测量平差》。这对于测绘类专业必修核心基础课程的统一规划，集中优势建设一流的规划教材，提高测绘专业基础课的教学水平有着积极的意义。

本书的编写内容以测绘工程本科专业"误差理论与测量平差基础"课程的教学大纲为指导，在拓展其应用方面，兼顾了地理信息系统（工程）和遥感科学与技术等本科专业同类课程的需要，并考虑到许多院校的测绘工程本科专业需要在高年级开设测量平差相关的选修课程，在编写时也包括了这部分的教学内容，为此，本书的书名定为《误差理论与测量平差》。

本书内容由两大部分组成。其中第1章至第7章和第11章、第12章为基础和应用部分，适用于测绘工程专业、地理信息系统（工程）专业和遥感科学与技术专业开设的"误差理论与测量平差基础"理论基础课程。第8、9、10三章为提高部分，可作为测绘工程专业高年级续开的必修、选修课程内容。

本书由武汉大学陶本藻教授、邱卫宁教授主编，全书共分12章。第1、7章由徐州师范大学赵长胜教授编写；第2章由武汉大学邱卫宁教授编写；第3章由长安大学赵超英副教授编写；第4章由中国矿业大学张书毕教授编写；第5章由中南大学左延英副教授编写；第6章由东华理工大学鲁铁定教授编写；第8章由南京林业大学史玉峰教授编写；第9、10章由山东科技大学刘国林教授编写；第11章由武汉大学姚宜斌教授编写；第12章由同济大学童小华教授编写；武汉大学陶本藻、邱卫宁对全书作了策划、修订和统稿。

测绘工程专业的"误差理论与测量平差基础"课程的同名教材（武汉大学出版社2003）已使用近十年，该教材作为教育部高等学校测绘学科教学指导委员会的规划教材和全国通用教材，在全国影响广泛，该书的主要理论体系、教学内容、应用的深度和广度等已得到了同行们的公认。因此，本书的作者在基础部分较多地参考了该书，引用了该书的部分算例，对此，向该书的作者和武汉大学出版社表示感谢。

本书得到了教育部高等学校测绘学科教学指导委员会和参加编写的九所大学的测绘院系领导的指导和全力支持，武汉大学出版社对本书的出版做了大量的工作，在此，我们深表感谢。

编者

2012 年 5 月于武汉大学

目　　录

第1章 绪　　论

1.1　观测误差及其分类

观测数据是指用一定的测量工具、测量仪器等手段获取的反映与空间位置有关的数据信息。观测数据可以是直接测量的结果，或经过某种变换后的结果。观测数据包含有用信息和干扰信息两个部分，干扰信息称为误差或噪声。为了获得有用的信息，就要设法排除或削弱误差影响。

在测量工作中，当对同一个被观测量进行重复观测时就会发现，其观测值之间会存在一定的差异。例如，对地面上两点间距离进行多次重复观测，测量结果不会完全一致；在进行水准测量中，往返测得到的两点间高差并不相同；观测一个平面三角形的三个内角，就会发现三个内角和不等于180°。这种同一被观测量的不同观测值之间，或在各观测值某个函数与其理论值之间存在差异的现象，在测绘工作中是普遍存在的。产生上述情况的原因，是观测值中带有观测误差。

1.1.1　误差来源

观测误差产生的原因概括起来有以下三个方面。

1. 外界条件

测量工作是在自然环境下进行的，我们把测量所处的自然环境称为外界条件。外界条件千变万化，对我们的观测产生各种各样的影响。例如，我们测量地球上两点间距离，大气温度、湿度和气压都会影响边长观测值；大气折光会影响角度观测值和高差观测值；GPS 信号穿过电离层会受到电离子折射而产生时间延迟，等等。这些影响都会使观测值产生误差。

2. 测量仪器

测量工作离不开测量仪器。测量仪器本身的精密度也会给观测数据带来误差。例如，经纬仪度盘和测微器的刻度误差、横轴与竖轴不垂直和视准轴与横轴不垂直的轴隙误差对角度观测值的影响；水准测量的水准尺刻度误差、水准仪的 i 角误差对水准观测值的影响；GPS 接收机的钟差对 GPS 观测值的影响，等等。

3. 观测人员

观测者感觉器官的鉴别能力、技术水平和责任心对观测数据的质量都会产生直接影响。例如仪器的安置、照准、读数等方面产生误差。

外界条件、测量仪器和观测者是引起测量误差的主要来源，因此我们把产生误差的综合因素称为观测条件。观测条件的好坏与观测成果的质量密切相关。观测条件好，成果质量就高。相反,观测条件差,成果质量就不高。但是,不管观测条件如何,在测量中产生误差是不可避免的。测量工作者的责任是采取不同的措施,尽可能地消除或减少误差对观测结果的影响,提高观测成果的精度。

1.1.2 观测误差分类

由于观测条件不完善,因此观测值不可避免地会产生各种误差,搞清这些误差的性质,这样便于对不同性质误差采用不同的方法加以处理。

根据观测误差产生的原因及其对测量结果影响的性质不同,可以把测量中出现的误差分为三种类型:粗差、系统误差和偶然误差。

1. 粗差

粗差是一种粗大误差,是指比正常观测条件下所可能出现的最大误差还要大的误差。粗差可能由作业人员的粗心大意、仪器故障或外界条件突然变化等因素所造成的。例如观测时大数读错,计算机输入数据错误,GPS 载波相位观测值受外界影响产生的周跳,航测相片判读错误,角度观测时找错观测目标,等等,这类错误在一定程度上可以避免。但是在全球定位系统(GPS)、地理信息系统(GIS)、遥感(RS)等自动化数据采集中,由于种种包括尚未发现的原因观测数据会含有粗大误差。

2. 系统误差

系统误差是观测条件中某些特定因素的系统性影响而产生的误差。在相同测量条件下,系统误差的大小和符号常固定不变,或者为一常数,或者呈规律性的变化,影响具有累积性。例如,用具有某一尺长误差的钢尺丈量距离时,由尺长误差引起的量距误差与所测距离的长度成正比,丈量距离越长,误差积累也就越大。系统误差对于观测结果的影响一般具有累积作用,对测量数据的质量产生的影响是显著的。

3. 偶然误差

偶然误差是在测量过程中各种随机因素的偶然性影响而产生的误差。在相同测量条件下作一系列的观测,偶然误差从表面上看其数值和符号不存在任何确定的规律性,但就大量误差总体而言,具有统计性的规律。

例如用经纬仪测量角度时,测角误差可能是照准误差、读数误差、外界条件变化和仪器本身不完善等多项误差的代数和,这些小误差是由偶然因素引起的,这些偶然因素在不断变化,体现在单个的微小测角误差上,其数值或大或小,符号或正或负,无法事先预知,呈现随机性。根据概率统计理论可知,如果各个误差项对其总的影响都是均匀地小,不管这些微小误差服从什么分布,也不论它们是同分别或不同分布,只要它们具有有限的均值和方差,那么它们的总和将服从或近似服从正态分布,且误差的平均值随观测次数的增加而趋于零。由此可见,偶然误差就总体而言,具有一定的统计规律;偶然误差也就是均值为零的随机误差,也称为不规则的误差。

1.1.3 误差处理方法

1. 粗差的处理方法

除了要在观测时尽量避免产生错误,做到工作认真负责,一切按既定的观测程序取得观测值外;主要应对观测值进行各种检查和统计检验,如发现存在粗差,要设法消除其对观测结果的影响，例如可采用具有抵抗粗差的测量程序进行数据处理，排除粗差的影响，也可采用测量平差技术设计合理的数据处理方法进行识别与消除。

2. 系统误差的处理方法

在实际工作中，根据系统误差的来源和规律可以采用不同方式加以消除或减弱，使其达到实际上可以忽略不计的程度：

(1) 设计正确的观测程序。

设计正确的观测程序可以消除或减弱部分系统误差。例如：根据水准仪的视准轴与水准轴不平行产生的误差规律性，规定水准测量时水准仪离前后视两个水准尺的距离大致相等；又例如为消除或减弱多路径误差对 GPS 观测的影响，对 GPS 控制点设置做了必要的规定，等等。

(2) 建立系统误差改正模型。

观测量加系统误差改正是常见解决系统误差的方法。例如电磁波测距的气象改正和周期误差改正；GPS 测量中载波相位观测值的电离层改正、对流层改正等都属于系统误差改正。

(3) 仪器的检验与校正。

在测量之前对测量仪器要进行认真的检验与校正，测量仪器要定期检修，确保仪器没有明显问题，减少由仪器产生的系统误差。

(4) 在数据处理中加系统误差参数。

上述误差是不可避免的，即使观测者十分认真且富有经验，测量仪器作了最好的校正，而且外界条件又最有利，这些误差仍然会产生。因此，有时在测量数据处理时将系统误差作为参数参加平差计算。

系统误差与偶然误差在观测过程中是同时发生的，当观测值中有显著的系统误差时，偶然误差就居于次要地位，观测误差就呈现出系统的性质，这时需要在观测值中加系统误差改正消除系统误差。反之，如果在观测列中已经排除了系统误差，或者与偶然误差相比已处于次要地位，则该观测列误差呈现出偶然误差的性质。

3. 偶然误差的处理方法

当剔除了粗差，消除了系统误差之后，观测值还存在偶然误差。处理偶然误差的理论与方法是本课程的主要任务和内容。

1.2 本课程的任务和内容

本课程主要研究两大内容：偶然误差理论和测量平差。

偶然误差是一随机变量，就其总体而言具有一定的统计规律性，服从某种概率分布，处理偶然误差，首先要研究其服从何种概率分布，即误差分布的问题。确定了误差分布，就可以用一定的概率置信度，对观测误差大小做出估计，称为误差估计。在测量数据处理中，待求未知量可以通过直接观测得出，而大量的是通过直接观测的某种函数间接计算得出，如何由观测误差估计其函数的误差大小，这是误差传播的问题。为保证观测值仅含有偶然误差，必须对一系列观测值进行统计检验，如发现含有系统误差或粗差，就必须予以消除或减弱其影响，这就是误差检验和误差分析的内容。偶然误差的统计性质、误差的分布、误差的传播、误差的估计以及误差检验和误差分析等，就是本课程中误差理论要研究的问题。

本课程另一个研究问题是测量平差。测量平差主要研究处理带有偶然误差的观测值，消除不符值，找出待求量的最佳估值。由于这些带有偶然误差的观测值是一些随机变量，因此，可以根据概率统计的方法来求出观测量的最可靠结果，并评定测量成果的精度。

为了测定两点间距离，如果仅丈量一次就可以得出其长度，但是无法知道误差有多大。但可以对该距离进行 n 次观测，得到 n 个观测边长，取其平均长度为两点最后距离。可以证明多次观测的平均值精度高于一次观测精度，也就是偶然误差得到削弱。这样增加了 $n-1$ 次观测，提高了测量结果的精度，又可以发现粗差。我们称这多测的 $n-1$ 次为多余观测，用 r 表示，即 $r=n-1$ 次。多余观测数就是多于被观测未知量的观测数。未知量的个数称为必要观测。在测量工程中，为了提高成果质量和可靠性作多余观测。进行了多余观测，由于观测值带有误差，就可能产生问题，如确定一个平面三角形的形状和大小，只要在三条边、三个内角六个元素中观测至少含有一条边的三个元素即可，但如果观测了六个元素，就会发现三个内角观测值之和可能不是 $180°$，按正弦定理或余弦定理确定的边角关系可能产生矛盾现象，这就是误差造成的。误差造成了几何图形不闭合，产生了不符值或闭合差。测量平差的目的就是要合理地消除这些不符值，求出未知量的最佳估值并评定结果的精度。

测量平差就是测量数据依据某种最优化的准则，由一系列带有观测误差的测量数据，求定未知量的最佳估值并评定结果精度的理论与方法。

本课程主要讨论下述问题：

(1)误差理论。包含偶然误差特性和分布、误差的传播、精度指标及其估计、误差检验理论和方法、粗差检验与修复以及误差分析等。

(2)研究各类测量平差的数学模型，包括函数模型和随机模型，应用最小二乘原理导出各种测量平差理论和方法，求观测值和参数的最或然值，评定观测成果的精度，并研究平差结果的最优性质及其质量控制。

(3)阐述近代平差理论和方法，包括秩亏自由网平差，最小二乘滤波，处理系统误差和粗差的附加系统参数平差和稳健(抗差)估计方法。

(4)误差理论与测量平差在传统控制网、GPS 卫星定位以及 GIS 和遥感空间数据处理中的应用。

1.3 测量平差学科的发展

误差理论与测量平差是因测绘生产实践的需要而产生，伴随着测绘技术的进步而不断发展的学科。18 世纪末、19 世纪初，测量学家和天文测量学家通过大量观测，发现观测值由于带有误差相互矛盾，这就提出如何在消除观测误差引起的矛盾基础上，进而求出被观测量或未知参数的最佳估值问题。高斯(C. F. Gaoss)根据偶然误差的特性，导出了偶然误差的概率分布，提出了最小二乘法，并用最小二乘法处理了带有误差的天文测量数据，对谷神星运行轨道进行了预报，使天文学家及时找到了这颗彗星。勒戎德尔(A. M. Legendre)与此同时从代数观点也独立地提出最小二乘法，并定名为最小二乘法，所以也称它为高斯--勒戎德尔方法。

自最小二乘法提出到 20 世纪 50—60 年代的一百多年来，测量平差学者提出了许多测量平差理论(经典测量平差)和测量平差计算方法。其中最著名的测量平差方法是条件分组平差方法，解算线性方程组最实用方法为高斯消去法(高斯-杜里特表格)。

随着计算机技术、空间技术、电子技术的进步，生产实践中高精度的需要，测量数据的采集的高精度和自动化使测量误差理论和平差方法得到了很大发展，主要表现在以下几个方面：

(1)从法方程系数矩阵满秩扩展到法方程系数矩阵秩亏。

在经典平差中，要求要有足够的起算数据，或称为具有足够的基准条件。在这个前提下，法方程的系数矩阵总是满秩的。由于法方程系数矩阵满秩，法方程具有唯一解。但在实际工作中，有时存在没有足够的起算数据的情况。例如，在水准网中没有已知水准点但却以高程作为参数是这种情况。当一个平差问题没有足够的起算数据时，法方程的系数矩阵就会秩亏，致使法方程的解不唯一。为了解决这个问题，1962 年 P. Meissl 提出了秩亏自由网平差的思想，这样就将经典平差扩展为秩亏自由网平差。

(2)1947 年，铁斯特拉(T. M. Tienstra)提出了相关观测值的平差理论，限于当时的计算条件，直到 20 世纪 70 年代以后被广泛应用。

(3)从待估参数为非随机变量扩展到待估参数为随机变量。

在经典平差中，待估参数为非随机量。但在有些实际问题中，某些待估参数的先验统计性质(如期望和方差)是已知的，这就导致带有随机参数的平差问题的出现。20 世纪 60 年代末由莫里茨(H. Moritz)、克拉鲁普(T. Krarup)提出，并经 70 年代的发展，产生了顾及随机参数的平差方法。其中滤波、推估的参数就是随机量，而最小二乘配置(也称为拟合推估)的参数既有非随机量，也有随机量。

(4)从主要研究函数模型扩展到深入研究随机模型。

在经典平差中，主要研究函数模型。例如，四种经典平差的函数模型及其内在联系。1923 年，F. R. Helmert 提出了方差分量估计理论，使两类以上观测值同时平差时正确确定各类观测值之间的权比成为可能。在 20 世纪 80 年代，方差估计理论已经形成。

(5)从观测值仅含偶然误差扩展到含有系统误差和粗差。

在经典平差中，我们总是假定观测值是仅含有偶然误差、服从正态分布的随机量。但实际上观测值中往往既含有偶然误差，也含有系统误差和粗差。当观测值含有粗差时，由于最小二乘估计不具备抵抗粗差的能力，估计结果将严重受到粗差的污染。为此，需要寻求一种能够抵抗粗差的估计方法。1964 年 P. J. Huber 发表的"位置参数的稳健估计"一文为稳健估计(Robust Estimation)方面的开创性论文。稳健估计的出现，就使测量平差扩展到可以除含偶然误差外还含有粗差的观测值。为了处理系统误差，一般在经典平差的基础上附加系统参数，也称为附加参数的平差方法。近年来，又开展了应用半参数估计的理论来处理系统误差的平差问题的研究。

(6)从无偏估计扩展到有偏估计。

经典平差的估计结果具有无偏性和方差最小性(有效性)。但当法方程病态时，由于观测值的很小误差，就会使待估参数产生很大的变化，不仅解极不稳定，而且方差的数值会很大。1955 年，Stein 证明了若法方程病态，则当参数的个数 t 大于 2 时，基于正态随机变量(观测值)的最小二乘估计(经典平差)为不可容许估计,即总能找到另外一个估计,在均方误差意义下一致优于最小二乘估计。Stein 还提出了通过压缩改进最小二乘估计的方法。这种最小二乘估计的压缩方法是有偏估计。有偏估计被提出以后,出现了许多有偏估计方法,其中研究最多的是岭估计。

(7)从最小二乘估计准则扩展到其他多种估计准则。

在经典平差中,实际上只是应用了最小二乘估计准则。现在,参数估计理论已经得到了很大发展,出现了极大似然估计、最小二乘估计、极大验后估计、最优无偏估计、贝叶斯估计、稳健估计等多种估计方法。

(8)从线性模型的参数估计扩展到非线性模型的参数估计。

经典平差方法实际上是线性模型的参数估计。但测量实践中存在大量的非线性模型。在经典平差中总是把非线性模型做线性化近似处理,线性化会导致模型误差。如果线性近似所引起的模型误差小于观测误差,在线性近似所引起的模型误差可忽略不计。随着科学技术的不断发展,现在测量精度已经大大提高,致使线性近似所引起的模型误差与观测误差相当,甚至还会大于观测误差。在这种情况下,应用经典平差的线性近似方法不能满足当今科学技术要求。更严重的是,有些非线性模型对参数线性近似值十分敏感,若近似的精度较差,线性近似时就会产生较大的模型误差。这时用线性模型的精度评定理论去评定估计结果的精度,会得到一些虚假的优良统计性质,人为地拔高了估计结果的精度。因此,人们提出直接处理非线性模型,这样使线性模型的参数估计扩展到非线性模型的参数估计。

(9)从仅处理静态数据扩展到处理动态数据。

在经典平差中,观测值和待估参数都是不随时间变化的静态数据。但在现代测量中,很多情况下观测值和待估参数都是随时间变化的动态数据。例如,GPS 导航中的观测值和待估参数就是随时间变化的动态数据。为了处理观测值和待估参数都是随时间变化的动态数据,1960 年 R. E. Kalman 提出了卡尔曼滤波。运用卡尔曼滤波和其他动态平差方法,将仅能处理观测值和待估参数不随时间变化的静态数据的经典平差扩展到能处理观测值和待估参数都是随时间变化的动态数据。

总之,自 20 世纪 70 年代以来,误差理论与测量平差方法得到了充分发展。这些成果在大地测量、精密工程测量、全球定位系统、地理信息系统、遥感及其相关学科中得到大量应用,发挥了重要作用。但是,科学发展是无止境的,今后测量平差与误差理论还会随着测绘技术的发展而不断发展。

第2章 观测误差分布与精度指标

本章阐述测量误差理论的基础知识,包括偶然误差的概率分布及其数字特征,真值的统计定义,观测值与观测值向量的精度指标以及误差区间估计和不确定度的概念等内容。

2.1 观测误差的概率分布

2.1.1 随机变量与偶然误差

任何一个观测值 L_i,客观上存在一个能代表其真实大小的数值,称之为真值,记为 $\tilde{L}$。真值与观测值之间的差值称为真误差,简称误差,记为 Δ_i,有关系式

$$\Delta_i = \tilde{L}_i - L_i \quad (i = 1, 2, \cdots, n) \tag{2-1-1}$$

假定观测值中不存在系统误差和粗差,则上式中的 Δ_i 为偶然误差。单个偶然误差的大小和符号是无规律的,呈现出一种随机性,但就大量的偶然误差来看,却呈现出一定的统计规律,这些误差在观测之前不能预知它的大小,但知道以一定的概率取某些值,在数理统计学中,将具有这样性质的变量称为随机变量,偶然误差就是随机变量,含有偶然误差的观测量也是随机变量。

如果有 n 个观测值 L_1,L_2,$\cdots$,L_n,这 n 个观测值构成观测向量,记为 $\underset{n,1}{L} = [L_1, L_2, \cdots, L_n]^\mathrm{T}$,同样,令 $\underset{n,1}{\Delta} = [\Delta_1, \Delta_2, \cdots, \Delta_n]^\mathrm{T}$ 称为误差向量,观测向量和误差向量都是由随机变量构成,称为随机向量。这样,(2-1-1)式可用矩阵表示为

$$\Delta = \tilde{L} - L \tag{2-1-2}$$

式中 $\underset{n,1}{\tilde{L}} = [\tilde{L}_1, \tilde{L}_2, \cdots, \tilde{L}_n]^\mathrm{T}$ 由真值组成,为常数矩阵。

2.1.2 偶然误差的规律性

在实践中,人们对在相同的观测条件下获得的一组观测数据进行分析看到,当观测数据足够多时,偶然误差呈现出一定的统计规律。

偶然误差的统计规律,可以从下面例子看出。

在相同的观测条件下,独立观测了 235 个三角形的所有内角。由于存在观测误差,每个三角形内角和 $(\alpha_i + \beta_i + \gamma_i)$ $(i=1, 2, \cdots, 235)$,一般不等于其真值 $180°$。其差值

$$\Delta_i = 180° - (\alpha_i + \beta_i + \gamma_i) \quad (i = 1, 2, \cdots, 235)$$

Δ_i 是三角形内角和闭合差,也是真误差。为了考查偶然误差的分布情况,将误差出现的范围,按 $0.2''$ 的长度分成若干个相等的小区间,统计误差的绝对值出现在每个区间

内的个数 ν ，正负误差分开计，并统计每个区间内误差出现的频率 ν_i/n （ n 为总的误差个数），结果列于表 2-1 中。

表 2-1　　　　　　　　　　　　　　三角形闭合差在各误差区间的个数

误差区间 "	为正值			为负值		
	个数 v_i	频率 v_i/n	$\dfrac{v_i/n}{\mathrm{d}\Delta}$	个数 v_i	频率 v_i/n	$\dfrac{v_i/n}{\mathrm{d}\Delta}$
0.00 ~ 0.20	33	0.140	0.700	34	0.145	0.725
0.20 ~ 0.40	26	0.111	0.556	26	0.111	0.556
0.40 ~ 0.60	20	0.085	0.425	21	0.089	0.445
0.60 ~ 0.80	14	0.055	0.275	14	0.055	0.275
0.80 ~ 1.00	10	0.043	0.215	11	0.047	0.235
1.00 ~ 1.20	7	0.030	0.150	7	0.030	0.150
1.20 ~ 1.40	4	0.017	0.085	5	0.021	0.105
1.40 ~ 1.60	2	0.009	0.045	1	0.004	0.020
1.60 以上	0	0	0	0	0	0
Σ	116	0.493		119	0.507	

　　从表 2-1 中看出，该组闭合差表现出如下规律，没有大于 1.6″ 的误差；绝对值小的误差比绝对值大的出现的多，正、负误差出现的频率相等。

　　如果还是在同一观测条件下观测了更多的三角形内角，只要观测值足够多，我们将会发现，虽然各区间误差的个数会增加，但各区间内误差的频率会稳定在某一常数即理论频率附近。而且观测个数越多，频率越稳定，变动的幅度会越小，当 $n \to \infty$ 时，各频率就趋于一个确定的数值，这就是误差出现在区间内的概率。这就是说，在相同观测条件下得到的观测值或误差，对应着一种确定的误差分布。

　　为了进行比较，在另一种观测条件下，再次观测了 235 个三角形的所有内角，将得到的误差按大小、符号排列，分类列于表 2-2 中。

　　除了用表 2-1、表 2-2 表示的偶然误差分布表外，还可以用图来表示偶然误差的分布情况。以真误差的大小为横坐标，用频率除以误差间隔即 $\dfrac{\nu_i/n}{\mathrm{d}\Delta}$ 为纵坐标。图 2-1 是根据表 2-1 中的数据绘制的，横坐标的间隔为 $\mathrm{d}\Delta = 0.2''$ ，纵坐标 $f(\Delta) = \dfrac{\nu_i/n}{\mathrm{d}\Delta}$ 。由于图中小长方条的面积 $f(\Delta) \cdot \mathrm{d}\Delta = \dfrac{\nu_i}{n}$ ，这表明图中每一个误差区间上的长方条面积为误差出现在该区间的频率。它直观地反映了偶然误差分布的情况，在数理统计里称为直方图。图 2-2 是根据表 2-2 的数据绘制的。

表 2-2 三角形闭合差在各误差区间的个数

误差区间 $"$	为正值			为负值		
	个数 v_i	频率 v_i/n	$\dfrac{v_i/n}{\mathrm{d}\Delta}$	个数 v_i	频率 v_i/n	$\dfrac{v_i/n}{\mathrm{d}\Delta}$
0.00 ~ 0.20	30	0.128	0.638	29	0.123	0.617
0.20 ~ 0.40	25	0.106	0.532	25	0.106	0.532
0.40 ~ 0.60	20	0.085	0.426	19	0.081	0.404
0.60 ~ 0.80	15	0.064	0.319	14	0.060	0.300
0.80 ~ 1.00	10	0.042	0.213	10	0.042	0.213
1.00 ~ 1.20	7	0.030	0.149	7	0.030	0.149
1.20 ~ 1.40	5	0.021	0.106	6	0.026	0.128
1.40 ~ 1.60	3	0.013	0.064	4	0.017	0.085
1.60 ~ 1.80	2	0.009	0.042	2	0.009	0.042
1.80 ~ 2.00	1	0.004	0.021	1	0.004	0.021
2.00 以上	0	0	0	0	0	0
$\sum$	118	0.502		117	0.498	

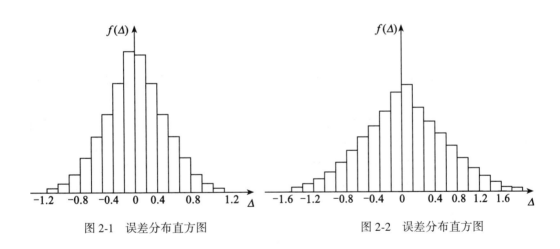

图 2-1 误差分布直方图   图 2-2 误差分布直方图

当 $n \to \infty$ 时,由于各频率已经稳定,此时图 2-1 和图 2-2 中的各长方条顶边所形成的折线将会随着误差间隔的无限缩小分别变成如图 2-3 所示的两条光滑曲线,这种曲线称为误差概率分布曲线,简称误差分布曲线。图 2-1、图 2-2 所示的偶然误差的频率分布,随着 n 的逐渐增大,以正态分布为极限。通常也称偶然误差的频率分布为经验分布,$n \to \infty$ 时经验分布的极限为理论分布。误差的理论分布是多种多样的,但根据概率论的中心极限定理,大多数测量误差都服从正态分布,因而通常将正态分布看成偶然误差的理论分布。

根据正态分布的特点,可以概率的术语,将偶然误差的统计特性概括成以下几点:

(1)在一定的观测条件下,偶然误差的绝对值不会超过一定的限制,即大于一定限值的偶然误差的概率为零。

（2）绝对值较小的偶然误差比绝对值较大的偶然误差出现的概率要大。

（3）数值相等的正负偶然误差出现的概率相同。

（4）偶然误差的理论平均值为零，即

$$\lim_{n \to \infty} \frac{1}{n} \sum_{i=1}^{n} \Delta_i = 0 \qquad (2\text{-}1\text{-}3)$$

第（4）条可由第（3）条偶然误差的对称性得出。

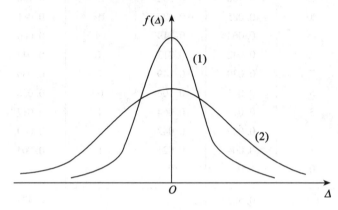

图 2-3　误差分布曲线

2.1.3　观测条件与误差分布

测量观测值是通过观测者利用测量仪器在野外观测获得，观测者、仪器和外界条件称为观测条件。

观测条件是产生观测误差的 3 个主要因素的总称，观测条件的好坏与观测成果的质量密切相关，观测成果质量的优劣直接反映在误差分布图上。例如，图 2-3 中，曲线（1）图形陡峭，小误差出现的多；曲线（2）的图形平缓，误差较分散，说明曲线（1）是在较好的观测条件下得到的误差分布，观测值的质量要优于在另一种观测条件下得到的误差用曲线（2）表示的观测值。

2.2　正 态 分 布

正态分布是一种重要分布，是测量数据处理的统计基础。

2.2.1　一维正态分布

如果一维随机变量 x 的概率分布密度为

$$f(x) = \frac{1}{\sqrt{2\pi}\,\sigma} e^{-\frac{(x-\mu)^2}{2\sigma^2}} \qquad (-\infty < x < +\infty) \qquad (2\text{-}2\text{-}1)$$

其中 μ、σ 为参数，且称 x 服从参数（μ，σ^2）为的正态分布也称高斯分布，记为 $x \sim N(\mu, \sigma^2)$

正态分布的两个参数有着非常重要的作用，决定了正态分布曲线的位置和形状。如果

固定 σ，改变 μ，则图形沿着 X 轴平移，其形状不变，参数 μ 确定了曲线的中心位置，称 μ 为位置参数。

当固定 μ，变化 σ，则 σ 变小时，$f(x)$ 的最大值变大，曲线变陡峭，因而 X 落在附近的概率越大，参数 σ 反映了随机变量 X 取值的分散程度。

对于误差概率分布曲线，其中心位置为零，即位置参数 $\mu = 0$，这时随机变量 Δ 的概率分布密度为

$$f(\Delta) = \frac{1}{\sqrt{2\pi}\,\sigma} e^{-\frac{\Delta^2}{2\sigma^2}} \tag{2-2-2}$$

由于 $\mu = 0$，所以曲线是以横坐标为 0 处的纵轴为对称轴，当 σ 不同时，曲线的位置不变，但形状会发生变化，例如，图 2-3 中表示的就是 σ 不相同的两条曲线。由上述讨论可知，通常认为偶然误差 Δ 是服从 $N(0, \sigma^2)$ 分布的随机变量。

对密度函数 (2-2-2) 式 $f(\Delta)$ 求二阶导，并令其为零

$$f'(\Delta) = \frac{1}{\sqrt{2\pi}\,\sigma} e^{-\frac{\Delta^2}{2\sigma^2}} \left(-\frac{\Delta}{\sigma^2} \right)$$

$$f''(\Delta) = -\frac{1}{\sigma^2} \frac{1}{\sqrt{2\pi}\,\sigma} e^{-\frac{\Delta^2}{2\sigma^2}} - \frac{\Delta}{\sigma^2} \frac{1}{\sqrt{2\pi}\,\sigma} e^{-\frac{\Delta^2}{2\sigma^2}} \left(-\frac{\Delta}{\sigma^2} \right)$$

$$= \frac{1}{\sigma^2} \frac{1}{\sqrt{2\pi}\,\sigma} e^{-\frac{\Delta^2}{2\sigma^2}} \left(\frac{\Delta^2}{\sigma^2} - 1 \right) = 0$$

$$\Delta^2 = \sigma^2, \quad \Delta = \pm\sigma$$

可知 σ 为曲线拐点。σ 决定了曲线的陡峭程度。

2.2.2　n 维正态分布

如果 n 维随机向量 $\underset{n,1}{X} = \begin{bmatrix} X_1 & X_2 & \cdots & X_n \end{bmatrix}^{\mathrm{T}}$ 服从正态分布，则 $\underset{n,1}{X}$ 的联合概率分布密度为

$$f(X_1, X_2, \cdots, X_n) = \frac{1}{(2\pi)^{\frac{n}{2}} |D_{XX}|^{\frac{1}{2}}} \exp\left\{ -\frac{1}{2} (X - \mu_X)^{\mathrm{T}} D_{XX}^{-1}(X - \mu_X) \right\} \tag{2-2-3}$$

式中，参数 μ_X 和 D_{XX} 分别为随机向量 $\underset{n,1}{X}$ 的数学期望和方差-协方差阵，方差-协方差阵的概念在 2-6 节中介绍。

2.3　随机变量的数字特征

随机变量正态分布曲线的两个参数 μ、σ^2 决定了正态分布曲线的位置和形状，称这两个参数为随机变量自身的数字特征。称为数学期望和方差。除此之外，还有描述两两随机变量相关程度的数字特征：协方差和相关系数。

2.3.1　数学期望

随机变量 X 的数学期望定义为随机变量可能取值的理论平均值，记为 $E(X)$。如果 X 是离散型随机变量，其可能取值为 $x_i(i = 1, 2, \cdots, n)$，且 $X = x_i$ 的概率 $P = p_i$，则有离

散型数学期望:

$$E(x) = \sum_{i=1}^{\infty} x_i p_i \qquad (2\text{-}3\text{-}1)$$

如果 X 是连续型随机变量,取值为 x ,其分布密度为 $f(x)$,则有

$$E(x) = \int_{-\infty}^{\infty} xf(x)\,\mathrm{d}x \qquad (2\text{-}3\text{-}2)$$

根据数学期望的定义,偶然误差的理论平均值就是偶然误差的数学期望,由偶然误差的第 4 个特性,可知

$$E(\Delta) = \lim_{n\to\infty} \frac{1}{n} \sum_{i=1}^{n} \Delta_i = 0 \qquad (2\text{-}3\text{-}3)$$

数学期望有如下的运算规则:

(1)设 C 为一常数,则

$$E(C) = C$$

(2)设 C 为常数, X 为随机变量,则

$$E(CX) = CE(X) \qquad (2\text{-}3\text{-}4)$$

这是因为

$$E(CX) = \int_{-\infty}^{\infty} Cxf(x)\,\mathrm{d}x = C\int_{-\infty}^{\infty} xf(x)\,\mathrm{d}x = CE(X) \qquad (2\text{-}3\text{-}5)$$

(3)设有两随机变量 x、y ,则

$$E(X \pm Y) = E(X) \pm E(Y) \qquad (2\text{-}3\text{-}6)$$

这是因为

$$E(X \pm Y) = \int_{-\infty}^{\infty}\int_{-\infty}^{\infty} (x + y)f(x,\ y)\,\mathrm{d}x\mathrm{d}y = \int_{-\infty}^{\infty} xf_1(x)\,\mathrm{d}x \pm \int_{-\infty}^{\infty} yf_2(y)\,\mathrm{d}y = E(X) \pm E(Y)$$

式中

$$f_1(x) = \int_{-\infty}^{\infty} f(x,\ y)\,\mathrm{d}y,\ f_2(y) = \int_{-\infty}^{\infty} f(x,\ y)\,\mathrm{d}x$$,分别为 x、y 的边界概率密度,不论 x、y 是否独立,上式均成立。推广之,如有随机变量 $x_i(i = 1,\ 2,\ \cdots)$,则有

$$E(x_1 \pm x_2 \pm \cdots \pm x_n) = E(x_1) \pm E(x_2) \pm \cdots \pm E(x_n)$$

(4)当两随机变量 x、y 互相独立时,则

$$E(xy) = E(x)E(y) \qquad (2\text{-}3\text{-}7)$$

这是因为当 x、y 互相独立时, $f(X,\ Y) = f_1(X)f_2(Y)$,则有

$$E(X,\ Y) = \int_{-\infty}^{\infty} xyf(xy)\,\mathrm{d}x\mathrm{d}y = \int_{-\infty}^{\infty} xf_1(x)\,\mathrm{d}x \int_{-\infty}^{\infty} yf_2(y)\,\mathrm{d}y = E(X)E(Y)$$

推广之,如有随机变量 $x_i(i = 1,\ 2,\ \cdots)$ 两两独立,则有

$$E(x_1 x_2 \cdots x_n) = E(x_1)E(x_2) \cdots E(x_n) \qquad (2\text{-}3\text{-}8)$$

随机向量的数学期望:

n 维随机向量 $\underset{n,1}{X} = \begin{bmatrix} X_1 & X_2 & \cdots & X_n \end{bmatrix}^{\mathrm{T}}$ 的数学期望也是一个常数向量。

$$E(\underset{n,1}{X}) = \begin{bmatrix} E(X_1) & E(X_2) & \cdots & E(X_n) \end{bmatrix}^{\mathrm{T}}$$

随机向量数学期望的运算规则和随机变量一样。

2.3.2 方差

随机变量 x 有数学期望 $E(x)$，其方差定义为

$$D(x) = E[x - E(x)]^2 \tag{2-3-9}$$

方差表征的是随机变量偏离集中位置的分散程度，用 $D(x)$ 或 σ_x^2 表示，σ_x 称为标准误差。

如果 X 是离散型随机变量，其可能取值为 $x_i(i = 1, 2, \cdots, n)$，且 $X = x_i$ 的概率 $P = p_i$，则有离散型方差

$$D(x) = \sum_{i=1}^{\infty} [x_i - E(x)]^2 p_i$$

如果 X 是连续型随机变量，其分布密度为 $f(x)$，则有

$$D(x) = \int_{-\infty}^{\infty} [x - E(x)]^2 f(x) \mathrm{d}x \tag{2-3-10}$$

方差有如下的运算规则

(1) 设 C 为一常数，则

$$D(C) = 0 \tag{2-3-11}$$

(2) 设 C 为常数，X 为随机变量，则

$$D(Cx) = C^2 D(x) \tag{2-3-12}$$

这是因为

$$D(Cx) = \int_{-\infty}^{\infty} [Cx - CE(x)]^2 f(x) \mathrm{d}x = C^2 \int_{-\infty}^{\infty} [x - E(x)]^2 f(x) \mathrm{d}x = C^2 D(x)$$

(3) $D(x) = E(x^2) - [E(x)]^2 \tag{2-3-13}$

这是因为

$$D(x) = E\{[x - E(x)]^2\} = E\{x^2 - 2xE(x) + [E(x)]^2\} = E(x^2) - [E(x)]^2$$

(4) 设两随机变量 x、y 互相独立时，则有

$$D(x \pm y) = D(x) + D(y) \tag{2-3-14}$$

这是因为

$$D(x \pm y) = E[x \pm y - E(x \pm y)]^2 = E[x - E(x)]^2 + E[(y - E(y))]^2 \pm$$
$$2E\{[x - E(x)][y - E(y)]\}$$
$$= D(x) + D(y) \pm 2E\{[x - E(x)][y - E(y)]\}$$

如果 x、y 互相独立时，$x - E(x)$ 和 $y - E(y)$ 也互相独立，由数学期望的性质有

$$E\{[x - E(x)][y - E(y)]\} = E[x - E(x)]E[y - E(y)]$$
$$= [E(x) - E(x)][E(y) - E(y)] = 0$$

推广之，如有互相独立的随机变量 $x_i(i = 1, 2, \cdots, n)$，有

$$D(x_1 \pm x_2 \pm \cdots \pm x_n) = D(x_1) + D(x_2) + \cdots + D(x_n) \tag{2-3-15}$$

【例 2-1】 求正态随机变量 x 的数学期望和方差。

$$E(x) = \int_{-\infty}^{\infty} x \frac{1}{\sqrt{2\pi}\sigma} \mathrm{e}^{-\frac{(x-\mu)^2}{2\sigma^2}} \mathrm{d}x = \mu \tag{2-3-16}$$

$$D(x) = \int_{-\infty}^{\infty} (x-\mu)^2 \frac{1}{\sqrt{2\pi}\sigma} e^{-\frac{(x-\mu)^2}{2\sigma^2}} dx = \sigma^2 \qquad (2\text{-}3\text{-}17)$$

$x \sim N(\mu, \sigma^2)$，以及正态分布中的两个参数，就是正态变量的数学期望和方差。

【例 2-2】 设 $x \sim N(\mu, \sigma^2)$，求随机变量 $t = \dfrac{x-\mu}{\sigma}$ 的期望和方差。

$$E(t) = E\left(\frac{x-\mu}{\sigma}\right) = \frac{1}{\sigma}[E(x)-\mu] = 0 \qquad (2\text{-}3\text{-}18)$$

$$D(t) = D\left(\frac{x-\mu}{\sigma}\right) = \frac{1}{\sigma^2}[D(x)-0] = 1 \qquad (2\text{-}3\text{-}19)$$

即 $t \sim N(0,1)$，t 服从标准正态分布，称随机变量 t 为 x 的标准化变量。

2.3.3 协方差

当两随机变量 x、y 互相独立时，前面已说明 $E[x-E(x)][y-E(y)] = 0$，换言之，如果 $E[x-E(x)][y-E(y)] \neq 0$，两随机变量 x、y 相关，其相关程度可以用协方差用来描述。随机变量 x 对 y 的协方差记为 D_{xy} 或 σ_{xy}，定义式

$$D_{xy} = E\{[x-E(x)][y-E(y)]\} \qquad (2\text{-}3\text{-}20)$$

协方差有如下性质：

(1) $D_{xy} = D_{yx}$ \qquad (2-3-21)

(2) $D_{xy} = E(xy) - E(x)E(y)$ \qquad (2-3-22)

当两随机变量 x、y 互相独立时，其真误差的乘积也呈偶然性，乘积的数学期望为零，即 $\sigma_{xy} = 0$。

2.3.4 相关系数

相关系数用来进一步描述随机变量的相关程度，两随机变量 x、y 之间的相关系数定义为

$$\rho = \frac{\sigma_{xy}}{\sqrt{D(x)}\sqrt{D(y)}} = \frac{\sigma_{xy}}{\sigma_x \sigma_y} \qquad (2\text{-}3\text{-}23)$$

相关系数的取值范围

$$-1 \leqslant \rho \leqslant 1 \qquad (2\text{-}3\text{-}24)$$

当 $0 < \rho \leqslant 1$，表示随机变量 x、y 正相关，当 $-1 \leqslant \rho$，< 0，表示随机变量 x、y 负相关，$\rho = 0$，表示随机变量 x、y 不相关。

2.4 真值与数学期望

前面已提到，任何一个观测值 L，客观上存在一个能代表其真实大小的数值，称为真值。真值一般并不可知，但可以从数字上进行理论描述，设观测值为 L，及真误差 Δ，则有

$$\tilde{L} = L + \Delta \qquad (2\text{-}4\text{-}1)$$

当 Δ 为偶然误差满足 $E(\Delta) = 0$ 时，对上式两边求数学期望，得

$$\tilde{L} = E(L) \tag{2-4-2}$$

可见 L 的真值 $\tilde{L}$ 可用其数学期望进行理论定义。

设观测量的真值为 $\tilde{L}$ ，对其进行重复测量的观测值为 L_1 ， L_2 ， $\cdots$ ， L_n ，则有

$$\tilde{L} = L_1 + \Delta_1$$

$$\tilde{L} = L_2 + \Delta_2 \tag{2-4-3}$$

$$\cdots$$

$$\tilde{L} = L_n + \Delta_n$$

将上式各列相加并两边除以 n 得

$$\tilde{L} = \frac{1}{n}\sum_{i=1}^{n} L_i + \frac{1}{n}\sum_{i=1}^{n} \Delta_i \tag{2-4-4}$$

当 $n \to \infty$ 时，顾及 $(2\text{-}3\text{-}3)$ 式和真值定义知

$$\tilde{L} = E(\Delta) = \lim_{n\to\infty} \bar{L} \tag{2-4-5}$$

式中

$$\bar{L} = \frac{1}{n}\sum_{i=1}^{n} L_i \tag{2-4-6}$$

为各 L_i 的算术平均值，及其真值可理解为对同一量进行无穷次观测的平均值。

在实际测量问题中，单一观测量的真值不可知，但有时其函数的真值是可知的，例如平面三角形三个内角和的真值为 $180°$ ，两个水准点间往返测高差之差的真值为零等。在这种情况下，相应观测值函数的真误差是可以求出的，表 2-1、表 2-2 中的三角形闭合差，就是三个内角和函数的真误差。

2.5　观测值精度的衡量指标

2.5.1　同精度与不同精度观测值

在相同观测条件下，对相同的观测对象进行多次观测结果之间的符合程度称为精度。表现为误差的密集和分散程度。在观测条件好的情况下得到的一组观测值的误差平均来说要小，用这组观测值的误差绘制的直方图可以直观的展示这组观测值的质量。例如，将表 2-1 和表 2-2 进行比较，表 2-1 里小误差多些，是在某一种观测条件下得到的；表 2-2 里的数据是在另一种观测条件下得到的。从图 2-1 和图 2-2 也可看出，图 2-1 的图形陡峭，说明小误差出现的多；图 2-2 的图形平缓，误差较分散。显然，误差分布图形陡峭的观测值质量要好。而图形陡峭程度是由密度函数里的数字特征方差决定的，这种表示观测值误差分布的密集和分散程度的指标称之为精度，相同观测条件下得到的一组观测值的质量就可以用精度来衡量，精度高，图形陡峭，观测值质量就好。精度表示这组观测值的质量，尽管这组观测值的误差有大有小，彼此不相等。但它们的精度是相同的，称为同精度观测值。而不同观测条件下得到的观测值为不等精度观测值。

2.5.2 衡量精度的指标

常用的精度指标有以下几种：

1. 方差和中误差(标准差)

由前节讨论可知，随机变量的方差是正态分布密度函数的离散参数，也是正态分布曲线的拐点，为了衡量观测值精度高低，可用这观测误差的离散程度的大小来描述，离散程度大精度差，反之精度高。因此合理的精度指标可采用方差和中误差。

已知随机变量方差的定义为

$$\sigma_x^2 = E\left[x - E(x)\right]^2 \tag{2-5-1}$$

对于观测值 L，顾及 $E(L) = \tilde{L}$ 按定义知 L 的方差为

$$\sigma_L^2 = E\left[L - E(L)\right]^2 = E\left[L - \tilde{L}\right]^2 = E\left[\Delta\right]^2 = \sigma_\Delta^2 = \sigma^2 \tag{2-5-2}$$

即观测值的方差和观测误差的方差相等，方差的正平方根 σ 称为观测值的标准差，σ 恒取正值，方差和标准差即为衡量精度的指标。

由数学期望定义，方差可表示为 $\sigma^2 = \lim\limits_{n \to \infty} \dfrac{[\Delta\Delta]}{n}$。上式是在 n 充分大时才成立。而在实际计算中，n 是有限数，用有限个真误差计算的是方差和标准差的估值 $\hat{\sigma}^2$ 和 $\hat{\sigma}$，标准差 σ 在测绘界称为中误差。考虑测绘界的传统习惯，在本书中标准差统称为中误差。

在实际测量问题中，可用下式估算观测值的方差。

$$\hat{\sigma}^2 = \frac{\sum\limits_{i=1}^{n} \Delta_i^2}{n} = \frac{[\Delta\Delta]}{n} \tag{2-5-3}$$

式中 $[x]$ 为和符号，表示为 $[x] = \sum\limits_{i=1}^{n} x_i$。

需要指出的是，在一定的观测条件下，Δ 对应于一个确定的概率分布，概率分布中的方差 σ^2 和中误差 σ 是一个常数。而在实际中，计算的方差和中误差的估值 $\hat{\sigma}^2$ 和 $\hat{\sigma}$ 会随着 n 的大小及所取的观测值发生变动，即它们是随机变量，随着 n 的逐渐增大，$\hat{\sigma}^2$ 和 $\hat{\sigma}$ 会逐渐趋近其理论值 σ^2 和 σ。

【例 2-3】 在某仪器检定场，基线的长度是 500m，为鉴定某台测距仪的精度，对基线观测了 10 次，得观测值

500.010　49.992　499.998　500.005　499.987　500.002　500.009　499.999
499.993　500.003

试求该仪器的精度。

解：因检定场基线长度的测定比所检定仪器的测距精度要高得多，因此基线长度 500m 可视为真值，这种真值称为约定真值。由此可算出每个观测值的真误差，这组观测值的精度就是该仪器的精度。该仪器的方差估值为

$$\hat{\sigma}^2 = \frac{[\Delta\Delta]}{n} = \frac{506}{10} = 50.6 \; (\text{mm}^2),$$

中误差估值为 $\hat{\sigma} = 7.1(\text{mm})$

【例 2-4】 设在一个由 n 个三角形组成的三角锁中，以同精度观测了各三角形的三个

内角，分别为 L_{1i}，L_{2i}，L_{3i}（$i = 1$，2，$\cdots$，n）可得 n 个三角形的闭合差为

$$w_i = (L_{1i} + L_{2i} + L_{3i}) - 180°$$

试求三内角和观测值的中误差 $\hat{\sigma}_w$。

解：因为 w_i 是三角形三个内角和观测值的真误差的负值，故可直接按中误差的定义求得

$$\hat{\sigma}_w = \sqrt{\frac{[ww]}{n}} \qquad (2\text{-}5\text{-}4)$$

2. 极限误差

观测值的精度用方差或中误差表示，由上节讨论知，观测误差 $\Delta \sim N(0, \ \sigma^2)$ 分布，由分布密度函数可得

$$\left.\begin{array}{l} \rho(-\sigma < \Delta < +\sigma) = 0.683 \\ \rho(-2\sigma < \Delta < +2\sigma) = 0.955 \\ \rho(-3\sigma < \Delta < +3\sigma) = 0.997 \end{array}\right\} \qquad (2\text{-}5\text{-}5)$$

这说明，观测误差大于三倍中误差的概率只有 0.3%，为小概率事件。大于两倍中误差的概率也只有 4.5%。测量中认为测量误差小于在两倍或三倍中误差才算偶然误差，才是合理的。因此，通常将两倍或三倍中误差作为极限误差，即

$$\Delta_{限} = 2\sigma \ 或 \ \Delta_{限} = 3\sigma$$

在我国测量规范中，对不同的测量内容按等级有不同的极限限差要求，但基本上是以 2σ 到 3σ 为限差标准的。

上述(2-5-5)式说明了真误差与中误差的统计关系。计算了中误差就可以一定的概率得出真误差的估计区间，例如，取 $p = 0.955$，则知观测值真误差 Δ 的大小在区间 $(-2\sigma, 2\sigma)$ 内。

3. 相对误差

前面已提到的真误差、中误差和极限误差等都是绝对误差。相对误差是绝对误差与观测值之比，通常用于误差与观测值大小有关的精度表示中。当绝对误差是中误差时，称为相对中误差。如边长观测值的精度是和其大小有关的，若两段距离的中误差相同，则边长值大的精度要高，这时宜用相对中误差表示。

相对误差是一个无名数，为方便比较，通常化为分子为 1 的分式表示，分母越大，精度越高。

2.5.3 权

1. 权的定义

观测值的精度用方差表示，是绝对指标。在很多情况下，为了描述不同观测值间的精度高低，只要衡量他们之间的相对精度，衡量观测值相对精度的指标用"权"来表达。

设有一组观测值 L_i（$i = 1$，2，$\cdots$，n），它们的方差为 σ_i^2（$i = 1$，2，$\cdots$，n），如选定任一常数 σ_0，则权的定义为

$$p_i = \frac{\sigma_0^2}{\sigma_i^2} \qquad (2\text{-}5\text{-}6)$$

并称 p_i 为观测值 L_i 的权。

依定义，各观测值之间权的比例关系为

$$p_1 : p_2 : \cdots : p_n = \frac{\sigma_0^2}{\sigma_1^2} : \frac{\sigma_0^2}{\sigma_2^2} : \cdots : \frac{\sigma_0^2}{\sigma_n^2} = \frac{1}{\sigma_1^2} : \frac{1}{\sigma_2^2} : \cdots : \frac{1}{\sigma_n^2} \tag{2-5-7}$$

可见，对于一组观测值，其权之比等于相应方差的倒数之比，即方差（中误差）愈小，其权愈大；或者说，权愈大，表征该观测值的精度相对愈高。因此，权可以作为比较观测值之间精度高低的一种相对指标。

2. 单位权方差

由 (2-5-7) 式还可看出，权之间的比例，与 σ_0^2 的大小无关；要保持权之间的比例关系，定义式中的 σ_0^2 必须保持不变。即在确定一组观测值 L_i（$i = 1, 2, \cdots, n$）的权 p_i 时，必须而且只能选定一个常数 σ_0^2，σ_0^2 一旦选定，就不能随意改变其大小。

σ_0^2 在测量中有着特殊的含义。令 $\sigma_i^2 = \sigma_0^2$，代入定义式 (2-5-6) 得

$$p_i = \frac{\sigma_0^2}{\sigma_i^2} = \frac{\sigma_0^2}{\sigma_0^2} = 1 \tag{2-5-8}$$

这个等式说明，σ_0^2 是单位权（权为 1）观测值的方差，因此称 σ_0^2 为单位权方差。由于 σ_0^2 也起着一个比例因子的作用，所以 σ_0^2 也称为方差因子，相应的，σ_0 称为单位权中误差。

就普遍而言，一组观测值可以是同类观测值，也可以是不同类观测值。对于同类观测值，权是一个无量纲的量；而当观测值为不同类型时，有的观测值的权则变得有量纲了。这也是引入权概念的一个重要意义，即可以把不同类的数据进行整体处理。

3. 协因数

设有观测值 L_i 和 L_j，它们的方差和权分别为 σ_i、p_i 和 σ_j、p_j，它们之间的协方差为 σ_{ij}，单位权方差为 σ_0^2，令

$$\left. \begin{aligned} Q_{ii} &= \frac{1}{p_i} = \frac{\sigma_i^2}{\sigma_0^2} \\[2mm] Q_{jj} &= \frac{1}{p_j} = \frac{\sigma_j^2}{\sigma_0^2} \\[2mm] Q_{ij} &= \frac{\sigma_{ij}}{\sigma_0^2} \end{aligned} \right\} \tag{2-5-9}$$

或写成

$$\left. \begin{aligned} \sigma_i^2 &= \sigma_0^2 Q_{ii} \\ \sigma_j^2 &= \sigma_0^2 Q_{jj} \\ \sigma_{ij} &= \sigma_0^2 Q_{ij} \end{aligned} \right\} \tag{2-5-10}$$

称 Q_{ii} 和 Q_{jj} 分别为 L_i 和 L_j 的协因数或权倒数，而称 Q_{ij} 为 L_i 关于 L_j 的协因数或相关权倒数。

由 (2-5-9) 式或 (2-5-10) 式可知，观测值的协因数（权倒数）Q_{ii} 和 Q_{jj} 与方差成正比，而协因数（相关权倒数）Q_{ij} 与协方差成正比。可见协因数 Q_{ii} 和 Q_{jj} 与权 p_i 和 p_j 有类似的作用，可以用来比较观测值精度的相对高低。而相关权倒数 Q_{ij} 与协方差 σ_{ij} 类似，可以用来表征随机变量的相关程度。

由 (2-5-6) 式和 (2-5-10) 式可见, 为了评定观测值精度 $\hat{\sigma}_i$, 就需要求出单位权中误差估值 $\hat{\sigma}_0$ 以及相应的权 p_i 或协因数 Q_{ii} 即可。

2.5.4　准确度与精确度

准确度又称准度, 定义为随机变量 X 的真值 $\tilde{X}$ 与其数学期望 $E(X)$ 的差值, 用 ε 表示, 即

$$\varepsilon = \tilde{X} - E(X) \tag{2-5-11}$$

当随机变量仅有偶然误差时, $E(X) = \tilde{X}$, $\varepsilon = 0$, 当随机变量存在系统误差时, $E(X) \neq \tilde{X}$, 因此, 准确度是衡量系统误差的指标。

精确度定义为随机变量 X 的真误差平方的数学期望, 称为均方误差, 用 $\mathrm{MSE}(X)$ 表示, 即

$$\mathrm{MSE}(X) = E(X - \tilde{X})^2 = E(\Delta^2) \tag{2-5-12}$$

当随机变量仅有偶然误差时, $\tilde{X} = E(X)$, 均方误差即为方差, 上式可改写为

$$
\begin{aligned}
\mathrm{MSE}(X) &= E(X - \tilde{X})^2 \\
&= E[(X - E(X)) + (E(X) - \tilde{X})]^2 \\
&= E[X - E(X)]^2 + E[E(X) - \tilde{X}]^2 + 2E(X - E(X))(E(X) - \tilde{X})
\end{aligned} \tag{2-5-13}
$$

上式最后一项

$$
\begin{aligned}
2E(X - E(X))(E(X) - \tilde{X}) &= (E(X) - \tilde{X})E(X - E(X)) \\
&= (E(X) - \tilde{X})(E(X) - E(X)) = 0
\end{aligned}
$$

所以, 均方误差为

$$\mathrm{MSE}(X) = \sigma^2 + (E(X) - \tilde{X})^2 \tag{2-5-14}$$

上式表明, 精确度是精度和准确度的合成, 均方误差反映了偶然误差和系统误差的联合影响, 是一个全面衡量观测值质量的指标。当观测值没有系统误差时, 精确度就等于精度。

2.6　方差-协方差阵、协因数阵和权阵

在上节里, 提到的方差、协方差、协因数和权都是针对单个随机变量而言的, 对于随机向量的精度指标, 是用方差-协方差阵、协因数阵和权阵描述的。

2.6.1　方差-协方差阵

n 维随机向量 $\underset{n,1}{X} = \begin{bmatrix} X_1 & X_2 & \cdots & X_n \end{bmatrix}^{\mathrm{T}}$ 的方差是一个矩阵, 称为方差-协方差阵, 简称方差阵或协方差阵。根据一个随机变量的定义 (2-3-9), 可写出随机变量 X 的方差定义

式为

$$D(X) = E\{[X - E(X)][X - E(X)^{\mathrm{T}}]\} \qquad (2\text{-}6\text{-}1)$$

即

$$D(X) = E\left\{\begin{bmatrix} X_1 - E(X_1) \\ X_2 - E(X_2) \\ \vdots \\ X_n - E(X_n) \end{bmatrix} \begin{bmatrix} X_1 - E(X_1) & X_2 - E(X_2) & \cdots & X_n - E(X_n) \end{bmatrix}\right\}$$

$$= \begin{bmatrix} \sigma_{X_1}^2 & \sigma_{X_1 X_2} & \cdots & \sigma_{X_1 X_n} \\ \sigma_{X_2 X_1} & \sigma_{X_2}^2 & \cdots & \sigma_{X_2 X_n} \\ \vdots & \vdots & & \vdots \\ \sigma_{X_n X_1} & \sigma_{X_n X_2} & \cdots & \sigma_{X_n}^2 \end{bmatrix} \qquad (2\text{-}6\text{-}2)$$

上式中，

$$\sigma_{X_i X_j} = E\{[X_i - E(X_i)][X_j - E(X_j)]\}$$
$$= E\{[X_j - E(X_j)][X_i - E(X_i)]\} = \sigma_{X_j X_i} \qquad (2\text{-}6\text{-}3)$$

即方差阵是一个对称方阵。

对照随机变量方差和协方差，不难看出，方差阵主对角线上元素为随机变量 X_i 的方差，非对角线上的元素 $\sigma_{X_i X_j}$ 为随机变量 X_i 对于 X_j 的协方差。

当 n 维随机向量互相独立时，$\sigma_{X_i X_j} = 0 (i \neq j)$ ，这时，方差阵为对角阵，即

$$D(X) = \begin{bmatrix} \sigma_{X_1}^2 & 0 & \cdots & 0 \\ 0 & \sigma_{X_2}^2 & \cdots & 0 \\ \vdots & \vdots & & \vdots \\ 0 & 0 & \cdots & \sigma_{X_n}^2 \end{bmatrix} \qquad (2\text{-}6\text{-}4)$$

进一步，当 n 个互独立随机向量精度相同时，即 $\sigma_{X_i}^2 = \sigma_{X_j}^2 = \sigma^2$ ，方差阵为数量矩阵，即

$$D(X) = \sigma^2 \begin{bmatrix} 1 & 0 & \cdots & 0 \\ 0 & 1 & \cdots & 0 \\ \vdots & \vdots & & \vdots \\ 0 & 0 & \cdots & 1 \end{bmatrix} = \sigma^2 I \qquad (2\text{-}6\text{-}5)$$

式中，I 为单位阵。

2.6.2 互协方差阵

如果有 t 维随机向量 $X_{t,1} = \begin{bmatrix} X_1 & X_2 & \cdots & X_t \end{bmatrix}^{\mathrm{T}}$ ，r 维随机向量 $Y_{r,1} = \begin{bmatrix} Y_1 & Y_2 & \cdots & Y_r \end{bmatrix}^{\mathrm{T}}$ ，则 X 关于 Y 的协方差是一个 t 行 n 列的矩阵，称为互协方差阵，简称协方差阵。与 (2-6-1) 式类似，互协方差阵定义为

$$D_{XY} = E\{[X - E(X)][Y - E(Y)^{\mathrm{T}}]\} \tag{2-6-6}$$

即

$$
\begin{aligned}
D_{XY} &= E\left\{
\begin{bmatrix}
X_1 - E(X_1) \\
X_2 - E(X_2) \\
\vdots \\
X_t - E(X_t)
\end{bmatrix}
[Y_1 - E(Y_1) \quad Y_2 - E(Y_2) \quad \cdots \quad Y_r - E(Y_r)]
\right\} \\[2mm]
&=
\begin{bmatrix}
\sigma_{X_1 Y_1} & \sigma_{X_1 Y_2} & \cdots & \sigma_{X_1 Y_r} \\
\sigma_{X_2 Y_1} & \sigma_{X_2 Y_2} & \cdots & \sigma_{X_2 Y_r} \\
\vdots & \vdots & & \vdots \\
\sigma_{X_t Y_1} & \sigma_{X_t Y_2} & \cdots & \sigma_{X_t Y_r}
\end{bmatrix}
\end{aligned}
\tag{2-6-7}
$$

从上式不难看出，协方差阵是一个长方阵，协方差阵里的所有元素都是随机变量 X_i 对于 Y_j 的协方差。当随机向量 X 和 Y 互相独立时，$\sigma_{X_i Y_j} = 0$，协方差阵为零矩阵。

【例 2-5】 随机向量 Z 是由一个 t 维向量 X 和一个 r 维向量 Y 组成，$\underset{t+r,1}{Z} = \begin{bmatrix} \underset{t,1}{X} \\ \underset{r,1}{Y} \end{bmatrix}$，求 Z 的方差阵。

解： 根据方差阵的定义，有

$$
\begin{aligned}
D_Z &= E\{[Z - E(Z)][Z - E(Z)^{\mathrm{T}}]\} \\[1mm]
&= E\left\{
\begin{bmatrix}
X - E(X) \\
Y - E(Y)
\end{bmatrix}
[X - E(X) \quad Y - E(Y)]
\right\} \\[1mm]
&=
\begin{bmatrix}
\underset{t,t}{D_X} & \underset{t,r}{D_{XY}} \\
\underset{r,t}{D_{YX}} & \underset{r,r}{D_Y}
\end{bmatrix}
\end{aligned}
\tag{2-6-8}
$$

式中，D_X、D_Y 分别为随机向量 X 和 Y 的方差阵，D_{XY}、D_{YX} 分别为 X 关于 Y 的协方差阵和 Y 关于 X 的协方差阵，且

$$D_{XY} = D_{YX}^{\mathrm{T}} \tag{2-6-9}$$

2.6.3　协因数阵

根据 (2-5-8) 式，将协因数的概念扩充，假定有观测向量 $\underset{t,1}{X}$ 和 $\underset{r,1}{Y}$，它们的方差阵分别为 $\underset{t,t}{D_X}$ 和 $\underset{r,r}{D_Y}$，X 关于 Y 和的协方差阵为 D_{XY}，令

$$
\underset{t \times t}{Q_{XX}} = \frac{1}{\sigma_0^2} D_{XX} =
\begin{bmatrix}
\dfrac{\sigma_{X_1}^2}{\sigma_0^2} & \cdots & \dfrac{\sigma_{X_1 X_t}}{\sigma_0^2} \\
\vdots & & \vdots \\
\dfrac{\sigma_{X_t X_1}}{\sigma_0^2} & \cdots & \dfrac{\sigma_{X_r}^2}{\sigma_0^2}
\end{bmatrix}
=
\begin{bmatrix}
Q_{X_1 X_1} & \cdots & Q_{X_1 X_r} \\
\vdots & & \vdots \\
Q_{X_r X_1} & \cdots & Q_{X_r X_r}
\end{bmatrix}
\tag{2-6-10}
$$

$$Q_{YY}_{r\times r} = \frac{1}{\sigma_0^2}D_{YY} = \begin{bmatrix} \dfrac{\sigma_{Y_1}^2}{\sigma_0^2} & \cdots & \dfrac{\sigma_{Y_1Y_{rt}}}{\sigma_0^2} \\ \vdots & & \vdots \\ \dfrac{\sigma_{Y_{rt}Y_r}}{\sigma_0^2} & \cdots & \dfrac{\sigma_{Y_r}^2}{\sigma_0^2} \end{bmatrix} = \begin{bmatrix} Q_{Y_1Y_1} & \cdots & Q_{YY_{r1}} \\ \vdots & & \vdots \\ Q_{Y_rY_1} & \cdots & Q_{Y_rY_r} \end{bmatrix} \quad (2\text{-}6\text{-}11)$$

$$Q_{XY}_{t\times r} = \frac{1}{\sigma_0^2}D_{XY} = \begin{bmatrix} \dfrac{\sigma_{X_1Y_1}}{\sigma_0^2} & \cdots & \dfrac{\sigma_{X_1Y_{rt}}}{\sigma_0^2} \\ \vdots & & \vdots \\ \dfrac{\sigma_{X_tY_r}}{\sigma_0^2} & \cdots & \dfrac{\sigma_{X_tY_r}}{\sigma_0^2} \end{bmatrix} = \begin{bmatrix} Q_{X_1Y_1} & \cdots & Q_{X_1Y_r} \\ \vdots & & \vdots \\ Q_{X_tY_1} & \cdots & Q_{X_tY_r} \end{bmatrix} \quad (2\text{-}6\text{-}12)$$

或写成

$$\begin{matrix} D_{XX}_{n,n} = \sigma_0^2 Q_{XX}_{n,n} \\ D_{YY}_{r,r} = \sigma_0^2 Q_{YY}_{r,r} \\ D_{XY}_{n,r} = \sigma_0^2 Q_{XY}_{n,r} \end{matrix} \right\} \quad (2\text{-}6\text{-}13)$$

则称 Q_{XX} 和 Q_{YY} 分别为向量 X 和 Y 的协因数阵，而称 Q_{XY} 为 X 关于 Y 的互协因数阵。由于协因数阵 Q_{XX} 中的主对角线元素就是各个变量 X_i 的权倒数，它的非对角元素是 X_i 关于 $X_j(i\neq j)$ 的相关权倒数，而 Q_{XY} 中的元素就是 X_i 关于 Y_j 的相关权倒数，所以称 Q_{XX} 和 Q_{YY} 分别为向量 X 和 Y 的权逆阵，而称 Q_{XY} 为 X 关于 Y 的相关权逆阵。因 $D_{XY}=D_{YX}^T$，所以，$Q_{XY}=Q_{YX}^T$，当 $Q_{XY}=Q_{YX}^T=0$ 时，称 X 和 Y 是两个相互独立的观测向量。

由于协因数阵和协方差阵只相差一个常数 σ_0^2，所以协因数阵和协方差阵具有相同的特点。

2.6.4 权阵

权阵定义为协因数阵的逆，即

$$P_X = Q_{XX}^{-1} = \begin{bmatrix} p_{11} & \cdots & p_{1n} \\ \vdots & & \vdots \\ p_{n1} & \cdots & p_{nn} \end{bmatrix} \quad (2\text{-}6\text{-}14)$$

P_X 也为对称方阵，且 $P_XQ_{XX}=I$。

协因数与权互为倒数，协因数阵与权阵互为逆矩阵，协因数对角线上的元素为各变量的权倒数，是否可由此说权阵对角线上的元素即为观测向量的权？现分两种情况讨论。

第一种情况：有独立观测值 L_i（$i=1,2,\cdots,n$，下同），其方差为 σ_i^2，权为 p_i，单位权方差为 σ_0^2，即有

$$L_{n,1} = \begin{bmatrix} L_1 \\ L_2 \\ \vdots \\ L_n \end{bmatrix}, \quad D_L_{n,n} = \begin{bmatrix} \sigma_1^2 & 0 & \cdots & 0 \\ 0 & \sigma_2^2 & \cdots & 0 \\ \vdots & \vdots & & \vdots \\ 0 & 0 & \cdots & \sigma_n^2 \end{bmatrix}, \quad P_L = \begin{bmatrix} p_1 & 0 & \cdots & 0 \\ 0 & p_2 & \cdots & 0 \\ \vdots & \vdots & & \vdots \\ 0 & 0 & \cdots & p_n \end{bmatrix} \quad (2\text{-}6\text{-}15)$$

由（2-6-13）式可得 L 的协因数阵为

$$Q_{LL}\atop{n,n} = \frac{1}{\sigma_0^2} D_L\atop{n,n} = \begin{bmatrix} \frac{\sigma_1^2}{\sigma_0^2} & 0 & \cdots & 0 \\ 0 & \frac{\sigma_2^2}{\sigma_0^2} & \cdots & 0 \\ \vdots & \vdots & & \vdots \\ 0 & 0 & \cdots & \frac{\sigma_n^2}{\sigma_0^2} \end{bmatrix} = \begin{bmatrix} Q_{11} & 0 & \cdots & 0 \\ 0 & Q_{22} & \cdots & 0 \\ \vdots & \vdots & & \vdots \\ 0 & 0 & \cdots & Q_{nn} \end{bmatrix} = \begin{bmatrix} \frac{1}{p_1} & 0 & \cdots & 0 \\ 0 & \frac{1}{p_2} & \cdots & 0 \\ \vdots & \vdots & & \vdots \\ 0 & 0 & \cdots & \frac{1}{p_n} \end{bmatrix} = P_L^{-1}$$

当观测值互不相关时，协因数阵和权阵均为对角阵，协因数主对角线上的元素为观测值的权倒数，权阵主对角线上的元素为观测值的权。

第二种情况：当观测值相关时，协因数阵和权阵均不是对角阵，协因数阵主对角线上的元素仍为观测值的权倒数。这是观测向量相关时求观测值权的唯一办法，而权阵主对角线上的元素不是观测值的权，因为此时 $p_i \neq \frac{1}{Q_{ii}}$。权阵的各个元素也不再有权的意义了。但是，相关观测向量的权阵在平差计算的公式中，也能起到同独立观测向量的权阵一样的作用，故仍将 P_L 称为权阵。

【例 2-6】 已知观测向量 $L\atop{2,1} = \begin{bmatrix} L_1 & L_2 \end{bmatrix}^T$ 的协因数阵为 $Q = \begin{bmatrix} 2 & -1 \\ -1 & 3 \end{bmatrix}$，求 L 的权阵和 L_1、L_2 的权。

解：L 的权阵 $P = Q^{-1} = \begin{bmatrix} 2 & -1 \\ -1 & 3 \end{bmatrix}^{-1} = \frac{1}{5}\begin{bmatrix} 3 & 1 \\ 1 & 2 \end{bmatrix}$，因 $Q_{11} = 2$，$Q_{22} = 3$ 故 L_1 的权 $p_1 = Q_{11}^{-1} = \frac{1}{2}$，$L_2$ 的权 $p_2 = Q_{22}^{-1} = \frac{1}{3}$。

2.7 误差区间估计与不确定度概念

观测值的随机特性使得观测结果具有不确定性，测量数据的不确定性是一种广义的误差，它既包含偶然误差，也包括系统误差，不仅包含数值上可度量的误差，也包含概念上不可度量的误差。不确定性的含义很广，数据误差的随机性和数据概念上的不完整性及模糊性都可视为不确定性问题。

测量误差理论只讨论数值上可度量的误差，这也是测量数据不确定性研究的主要内容。

2.7.1 误差区间估计

前已说明偶然误差服从正态分布，$\Delta \sim N(0, \sigma^2)$ 则有概率表达式

$$P(-k\sigma \leq \Delta < k\sigma) = \int_{-k\sigma}^{k\sigma} f(\Delta) d\Delta = p \tag{2-7-1}$$

给定概率 p 就可求出 k 值。p 称为置信概率，k 称为置信系数。上式就是误差区间估计公式。在前面极限误差一目中已做了说明。

一般，当误差是有偶然误差和系统误差合成时，合成误差不一定服从正态分布，设相应的分布函数密度为 $f(\Delta)$，则该分布的概率表达式仍为(2-7-1)，式中置信系数 k 由式中积分求出，与正态分布 k 不同。$(-k\sigma, k\sigma)$ 为该合成分布误差的区间估计。

2.7.2 不确定度概念

设被测量的真值是 $\tilde{X}$，观测值为 x，真误差为 $\Delta_x = \tilde{X} - x$（不一定服从正态分布），并设误差具有对称性，则 x 或 Δ_x 的不确定度定义为 Δ_x 绝对值的一个上界，表示为

$$U = \sup |\Delta_x| \tag{2-7-2}$$

因 $|\Delta_x|$ 的上界难以确定，为此引入置信概率的概念。设 Δ_x 的分布函数为 $f(\Delta)$，则有如(2-7-1)式的概率表达式

$$P(-k_x\sigma_x \leqslant \Delta_x < k_x\sigma_x) = \int_{-k_x\sigma_x}^{k_x\sigma_x} f(\Delta)\,\mathrm{d}\Delta = p \tag{2-7-3}$$

式中 σ_x 即为 Δ_x 的中误差，也称为标准不确定度，而

$$U = k_x\sigma_x \tag{2-7-4}$$

称为 x 或 Δ_x 的扩展不确定度，简称不确定度。k_x 为置信系数。

这里需要指出，当 Δ_x 仅是偶然误差时，标准不确定度就是观测值的偶然中误差。Δ_x 服从正态分布，其置信系数 k_x 值可由(2-5-5)式确定，如果 Δ_x 中同时包含有偶然误差和系统误差则标准不确定度就是由偶然误差和系统误差合成的观测值中误差。此时就要确定 Δ_x 的概率分布及相应的置信系数 k_x。如果其概率分布未知，一般也可足够近似将误差视为正态分布。

第3章 协方差传播律

协方差传播律是测量误差理论主要内容之一。本章阐述单个函数的方差传播律和权倒数传播律，函数向量的方差-协方差阵传播律和协因数阵的传播律。

3.1 观测值函数的误差传播

在测量数据处理中，观测值有两类，即直接观测值和间接观测值，后者是由一些直接观测值构成的函数计算出来的。一个平差问题待求量的估值也总可表达为观测值的某种函数。在前面章节中已经说明，观测值不可避免地存在误差，那么观测值的误差会对观测值函数产生什么样的影响呢？这就是误差传播的问题。由于误差的偶然性，表征误差大小的程度采用的是方差指标，因此误差传播实际上就是方差传播的问题。

由已知观测方差求其函数的方差的计算方法统称为协方差传播律。本节讨论单一观测值函数的误差传播问题称为方差传播律。

例如在侧方交会中（图 3-1），已知 A、B 两点坐标为 x_A、y_A 和 x_B、y_B，它们之间的距离为 S_0，坐标方位角为 α_0，观测角为 L_1、L_2，则有

$$\left.\begin{aligned} &\angle A = 180° - L_1 - L_2 \\ &S_{AC} = S_0 \frac{\sin L_1}{\sin L_2} \\ &\alpha_{AC} = \alpha_0 - \angle A \\ &x_C = x_A + S_{AC}\cos\alpha_{AC} \\ &y_C = y_A + S_{AC}\sin\alpha_{AC} \end{aligned}\right\} \qquad (3\text{-}1\text{-}1)$$

这里 $\angle A$、S_{AC}、α_{AC}、x_C 和 y_C 均为观测值 L_1 和 L_2 的函数。

如果已知观测值 L_1 和 L_2 的方差分别为 σ_1^2 和 σ_2^2，求（3-1-1）式中 $\angle A$、S_{AC}、α_{AC}、x_C 和 y_C 的方差就是方差传播律要解决的问题。

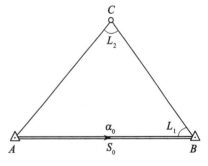

图 3-1 侧方交会示意图

3.1.1 单个函数的方差传播律

设有观测值 X 的线性函数 Z

$$Z = kX \pm k_0 \qquad (3\text{-}1\text{-}2)$$

式中 k 为系数，k_0 为常数，当已知 X 的方差 σ^2，则根据第 2 章给出的方差运算规则（见式(2-3-11)~式(2-3-15)），可得 Z 的方差

$$D_Z = k^2 \sigma^2 \qquad\qquad (3\text{-}1\text{-}3)$$

这就是单一观测值函数的方差传播律。

设有观测向量 $\underset{n,1}{X} = \begin{bmatrix} X_1 & X_2 & \cdots & X_n \end{bmatrix}^T$ 的线性函数 Z

$$Z = k_1 X_1 \pm k_2 X_2 \pm \cdots \pm k_n X_n \pm k_0 \qquad\qquad (3\text{-}1\text{-}4)$$

式中，$k_i (i = 1, 2, \cdots, n)$ 为系数，k_0 为常数，如果 X_i 为独立观测值，其方差为 $\sigma_i^2 (i = 1, 2, \cdots, n)$，则根据(2-3-12)式和(2-3-15)式得 Z 的方差

$$D_Z = k_1^2 \sigma_1^2 + k_2^2 \sigma_2^2 + \cdots + k_n^2 \sigma_n^2 \qquad\qquad (3\text{-}1\text{-}5)$$

当 Z 为单一函数时，常用 σ_Z^2 表示 Z 的方差。

【例 3-1】 在 $1 : 500$ 的地图上，量得某两点的距离 $d = 23.4\text{mm}$，已知 d 的测量中误差 $\sigma_d = 0.2\text{mm}$，求该两点实地距离 S 及其中误差 σ_S。

解： $S = 500d = 500 \times 23.4 = 11700\text{mm} = 11.7\text{m}$

$\sigma_S = 500\sigma_d = 500 \times 0.2 = 100\text{mm} = 0.1\text{m}$

最后可写成

$$S = 11.7\text{m} \pm 0.1\text{m}$$

3.1.2　单个函数的协方差传播律

如果 X_i 为相关观测值，由(2-6-2)式可知其方差阵为 $D(X)$ 或 D_X，

$$D_X = \begin{bmatrix} \sigma_1^2 & \sigma_{12} & \cdots & \sigma_{1n} \\ \sigma_{21} & \sigma_2^2 & \cdots & \sigma_{2n} \\ \cdots & & \cdots & \\ \sigma_{n1} & \sigma_{n2} & \cdots & \sigma_n^2 \end{bmatrix} \qquad\qquad (3\text{-}1\text{-}6)$$

(3-1-4)式写成矩阵形式为

$$Z = KX \pm k_0 \qquad\qquad (3\text{-}1\text{-}7)$$

式中，$K = \begin{bmatrix} \pm k_1 & \pm k_2 & \cdots & \pm k_n \end{bmatrix}$ 为系数阵，则根据(2-6-1)式得 Z 的方差

$$\begin{aligned} D_Z &= E\{[Z - E(Z)][Z - E(Z)]^T\} \\ &= E\{[KX \pm k_0 - E(KX \pm k_0)][KX \pm k_0 - E(KX \pm k_0)]^T\} \\ &= KE\{[X - E(X)][X - E(X)]^T\}K^T \\ &= KD_X K^T \end{aligned} \qquad\qquad (3\text{-}1\text{-}8)$$

式(3-1-8)就是当已知一组观测值的协方差阵，求观测向量函数方差的协方差传播律。当 L_i 为独立观测值时，$\sigma_{ij} = 0$ $(i \neq j)$，式(3-1-6)为对角阵，式(3-1-8)可写成式(3-1-5)，这时协方差传播律亦可称为误差传播律。

【例 3-2】 在例【2-4】中已求出三角形闭合差的中误差为 $\hat{\sigma}_w$，设三角形为同精度观测，角度观测值的中误差均为 σ，试求角度观测中误差。

解： 因为 $w = (L_1 + L_2 + L_3) - 180°$，按(3-1-3)式有

$$\hat{\sigma}_w = \sigma^2 + \sigma^2 + \sigma^2 = 3\sigma^2$$

或

$$\sigma = \frac{\sigma_w}{\sqrt{3}}$$

将该例的 $\hat{\sigma}_w$ 算式代入即得

$$\hat{\sigma} = \sqrt{\frac{[ww]}{3n}}$$

这是由三角形闭合差计算测角中误差的菲列罗公式。

【例 3-3】 已知观测向量 $L = \begin{bmatrix} L_1 & L_2 & L_3 \end{bmatrix}^{\mathrm{T}}$ 的方差阵 $D_L = \begin{bmatrix} 3 & -1 & 0 \\ -1 & 4 & 1 \\ 0 & 1 & 3 \end{bmatrix}$，试求函

数 $X = 2L_1 + L_3 + 5$ 的中误差。

解：因为 $X = \begin{bmatrix} 2 & 0 & 1 \end{bmatrix} \begin{bmatrix} L_1 \\ L_2 \\ L_3 \end{bmatrix} + 5$，根据(3-1-4)式，得

$$D_X = \{2 \quad 0 \quad 1\} \begin{bmatrix} 3 & -1 & 0 \\ -1 & 4 & 1 \\ 0 & 1 & 3 \end{bmatrix} \begin{bmatrix} 2 \\ 0 \\ 1 \end{bmatrix} = 15$$

3.1.3 误差传播律的应用

1. 算术平均值的精度

设对某量以同精度独立观测了 N 次，得观测值 L_1，L_2，$\cdots$，L_N，它们的中误差均为 σ。则 N 个观测值的算术平均值为

$$\hat{L} = \frac{1}{N} \sum_{i=1}^{N} L_i = \frac{1}{N}L_1 + \frac{1}{N}L_2 + \cdots + \frac{1}{N}L_N \tag{3-1-9}$$

由方差传播律知，均值 $\hat{L}$ 的方差为

$$\sigma_{\hat{L}}^2 = \frac{1}{N^2}\sigma^2 + \frac{1}{N^2}\sigma^2 + \cdots + \frac{1}{N^2}\sigma^2 = \frac{1}{N}\sigma^2 \tag{3-1-10}$$

或中误差为

$$\sigma_{\hat{L}} = \frac{1}{\sqrt{N}}\sigma \tag{3-1-11}$$

可以看出各同精度独立观测值算术平均值的中误差等于各观测值中误差的 $\frac{1}{\sqrt{N}}$，可见算术平均值的精度得到了提高。

2. 水准测量的精度

如图 3-2 所示为水准路测量线示意图，经过 N 站测定 A、B 两水准点间的高差，其中第 i 站的高差为 h_i，则 A、B 两水准点间的总高差 h_{AB} 为

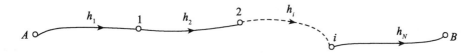

图 3-2 水准测量路线示意图

$$h_{AB} = h_1 + h_2 + \cdots + h_N$$

设各测站观测高差是等精度独立观测值，其方差均为 $\sigma_{站}^2$，则由方差传播律求得 h_{AB} 的方差 $\sigma_{h_{AB}}^2$ 为

$$\sigma_{h_{AB}}^2 = \sigma_{站}^2 + \sigma_{站}^2 + \cdots + \sigma_{站}^2 = N\sigma_{站}^2$$

由此可得中误差 $\sigma_{h_{AB}}$ 为

$$\sigma_{h_{AB}} = \sqrt{N}\sigma_{站} \qquad (3\text{-}1\text{-}12)$$

若水准路线敷设在平坦地区，每一测站的距离大致相等，设为 s，设 A、B 间的距离为 S，则测站数 $N = \dfrac{S}{s}$，代入上式可得

$$\sigma_{h_{AB}} = \sqrt{\frac{S}{s}}\sigma_{站} \qquad (3\text{-}1\text{-}13)$$

如果 $S = 1\text{km}$，s 以 km 为单位，则 1km 的测站数为

$$N_{公里} = \frac{1}{s}$$

代入(3-1-12)式，可得 1km 观测高差的中误差为

$$\sigma_{公里} = \sqrt{\frac{1}{s}}\sigma_{站} \qquad (3\text{-}1\text{-}14)$$

应用方差传播律，距离为 S 公里的 A、B 两水准点间高差的中误差为

$$\sigma_{h_{AB}} = \sqrt{S}\sigma_{公里} \qquad (3\text{-}1\text{-}15)$$

(3-1-12)和(3-1-15)两式是水准测量中计算高差中误差的基本公式。由(3-1-12)式可知，当各观测高差的观测精度相同时，水准测量高差的中误差与测站数的平方根成正比；由(3-1-15)式可知，当各测站的距离大致相等时，水准测量高差的中误差与距离的平方根成正比。

3. 若干独立误差的联合影响

测量中经常会遇到这种情况，一个观测结果同时受到多个独立误差的联合影响。如在测角观测中存在仪器对中误差、整平误差、目标对中误差、读数误差等。在这种情况下测角的真误差可认为是各个独立误差的代数和，即

$$\Delta_Z = \Delta_1 + \Delta_2 + \cdots + \Delta_n$$

一般假设各误差是相互独立的，因而有

$$\sigma_Z^2 = \sigma_1^2 + \sigma_2^2 + \cdots + \sigma_n^2 \qquad (3\text{-}1\text{-}16)$$

即观测结果的方差 σ_Z^2 等于各独立误差所对应方差之和。由此可见为了提高观测精度，要设法提高每一个独立误差的精度，如在高精度变形监测中采用强制观测墩来提高仪器对中和目标对中的误差。

特别地，设多个独立误差其精度相等，即有

$$\sigma_1^2 = \sigma_2^2 = \cdots = \sigma_n^2 = \sigma^2$$

则观测结果的方差 σ_Z^2 也可表示为

$$\sigma_Z^2 = n\sigma^2 \qquad (3\text{-}1\text{-}17)$$

(3-1-17)式也可用于观测精度或测量方案的设计。

【例3-4】　如图3-3所示为某隧道横截面，现通过弓高弦长法来测定圆弧的半径。已测得 $S = 3.6\text{m}$，$H = 0.3\text{m}$，现要求半径的测量精度 $\sigma_R < 0.1\text{m}$，按照误差等影响原则，求 S 和 H 的测量精度分别应为多少？（已知弓高弦长法求半径的公式为 $R = \dfrac{H}{2} + \dfrac{S^2}{8H}$）

解： 将公式　$R = \dfrac{H}{2} + \dfrac{S^2}{8H}$

线性化得

$$\text{d}R = \left(\frac{1}{2} - \frac{S^2}{8H^2}\right)\text{d}H + \left(\frac{S}{4H}\right)\text{d}S = -17.5\text{d}H + 3\text{d}S$$

采用方差传播律有

$$\sigma_R^2 = (-17.5)^2\sigma_H^2 + 3^2\sigma_S^2$$

依题意要求

$$\sigma_R^2 = (-17.5)^2\sigma_H^2 + 3^2\sigma_S^2 \leqslant (0.1)^2$$

根据误差等影响原则有

$$(-17.5)^2\sigma_H^2 = 3^2\sigma_S^2 \leqslant \frac{(0.1)^2}{2}$$

即有

$$\sigma_H \leqslant 0.004\text{m}，\sigma_S \leqslant 0.024\text{m}$$

即弦长与弓高测量精度应高于0.004m和0.024m。

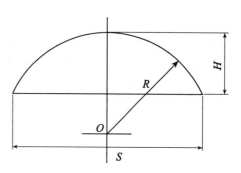

图3-3　隧道截面示意图

3.1.4　多个函数的协方差传播律

设有观测向量 $\underset{n,1}{X} = \begin{bmatrix} X_1 & X_2 & \cdots & X_n \end{bmatrix}^{\text{T}}$ 的 t 个线性函数

$$\left.\begin{aligned}
Z_1 &= k_{11}X_1 + k_{12}X_2 + \cdots + k_{1n}X_n + k_{10} \\
Z_2 &= k_{21}X_1 + k_{22}X_2 + \cdots + k_{2n}X_n + k_{20} \\
&\cdots\cdots \\
Z_t &= k_{t1}X_1 + k_{t2}X_2 + \cdots + k_{tn}X_n + k_{t0}
\end{aligned}\right\} \tag{3-1-18}$$

式中 k_{ij} 为常数。下面来求函数 Z_1，Z_2，$\cdots$，Z_t 的方差和它们之间的协方差。

令

$$\underset{t,1}{Z} = \begin{bmatrix} Z_1 \\ Z_2 \\ \vdots \\ Z_t \end{bmatrix}，\underset{t,n}{K} = \begin{bmatrix} k_{11} & k_{12} & \cdots & k_{1n} \\ k_{21} & k_{22} & \cdots & k_{2n} \\ \vdots & \vdots & & \vdots \\ k_{t1} & k_{t2} & \cdots & k_{tn} \end{bmatrix}，\underset{t,1}{K_0} = \begin{bmatrix} k_{10} \\ k_{20} \\ \vdots \\ k_{t0} \end{bmatrix}$$

则(3-1-18)式可写为与(3-1-7)式相同的矩阵形式

$$\underset{t,1}{Z} = \underset{t,n}{K}\underset{n,1}{X} + \underset{t,1}{K_0} \tag{3-1-19}$$

根据(3-1-8)式，可求出 Z 的协方差阵 D_Z。

$$\underset{t,t}{D_Z} = \underset{t,n}{K}\underset{n,n}{D_X}\underset{n,t}{K^{\text{T}}} \tag{3-1-20}$$

与观测向量的单个函数方差(3-1-8)式不同，(3-1-20)式表征 t 个观测值函数的协方

差，其含义为

$$
D_Z_{t,t} = \begin{bmatrix} \sigma_{Z_1}^2 & \sigma_{Z_1 Z_2} & \cdots & \sigma_{Z_1 Z_t} \\ \sigma_{Z_2 Z_1} & \sigma_{Z_2}^2 & \cdots & \sigma_{Z_2 Z_t} \\ \vdots & \vdots & & \vdots \\ \sigma_{Z_t Z_1} & \sigma_{Z_t Z_2} & \cdots & \sigma_{Z_t}^2 \end{bmatrix}
\tag{3-1-21}
$$

对角线元素即为函数 Z_1，Z_2，$\cdots$，Z_t 的方差，非对角线元素为函数 Z_1，Z_2，$\cdots$，Z_t 两两间的协方差。所以(3-1-20)式为协方差传播律的一般公式。

另设有 X 的 r 个线性函数为

$$
\left.\begin{aligned}
Y_1 &= f_{11}X_1 + f_{12}X_2 + \cdots + f_{1n}X_n + f_{10} \\
Y_2 &= f_{21}X_1 + f_{22}X_2 + \cdots + f_{2n}X_n + f_{20} \\
&\quad\cdots\cdots \\
Y_r &= f_{r1}X_1 + f_{r2}X_2 + \cdots + f_{rn}X_n + f_{r0}
\end{aligned}\right\}
\tag{3-1-22}
$$

若令

$$
Y_{r,1} = \begin{bmatrix} Y_1 \\ Y_2 \\ \vdots \\ Y_r \end{bmatrix}, \quad
F_{r,n} = \begin{bmatrix} f_{11} & f_{12} & \cdots & f_{1n} \\ f_{21} & f_{22} & \cdots & f_{2n} \\ \vdots & \vdots & & \vdots \\ f_{r1} & f_{r2} & \cdots & f_{rn} \end{bmatrix}, \quad
F_0_{r,1} = \begin{bmatrix} f_{10} \\ f_{20} \\ \vdots \\ f_{r0} \end{bmatrix}
$$

则(3-1-22)式可写为

$$
Y_{r,1} = F_{r,n} X_{n,1} + F_0_{r,1}
\tag{3-1-23}
$$

(3-1-22)式同理可得

$$
D_Y_{r,r} = F_{r,n} D_X_{n,n} F^{\mathrm{T}}_{n,r}
\tag{3-1-24}
$$

上式表征了 Y_1，Y_2，$\cdots$，Y_r 的方差及其协方差。

3.1.5 函数向量 Z 和 Y 的协方差传播律

设向量 Z 的函数式为(3-1-19)式，向量 Y 的函数式为(3-1-23)式，为求 Z 关于 Y 的互协方差阵，可令

$$
R_{t+r,1} = \begin{bmatrix} Z_{t,1} \\ Y_{r,1} \end{bmatrix} = G_{t+r,n} X_{n,1} + G_0_{t+r,1}
\tag{3-1-25}
$$

其中

$$
G_{t+r,n} = \begin{bmatrix} K_{t,n} \\ F_{r,n} \end{bmatrix}, \quad G_0_{t+r,1} = \begin{bmatrix} K_0_{t,1} \\ F_0_{r,1} \end{bmatrix}
\tag{3-1-26}
$$

由(3-1-19)式同理可得

$$
D_R_{t+r,t+r} = G_{t+r,n} D_X_{n,n} G^{\mathrm{T}}_{n,t+r}
\tag{3-1-27}
$$

将(3-1-26)式代入得

$$D_R \atop {t+r,t+r} = G \atop {t+r,n} D_X \atop {n,n} G^T \atop {n,t+r} = \begin{bmatrix} K \\ {t,n} \\ F \\ {r,n} \end{bmatrix} D_X \atop {n,n} \begin{bmatrix} K^T & F^T \\ {n,t} & {n,r} \end{bmatrix}$$

$$= \begin{bmatrix} K \atop {t,n} D_X \atop {n,n} K^T \atop {n,t} & K \atop {t,n} D_X \atop {n,n} F^T \atop {n,r} \\ F \atop {r,n} D_X \atop {n,n} K^T \atop {n,t} & F \atop {r,n} D_X \atop {n,n} F^T \atop {n,r} \end{bmatrix}$$

$$= \begin{bmatrix} D_Z & D_{ZY} \\ {t,t} & {t,r} \\ D_{YZ} & D_Y \\ {r,t} & {r,r} \end{bmatrix} \qquad (3\text{-}1\text{-}28)$$

其中

$$D_{ZY} \atop {t,r} = K \atop {t,n} D_X \atop {n,n} F^T \atop {n,r} = D_{YZ}^T \atop {r,t} \qquad (3\text{-}1\text{-}29)$$

称为 X 的两组线性函数 Z 和 Y 的互协方差阵。

另外,根据互协方差的定义(2-6-6)式可知

$$D_{ZY} = E\big[(Z - E(Z)) (Y - E(Y))^T \big] \qquad (3\text{-}1\text{-}30)$$

将(3-1-19)式和(3-1-23)式代入得

$$\begin{aligned} D_{ZY} &= E\big\{ [Z - E(Z)][Y - E(Y)]^T \big\} \\ &= E\big\{ [KX \pm K_0 - E(KX \pm K_0)][FX \pm F_0 - E(FX \pm F_0)]^T \big\} \\ &= KE\big\{ [X - E(X)][X - E(X)]^T \big\} F^T \\ &= K D_X F^T \end{aligned} \qquad (3\text{-}1\text{-}31)$$

上式与(3-1-29)式是完全相同的。

将描述 X 的协方差阵 D_X 与观测值函数的 Z 的协方差 σ_Z^2 和协方差阵 D_Z 以及两组函数 Y 和 Z 的互协方差阵 D_{YZ} 之间关系的公式(3-1-8)、(3-1-20)和(3-1-31)都称为协方差传播律。

【例 3-5】 设在一个三角形中,同精度独立观测了三个内角 L_1、L_2 和 L_3,其中误差均为 σ。试求将三角形闭合差平均分配后各角 $\hat{L}_1$、$\hat{L}_2$ 和 $\hat{L}_3$ 的协方差阵。

解: 三角形的闭合差为

$$W = (L_1 + L_2 + L_3) - 180°$$

而 $\hat{L}_1$、$\hat{L}_2$ 和 $\hat{L}_3$ 为

$$\hat{L}_1 = L_1 - \frac{1}{3}W = \frac{2}{3}L_1 - \frac{1}{3}L_2 - \frac{1}{3}L_3 + 60°$$

$$\hat{L}_2 = L_2 - \frac{1}{3}W = -\frac{1}{3}L_1 + \frac{2}{3}L_2 - \frac{1}{3}L_3 + 60°$$

$$\hat{L}_3 = L_3 - \frac{1}{3}W = -\frac{1}{3}L_1 - \frac{1}{3}L_2 + \frac{2}{3}L_3 + 60°$$

所以有

$$\hat{L} = \begin{bmatrix} \hat{L}_1 \\ \hat{L}_2 \\ \hat{L}_3 \end{bmatrix} = \begin{bmatrix} \dfrac{2}{3} & -\dfrac{1}{3} & -\dfrac{1}{3} \\ -\dfrac{1}{3} & \dfrac{2}{3} & -\dfrac{1}{3} \\ -\dfrac{1}{3} & -\dfrac{1}{3} & \dfrac{2}{3} \end{bmatrix} \begin{bmatrix} L_1 \\ L_2 \\ L_3 \end{bmatrix} + \begin{bmatrix} 60 \\ 60 \\ 60 \end{bmatrix} \qquad (3\text{-}1\text{-}32)$$

对(3-1-32)式应用协方差传播律(3-1-19)式得

$$D_{\hat{L}} = \begin{bmatrix} \dfrac{2}{3} & -\dfrac{1}{3} & -\dfrac{1}{3} \\ -\dfrac{1}{3} & \dfrac{2}{3} & -\dfrac{1}{3} \\ -\dfrac{1}{3} & -\dfrac{1}{3} & \dfrac{2}{3} \end{bmatrix} D_L \begin{bmatrix} \dfrac{2}{3} & -\dfrac{1}{3} & -\dfrac{1}{3} \\ -\dfrac{1}{3} & \dfrac{2}{3} & -\dfrac{1}{3} \\ -\dfrac{1}{3} & -\dfrac{1}{3} & \dfrac{2}{3} \end{bmatrix} = \begin{bmatrix} \dfrac{2}{3} & -\dfrac{1}{3} & -\dfrac{1}{3} \\ -\dfrac{1}{3} & \dfrac{2}{3} & -\dfrac{1}{3} \\ -\dfrac{1}{3} & -\dfrac{1}{3} & \dfrac{2}{3} \end{bmatrix} \sigma^2$$

$$(3\text{-}1\text{-}33)$$

式中顾及了
$$D_L = \begin{bmatrix} \sigma^2 & & \\ & \sigma^2 & \\ & & \sigma^2 \end{bmatrix}$$

如果在实际应用中，不要求计算所有 $\hat{L}_i$ 的方差阵，而只需要计算其中的个别元素，如 $\hat{L}_2$ 的中误差和 $\hat{L}_3$ 关于 $\hat{L}_2$ 的协方差，则可以由(3-1-19)式和(3-1-31)式来直接计算

$$D_{\hat{L}_2} = k_2 D_L k_2^{\mathrm{T}}$$

$$D_{\hat{L}_3\hat{L}_2} = k_3 D_L k_2^{\mathrm{T}}$$

由(3-1-32)式可知

$$k_2 = \begin{bmatrix} -\dfrac{1}{3} & \dfrac{2}{3} & -\dfrac{1}{3} \end{bmatrix}$$

$$k_3 = \begin{bmatrix} -\dfrac{1}{3} & -\dfrac{1}{3} & \dfrac{2}{3} \end{bmatrix}$$

所以

$$\sigma_{\hat{L}_2}^2 = D_{\hat{L}_2} = \left(-\dfrac{1}{3}\right)^2 \sigma^2 + \left(\dfrac{2}{3}\right)^2 \sigma^2 + \left(-\dfrac{1}{3}\right)^2 \sigma^2 = \dfrac{2}{3}\sigma^2$$

则

$$\sigma_{\hat{L}_2} = \sqrt{\dfrac{2}{3}}\,\sigma$$

结果与(3-1-33)式完全相同。

而

$$D_{\hat{L}_3\hat{L}_2} = \begin{bmatrix} -\dfrac{1}{3} & -\dfrac{1}{3} & \dfrac{2}{3} \end{bmatrix} D_L \begin{bmatrix} -\dfrac{1}{3} \\ \dfrac{2}{3} \\ -\dfrac{1}{3} \end{bmatrix} = -\dfrac{1}{3}\sigma^2$$

结果也相同。

【例 3-6】 设有函数

$$Z_{t,1} = F_1 \underset{t,n}{X} + F_2 \underset{t,r}{Y} + F_0 \atop t,1} \tag{3-1-34}$$

已知 X 和 Y 的协方差阵 $\underset{n,n}{D_X}$、$\underset{r,r}{D_Y}$ 和 X 关于 Y 的互协方差阵 $\underset{n,r}{D_{XY}}$，求 Z 的方差阵 $\underset{t,t}{D_Z}$ 和 Z 关于 X 和 Y 的互协方差阵 $\underset{t,n}{D_{ZX}}$ 和 $\underset{t,r}{D_{ZY}}$。

解：将(3-1-34)式写成

$$Z = \begin{bmatrix} F_1 & F_2 \end{bmatrix} \begin{bmatrix} X \\ Y \end{bmatrix} + F_0$$

则由协方差传播律得

$$D_Z = \begin{bmatrix} F_1 & F_2 \end{bmatrix} \begin{bmatrix} D_X & D_{XY} \\ D_{YX} & D_Y \end{bmatrix} \begin{bmatrix} F_1^{\mathrm{T}} \\ F_2^{\mathrm{T}} \end{bmatrix}$$

由此得

$$D_Z = F_1 D_X F_1^{\mathrm{T}} + F_1 D_{XY} F_2^{\mathrm{T}} + F_2 D_{YX} F_1^{\mathrm{T}} + F_2 D_Y F_2^{\mathrm{T}} \tag{3-1-35}$$

由于上式具有明显的计算规律，可将该式作为协方差传播律的记忆法则。

而 X 和 Y 写为

$$X = \begin{bmatrix} I & 0 \end{bmatrix} \begin{bmatrix} X \\ Y \end{bmatrix} , \quad Y = \begin{bmatrix} 0 & I \end{bmatrix} \begin{bmatrix} X \\ Y \end{bmatrix}$$

利用(3-1-35)式记忆法则可直接写出

$$\begin{aligned} D_{ZX} &= F_1 D_X + F_2 D_{YX} \\ D_{ZY} &= F_1 D_{XY} + F_2 D_Y \end{aligned} \tag{3-1-36}$$

3.1.6 函数向量 Z 为非线性函数的情形

在测量实际中，经常出现观测值函数是非线性的，需要将非线性函数线性化。用泰勒公式展开，舍去二次及二次以上项，转换为线性模型然后运用上述方差传播律求其函数的方差。

设有观测值 $X_i (i = 1, 2, \cdots, n)$ 的非线性函数

$$Z = f(X_1, X_2, \cdots, X_n) \tag{3-1-37}$$

已知 X 的方差阵 $D_X = \begin{bmatrix} \sigma_1^2 & \sigma_{12} & \cdots & \sigma_{1n} \\ \sigma_{21} & \sigma_2^2 & \cdots & \sigma_{2n} \\ \vdots & \vdots & & \vdots \\ \sigma_{n1} & \sigma_{n2} & \cdots & \sigma_n^2 \end{bmatrix}$，求 Z 的方差 D_Z。

根据泰勒公式展开的方法，选定观测值 X_i 的近似值 X_i^0
可将(3-1-37)式在 X_i^0 处展开至线性项为

$$\begin{aligned} Z = f(X_1^0, X_2^0, \cdots, X_n^0) + \left(\frac{\partial f}{\partial X_1} \right)_0 (X_1 - X_1^0) + \\ \left(\frac{\partial f}{\partial X_2} \right)_0 (X_2 - X_2^0) + \cdots + \left(\frac{\partial f}{\partial X_n} \right)_0 (X_n - X_n^0) \end{aligned} \tag{3-1-38}$$

式中，$\left(\dfrac{\partial f}{\partial X_i}\right)_0$ 表示在 $X_i = X_i^0$ 点处函数对各个变量所取得偏导数，为常数，用 f_i 表示，右边第一项也可用常数 Z_0 表示，且令 $\mathrm{d}X_i = X_i - X_i^0$，则有

$$Z = f_1 \mathrm{d}X_1 + f_2 \mathrm{d}X_2 + \cdots + f_n \mathrm{d}X_n + Z_0 \tag{3-1-39}$$

令

$$F = [f_1 \quad f_2 \quad \cdots \quad f_n] , \quad \mathrm{d}X = \begin{bmatrix} \mathrm{d}X_1 \\ \mathrm{d}X_2 \\ \vdots \\ \mathrm{d}X_n \end{bmatrix} = \begin{bmatrix} X_1 - X_1^0 \\ X_2 - X_n^0 \\ \vdots \\ X_n - X_n^0 \end{bmatrix}$$

(3-1-39) 式写成矩阵形式

$$Z = F\mathrm{d}X + Z_0 \tag{3-1-40}$$

这样，就将非线性函数式(3-1-37)化为线性函数式。

因为 $\mathrm{d}X = X - X^0$，所以 $D_{\mathrm{d}X} = D_X$，当已知 $\mathrm{d}X$ 的方差 D_X，就可按照(3-1-8)式求得 Z 的方差 D_Z

$$D_Z = F D_{\mathrm{d}X} F^{\mathrm{T}} \tag{3-1-41}$$

由此可见，对于任一非线性函数(3-1-37)，只要先将其求全微分得误差关系式就可应用方差传播律，求函数 Z 的方差。

【例 3-7】 对一矩形场地，丈量其面积，现测量其长 $L_1 = 10\mathrm{m} \pm 0.3\mathrm{m}$，宽 $L_2 = 5\mathrm{m} \pm 0.2\mathrm{m}$，且假设长宽测量为独立观测，现求该矩形面积 S 及其中误差 σ_S。

解： $S = L_1 \times L_2 = 10 \times 5 = 50\mathrm{m}^2$

对上式在 L_1、L_2 观测值处取全微分得

$$\mathrm{d}S = L_2 \mathrm{d}L_1 + L_1 \mathrm{d}L_2 = 5\mathrm{d}L_1 + 10\mathrm{d}L_2$$

所以

$$\sigma_S^2 = 5^2 \times (0.3)^2 + 10^2 \times (0.2)^2 = 6.25\mathrm{m}^4$$

$$\sigma_S = \sqrt{6.25} = 2.5\mathrm{m}^2$$

最后写成

$$S = 50\mathrm{m}^2 \pm 2.5\mathrm{m}^2$$

如果有 t 个非线性函数，

$$\left. \begin{aligned} Z_1 &= f_1(X_1, X_2, \cdots, X_n) \\ Z_2 &= f_2(X_1, X_2, \cdots, X_n) \\ &\cdots\cdots \\ Z_t &= f_t(X_1, X_2, \cdots, X_n) \end{aligned} \right\} \tag{3-1-42}$$

将 t 个函数求全微分得：

$$\left. \begin{aligned} \mathrm{d}Z_1 &= \left(\frac{\partial f_1}{\partial X_1}\right)\bigg|_{X=X^0} \mathrm{d}X_1 + \left(\frac{\partial f_1}{\partial X_2}\right)\bigg|_{X=X^0} \mathrm{d}X_2 + \cdots + \left(\frac{\partial f_1}{\partial X_n}\right)\bigg|_{X=X^0} \mathrm{d}X_n \\ \mathrm{d}Z_2 &= \left(\frac{\partial f_2}{\partial X_1}\right)\bigg|_{X=X^0} \mathrm{d}X_1 + \left(\frac{\partial f_2}{\partial X_2}\right)\bigg|_{X=X^0} \mathrm{d}X_2 + \cdots + \left(\frac{\partial f_2}{\partial X_n}\right)\bigg|_{X=X^0} \mathrm{d}X_n \\ &\cdots\cdots\cdots \\ \mathrm{d}Z_t &= \left(\frac{\partial f_t}{\partial X_1}\right)\bigg|_{X=X^0} \mathrm{d}X_1 + \left(\frac{\partial f_t}{\partial X_2}\right)\bigg|_{X=X^0} \mathrm{d}X_2 + \cdots + \left(\frac{\partial f_t}{\partial X_n}\right)\bigg|_{X=X^0} \mathrm{d}X_n \end{aligned} \right\} \tag{3-1-43}$$

若记

$$Z_{t,1} = \begin{bmatrix} Z_1 \\ Z_2 \\ \vdots \\ Z_t \end{bmatrix}, \qquad dZ_{t,1} = \begin{bmatrix} dZ_1 \\ dZ_2 \\ \vdots \\ dZ_t \end{bmatrix}$$

$$K_{t,n} = \begin{bmatrix} \left(\dfrac{\partial f_1}{\partial X_1}\right)\big|_{X=X^0} & \left(\dfrac{\partial f_1}{\partial X_2}\right)\big|_{X=X^0} & \cdots & \left(\dfrac{\partial f_1}{\partial X_n}\right)\big|_{X=X^0} \\ \left(\dfrac{\partial f_2}{\partial X_1}\right)\big|_{X=X^0} & \left(\dfrac{\partial f_2}{\partial X_2}\right)\big|_{X=X^0} & \cdots & \left(\dfrac{\partial f_2}{\partial X_n}\right)\big|_{X=X^0} \\ \vdots & \vdots & & \vdots \\ \left(\dfrac{\partial f_t}{\partial X_1}\right)\big|_{X=X^0} & \left(\dfrac{\partial f_t}{\partial X_2}\right)\big|_{X=X^0} & \cdots & \left(\dfrac{\partial f_t}{\partial X_n}\right)\big|_{X=X^0} \end{bmatrix} \tag{3-1-44}$$

则有

$$dZ = KdX \tag{3-1-45}$$

可按(3-1-8)式求得 Z 的协方差阵

$$D_Z \atop t,t = K_{t,n} D_X \atop n,n K^{\mathrm{T}}_{n,t} \tag{3-1-46}$$

【例 3-8】 设在如图 3-4 所示的三角形 ABC 中，观测三个内角 L_1、L_2 和 L_3，将闭合差平均分配后得到各角的平差值为：

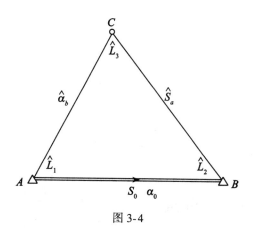

图 3-4

$$\hat{L}_1 = 40°10'30''$$

$$\hat{L}_2 = 50°05'20''$$

$$\hat{L}_3 = 89°44'10''$$

已知观测值平差值的协方差阵为

$$D_{\hat{L}} = \begin{bmatrix} 6 & -3 & -3 \\ -3 & 6 & -3 \\ -3 & -3 & 6 \end{bmatrix} （单位：秒^2），边长 S_0 = 1500.000\text{m}，\alpha_0 = 85°，且 S_0 和 \alpha_0 均无误$$

差，试求边长 $\hat{S}_a$ 和方位角 $\hat{\alpha}_b$ 的值及其协方差阵。

解：边长 $\hat{S}_a$ 和方位角 $\hat{\alpha}_b$ 可按下式计算：

$$\hat{S}_a = S_0 \frac{\sin\hat{L}_1}{\sin\hat{L}_3} = 1500 \times \frac{0.6451244}{0.9999894} = 967.697\text{m}$$

$$\hat{\alpha}_b = \alpha_0 - \hat{L}_1 = 44°49'30''$$

为了求它们的协方差阵，要对上述函数式进行全微分，得

$$d\hat{S}_a = \hat{S}_a \cot\hat{L}_1 \frac{d\hat{L}_1}{\rho} - \hat{S}_a \cot\hat{L}_3 \frac{d\hat{L}_3}{\rho}$$

$$d\hat{\alpha}_b = - d\hat{L}_1$$

其中 $\rho = 206265$，将角度转化为弧度系统。上式写成矩阵形式为

$$dZ = \begin{bmatrix} d\hat{S}_a \\ d\hat{\alpha}_b \end{bmatrix} = \begin{bmatrix} \dfrac{\hat{S}_a}{\rho}\cot\hat{L}_1 & -\dfrac{\hat{S}_a}{\rho}\cot\hat{L}_3 \\ -1 & 0 \end{bmatrix} \begin{bmatrix} d\hat{L}_1 \\ d\hat{L}_3 \end{bmatrix}$$

令

$$d\hat{L}' = \begin{bmatrix} d\hat{L}_1 \\ d\hat{L}_3 \end{bmatrix}$$

由协方差的定义可知

$$D_{d\hat{L}'} = \begin{bmatrix} 6 & -3 \\ -3 & 6 \end{bmatrix}$$

根据(3-1-11)式即可得到 D_Z

$$D_Z = \begin{bmatrix} \dfrac{1146}{206265} & -\dfrac{4}{206265} \\ -1 & 0 \end{bmatrix} \begin{bmatrix} 6 & -3 \\ -3 & 6 \end{bmatrix} \begin{bmatrix} \dfrac{1146}{206265} & -1 \\ -\dfrac{4}{206265} & 0 \end{bmatrix}$$

$$= \begin{bmatrix} 1.86 & -3.34 \\ -3.34 & 6 \end{bmatrix} \begin{pmatrix} \text{cm}^2 & \text{cm}\cdot\text{秒} \\ \text{cm}\cdot\text{秒} & \text{秒}^2 \end{pmatrix}$$

所以边长 $\hat{S}_a$ 和方位角 $\hat{\alpha}_b$ 的中误差和协方差分别为

$$\sigma_{\hat{S}_a} = 1.36\text{cm}$$

$$\sigma_{\hat{\alpha}_b} = 2.45 \text{秒}$$

$$\sigma_{\hat{S}_a \hat{\alpha}_b} = - 3.34\text{cm}\cdot\text{秒}$$

通过本例可以看出：

(1)偏导数的系数是将近似值带入后算出的；

(2)根据具体情况选择相应的协方差阵可以简化计算过程；

(3)在数值代入计算时，一定要注意各项变量单位要统一，特别是测量值角度与弧度之间的换算问题。

【例 3-9】 如图 3-5 所示，表示某侧方交会法测定点 P 的位置。图中 A、B 为已知点，边长 S_0 和坐标方位角 α_0 认为无误差，设独立观测值 L_1 和 L_2，它们的中误差均为 σ。交会点 P 的坐标 (x, y) 由以下公式计算

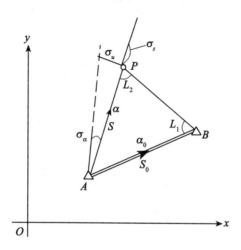

图 3-5 侧方交会示意图

$$
\left.
\begin{aligned}
S &= S_0 \frac{\sin L_1}{\sin L_2} \\
\alpha &= \alpha_0 - (180° - L_1 - L_2) \\
x &= x_A + S\cos\alpha \\
y &= y_A + S\sin\alpha
\end{aligned}
\right\}
\tag{3-1-47}
$$

式中，S 为 AP 边的边长，α 为该边的坐标方位角。为了求得交会点 P 的点位中误差和 (x, y) 的协方差，有两种方法：一是直接推出 P 点坐标与观测值的线性化函数关系；二是依据(3-1-38)式先求出边长 S 和方位角 α 的协方差阵，然后推导 (x, y) 与边长 S 和方位角 α 的线性化函数关系。通过两次协方差传播率来计算。以下介绍第二种方法。

由(3-1-38)式中的第一、第二式求全微分可得

$$
\mathrm{d}S = S\cot L_1 \frac{\mathrm{d}L_1}{\rho} - S\cot L_2 \frac{\mathrm{d}L_2}{\rho}
$$

$$
\mathrm{d}\alpha = \mathrm{d}L_1 + \mathrm{d}L_2
$$

写成矩阵形式有

$$\begin{bmatrix} \mathrm{d}S \\ \mathrm{d}\alpha \end{bmatrix} = \begin{bmatrix} \dfrac{S}{\rho}\cot L_1 & -\dfrac{S}{\rho}\cot L_2 \\ 1 & 1 \end{bmatrix}\begin{bmatrix} \mathrm{d}L_1 \\ \mathrm{d}L_2 \end{bmatrix} \tag{3-1-48}$$

因

$$D_L = \begin{bmatrix} \sigma^2 & 0 \\ 0 & \sigma^2 \end{bmatrix}$$

所以 S 和 α 的协方差阵

$$\begin{bmatrix} \sigma_S^2 & \sigma_{S\alpha} \\ \sigma_{\alpha S} & \sigma_\alpha^2 \end{bmatrix} = \begin{bmatrix} \dfrac{S}{\rho}\cot L_1 & -\dfrac{S}{\rho}\cot L_2 \\ 1 & 1 \end{bmatrix}\begin{bmatrix} \sigma^2 & 0 \\ 0 & \sigma^2 \end{bmatrix}\begin{bmatrix} \dfrac{S}{\rho}\cot L_1 & 1 \\ -\dfrac{S}{\rho}\cot L_2 & 1 \end{bmatrix}$$

$$= \begin{bmatrix} \dfrac{S^2}{\rho^2}(\cot^2 L_1 + \cot^2 L_2) & \dfrac{S}{\rho}(\cot L_1 - \cot L_2) \\ \dfrac{S}{\rho}(\cot L_1 - \cot L_2) & 2 \end{bmatrix}\sigma^2 \tag{3-1-49}$$

即

$$\left.\begin{aligned} \sigma_S^2 &= \frac{S^2}{\rho^2}(\cot^2 L_1 + \cot^2 L_2)\sigma^2 \\ \sigma_\alpha^2 &= 2\sigma^2 \\ \sigma_{S\alpha} &= \frac{S}{\rho}(\cot L_1 - \cot L_2)\sigma^2 \end{aligned}\right\}$$

再由(3-1-47)式的第三、第四式取全微分得

$$\left.\begin{aligned} \mathrm{d}x &= \cos\alpha\,\mathrm{d}S - S\sin\alpha\frac{\mathrm{d}\alpha}{\rho} \\ \mathrm{d}y &= \sin\alpha\,\mathrm{d}S + S\cos\alpha\frac{\mathrm{d}\alpha}{\rho} \end{aligned}\right\}$$

上式写为

$$\begin{bmatrix} \mathrm{d}x \\ \mathrm{d}y \end{bmatrix} = \begin{bmatrix} \cos\alpha & -\dfrac{S\sin\alpha}{\rho} \\ \sin\alpha & \dfrac{S\cos\alpha}{\rho} \end{bmatrix}\begin{bmatrix} \mathrm{d}S \\ \mathrm{d}\alpha \end{bmatrix} \tag{3-1-50}$$

故 P 点坐标 (x, y) 的协方差阵为

$$\begin{bmatrix} \sigma_x^2 & \sigma_{xy} \\ \sigma_{yx} & \sigma_y^2 \end{bmatrix} = \begin{bmatrix} \cos\alpha & -\dfrac{S}{\rho}\sin\alpha \\ \sin\alpha & \dfrac{S}{\rho}\cos\alpha \end{bmatrix}\begin{bmatrix} \sigma_S^2 & \sigma_{S\alpha} \\ \sigma_{\alpha S} & \sigma_\alpha^2 \end{bmatrix}\begin{bmatrix} \cos\alpha & \sin\alpha \\ -\dfrac{S}{\rho}\sin\alpha & \dfrac{S}{\rho}\cos\alpha \end{bmatrix}$$

将(3-1-49)式代入上式，整理后可得

$$\sigma_x^2 = \left(\cos^2\alpha\sigma_S^2 - \frac{2S}{\rho}\sin\alpha\cos\alpha\sigma_{\alpha S} + \frac{S^2}{\rho^2}\sin^2\alpha\sigma_\alpha^2 \right)$$

$$= \left[\cos^2\alpha(\cot^2 L_1 + \cot^2 L_2) - \sin 2\alpha(\cot L_1 - \cot L_2) + 2\sin^2\alpha \right]\frac{S^2\sigma^2}{\rho^2}$$

$$\sigma_y^2 = \left(\sin^2\alpha\sigma_S^2 + \frac{2S}{\rho}\sin\alpha\cos\alpha\sigma_{\alpha S} + \frac{S^2}{\rho^2}\cos^2\alpha\sigma_\alpha^2 \right) \tag{3-1-51}$$

$$= \left[\sin^2\alpha(\cot^2 L_1 + \cot^2 L_2) + \sin 2\alpha(\cot L_1 - \cot L_2) + 2\cos^2\alpha \right]\frac{S^2\sigma^2}{\rho^2}$$

$$\sigma_{xy} = \left(\cos\alpha\sin\alpha\sigma_S^2 + \frac{S}{\rho}(\cos^2\alpha - \sin^2\alpha)\sigma_{\alpha S} - \frac{S^2}{\rho^2}\sin\alpha\cos\alpha\sigma_\alpha^2 \right)$$

$$= \left[\frac{1}{2}\sin 2\alpha(\cot^2 L_1 + \cot^2 L_2 - 2) + \cos 2\alpha(\cot L_1 - \cot L_2) \right]\frac{S^2\sigma^2}{\rho^2}$$

在测量工作中，常用点位方差来衡量点位的精度，点位方差等于该点在两个相互垂直方向上的方差之和，因此点位方差可由下式计算

$$\sigma_P^2 = \sigma_x^2 + \sigma_y^2 \tag{3-1-52}$$

将(3-1-51)式代入上式，得

$$\sigma_P^2 = \frac{S^2\sigma^2}{\rho^2}\left(\cot^2 L_1 + \cot^2 L_2 + 2 \right) \tag{3-1-53}$$

将其开方，并取正值，可得点位中误差 σ_P。

3.2 权的确定及其传播

在第 2 章中已指出，观测值的精度是由观测条件决定的，一定的观测条件对应着一定的误差分布。因此，采用方差来表征观测值的精度，是一个绝对的数字指标。为了比较各个观测值精度的相对大小，可用权来衡量。

在测量实际工作中，平差计算之前，观测值的方差往往是不知道的，而精度的相对数值指标却可以根据事先给定的条件予以确定。然后通过平差参数估计从而达到计算绝对精度指标的目的。因此权在数据处理中起着非常重要的作用。

在第 2 章中已经给出了权的定义为

$$p_i = \frac{\sigma_0^2}{\sigma_i^2} \tag{3-2-1}$$

观测值之间的权比为

$$p_1 : p_2 : \cdots : p_n = \frac{\sigma_0^2}{\sigma_1^2} : \frac{\sigma_0^2}{\sigma_2^2} : \cdots : \frac{\sigma_0^2}{\sigma_n^2}$$

$$= \frac{1}{\sigma_1^2} : \frac{1}{\sigma_2^2} : \cdots : \frac{1}{\sigma_n^2} \tag{3-2-2}$$

3.2.1 权的确定方法

从权的定义看出，确定一组观测的权，权的绝对大小并不重要，重要的是该组观测值间的权比。而这组权比通过选定的单位权方差又可归结到精度的绝对大小，即

$$\sigma_i^2 = \sigma_0^2 \frac{1}{p_i} \tag{3-2-3}$$

下面介绍几种确定权的方法：

(1)如果已知观测值的方差就可按定义直接定权。

(2)按测量仪器标称精度定权。这是一种经验定权方法。例如测边网中的观测边长，采用的测距仪标称精度为 $\sigma_s = a + bS$，a 为固定误差，b 为比例误差，均为常量。S 为测边的长度。则对于测边网中，每个边长观测值可定权为

$$p_{s_i} = \frac{\sigma_0^2}{\sigma_{s_i}^2} = \frac{\sigma_0^2}{(a + bS_i)^2} \tag{3-2-4}$$

又如在边角网和导线网中，观测值是边长和角度，边长和角度的标称精度是 $\sigma_s = a + bS$ 和 σ_β，不同角度观测精度相同，边长的权 p_{s_i} 同(3-2-4)式，而角度的权

$$p_\beta = \frac{\sigma_0^2}{\sigma_\beta^2} \tag{3-2-5}$$

σ_0^2 可任意选定，但(3-2-4)和(3-2-5)两式中的 σ_0^2 必须相同。

(3)按误差传播规律定权。观测值的精度是由观测条件决定的。例如对同一量进行多次同精度观测，取其平均数，观测次数不同，其平均数精度也不相同。又如在水准测量中不同距离或不同测站数的高差观测值精度也不相同等。按照误差传播的规律，可用上述影响观测精度的因素如观测次数、距离长短等定权。

1. 算术平均值的权

设用同精度仪器测角，测角一测回的中误差为 σ，得出 n 个不同测回数的平均值 $X_i(i = 1, 2, \cdots, n)$，其中 X_i 为 N_i 个测回的平均值，按方差传播律(3-1-16)可知平均值 X_i 的方差为

$$\sigma_{x_i}^2 = \frac{1}{N_i}\sigma^2 \tag{3-2-6}$$

如果取一测回的中误差 σ 为单位权中误差 σ_0，则 X_i 的权为

$$p_{x_i} = \frac{\sigma_0^2}{\sigma_{x_i}^2} = \frac{N_i\sigma^2}{\sigma^2} = N_i \tag{3-2-7}$$

即可用测回数来定算术平均值的权，σ_0 可以未知。

2. 水准测量高差观测值的权

设在如图 3-6 所示的水准网中，有 n（如图 $n = 7$）条水准路线，每条水准高差为 h_1，h_2，$\cdots$，h_n，各条路线的架设的测站数分别为 N_1，N_2，$\cdots$，N_n。

设每一测站观测高差的精度相同，其中误差均为 $\sigma_{站}$（未知），则由(3-1-18)式知，各路线观测高差的中误差为

$$\sigma_{h_i} = \sqrt{N_i}\sigma_{站} \quad (i = 1, 2, \cdots, n) \tag{3-2-8}$$

σ_{h_i} 亦未知，如以 p_i 表示 h_i 的权，假设有一条路线的高差的测站数为 C，高差的中误差为单位权中误差，设单位权中误差为

$$\sigma_0 = \sqrt{C}\sigma_{站} \tag{3-2-9}$$

则有

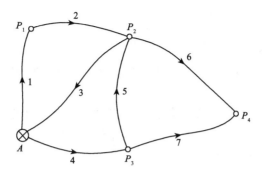

图 3-6　水准网观测示意图

$$p_i = \frac{C}{N_i} \quad (i = 1, \ 2, \ \cdots, \ n) \tag{3-2-10}$$

且有关系式

$$p_1 : p_2 : \cdots : p_n = \frac{C}{N_1} : \frac{C}{N_2} : \cdots : \frac{C}{N_n} = \frac{1}{N_1} : \frac{1}{N_2} : \cdots : \frac{1}{N_n} \tag{3-2-11}$$

即当各测站的观测高差为同精度时,各路线观测高差的权与测站数成反比,据此可以确定水准观测高差的权。

由(3-2-10)式可知,如果某段高差的测站数 $N_i = 1$,则它的权为

$$p_i = C$$

而当 $p_i = 1$ 时,有

$$N_i = C$$

可见水准测量按测站数定权时,任意常数 C 一旦选定,便含有两个意义:

(1) C 是一测站的观测高差的权;

(2) C 是单位权观测高差的测站数。

【例 3-10】　设在如图 3-6 所示的水准网中,已知各路线的测站数分别为 40、30、50、20、40、50、10。试确定各路线观测高差的权。

解:设 $C = 30$,即取第二个测段观测高差为单位权观测,由(3-2-10)式得

$$p_1 = \frac{30}{40} = 0.75, \ p_2 = \frac{30}{30} = 1, \ p_3 = \frac{30}{50} = 0.6,$$

$$p_4 = \frac{30}{40} = 1.5, \ p_5 = \frac{30}{40} = 0.75, \ p_6 = \frac{30}{50} = 0.6, \ p_7 = \frac{30}{10} = 3$$

在水准测量中,如已知 1 公里观测高差的中误差相等,设为 $\sigma_{公里}$,又已知各观测路线的长度为 S_1, S_2, $\cdots$, S_n,则由(3-1-21)式可知各路线观测高差的中误差为

$$\sigma_{h_i} = \sqrt{S_i} \, \sigma_{公里} \tag{3-2-12}$$

若令

$$\sigma_0 = \sqrt{C} \, \sigma_{公里} \tag{3-2-13}$$

则得

$$p_i = \frac{C}{S_i} \quad (i = 1, \ 2, \ \cdots, \ n) \tag{3-2-14}$$

且有关系式

$$p_1 : p_2 : \cdots : p_n = \frac{C}{S_1} : \frac{C}{S_2} : \cdots : \frac{C}{S_n} = \frac{1}{S_1} : \frac{1}{S_2} : \cdots : \frac{1}{S_n} \quad (3\text{-}2\text{-}15)$$

即当各千米观测高差为同精度时，各路线观测高差的权与测线长度成反比，据此也可以确定水准观测高差的权。

由(3-2-14)式可知，如果某测线长度 $S_i = 1$，则 $C = p_i$，而当 $p_i = 1$ 时，有 $C = S_i$，可见水准测量定权时，任意常数 C 一旦选定，亦含有两个意义：

（1）C 是 1km 观测高差的权；

（2）C 是单位权观测高差的测线公里数。

【例 3-11】 在图 3-7 中，各水准路线的长度为 3.0km、6.0km、2.0km、1.5km。设 σ_{km} 相同，已知第四条路线观测高差的权为 3，试求其他 3 条观测路线高差的权。

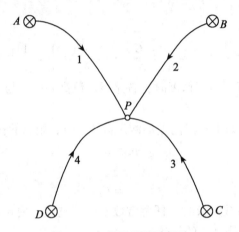

图 3-7　水准网观测示意图

解：因 $p_4 = \frac{C}{S_4}$，所以 $C = p_4 S_4 = 3 \times 1.5 = 4.5(\text{km})$

根据(3-2-14)可得

$$p_1 = \frac{C}{S_1} = \frac{4.5}{3.0} = 1.5 , \qquad p_2 = \frac{C}{S_2} = \frac{4.5}{6.0} = 0.75 , \qquad p_3 = \frac{C}{S_3} = \frac{4.5}{2.0} = 2.25$$

由上所述可见，水准测量中一般有两种定权方法，究竟选用测站数定权还是水准路线长度定权，要视具体情况而定。一般来说，地形起伏不大的地区，每千米的测站数大致相同，则可按水准路线的长度或测站数定权；而在地形起伏较大的地区，每千米的测站数相差较大，则一般按测站数定权。

3.2.2　权倒数传播律

设
$$Z = c_0 + c_1 x_1 + c_2 x_2 + \cdots + c_n x_n \quad (3\text{-}2\text{-}16)$$

式中各观测值之间不相关，按方差传播律可得 Z 的方差为

$$D(Z) = c_1^2 D(x_1) + c_2^2 D(x_2) + \cdots + c_n^2 D(x_n) \quad (3\text{-}2\text{-}17)$$

因
$$D(x_i) = \sigma_0^2 \frac{1}{p_i} \tag{3-2-18}$$

故上式可写成

$$\frac{1}{p_Z} = c_1^2 \frac{1}{p_1} + c_2^2 \frac{1}{p_2} + \cdots + c_n^2 \frac{1}{p_n} \tag{3-2-19}$$

(3-2-19)式称为权倒数传播律，权倒数传播律仅适合于独立观测值。

对于单个观测值函数，可先确定观测值之间的权比，即 p_1，p_2，$\cdots$，p_n，按(3-2-9)式计算观测值函数 Z 的权 p_Z，利用已知的 σ_0 或计算的估值 $\hat{\sigma}_0$，用权的定义式即可求出 Z 的中误差 σ_z 或其估值 $\hat{\sigma}_z$。

【例 3-12】　求 n 个不同精度观测值的带权平均值的权。

解：不同精度观测值 l_1，l_2，$\cdots$，l_n 的权分别为 p_1，p_2，$\cdots$，p_n，带权平均值为

$$X = \frac{p_1 l_1 + p_2 l_2 + \cdots + p_n l_n}{p_1 + p_2 + \cdots + p_n} \tag{3-2-20}$$

按(3-2-19)式可得

$$\frac{1}{p_x} = \frac{\left[p_i^2 \frac{1}{p_i}\right]}{[p]^2} = \frac{1}{[p]}$$

故有 $p_x = [p]$，即带权平均值的权是各观测值的权之和。

【例 3-13】　设 L 的权为 p，求函数 $L' = \sqrt{p}L$ 的权。

解：按(3-2-19)式得

$$\frac{1}{p_{L'}} = (\sqrt{p})^2 \frac{1}{p} = 1，\qquad p_{L'} = 1$$

这个结果说明，处理具有权为 p_1，p_2，$\cdots$，p_n 的一组不同精度的观测值 L_1，L_2，$\cdots$，L_n 时，通过 $\sqrt{p_i}L_i = L_i'$ 的转换，可得出同精度(权为 1)的观测值 L_1'，L_2'，$\cdots$，L_n'。从而可按同精度观测值进行处理。

设上面不同精度的观测值 L_1，L_2，$\cdots$，L_n 的真误差为 Δ_1，Δ_2，$\cdots$，Δ_n，同精度观测值 L_1'，L_2'，$\cdots$，L_n' 的真误差为 Δ_1'，Δ_2'，$\cdots$，Δ_n'，按照由真误差计算中误差的公式(2-5-3)有

$$\hat{\sigma} = \sqrt{\frac{[\Delta'\Delta']}{n}}$$

将 $\Delta_i' = \sqrt{p_i}\Delta_i$ 代入上式，得

$$\hat{\sigma} = \sqrt{\frac{[p\Delta\Delta]}{n}} \tag{3-2-21}$$

(3-2-21)式即由不同精度的真误差估算单位权中误差的公式。

【例 3-14】　设有往返测水准路线如图 3-8 所示：设水准路线的往测高差为 h_1'，h_2'，$\cdots$，h_n'，相应的返测高差为 h_1''，h_2''，$\cdots$，h_n''，各段路线的距离分别为 S_1，S_2，$\cdots$，S_n，试确定：(1)各段往返测高差平均值的权；(2)单位权中误差；(3)AB 两点间往返测高差平均值的权。

解：(1)已知各段路线往返测高差平均值为

$$h_i = \frac{1}{2}(h_i' + h_i'')$$

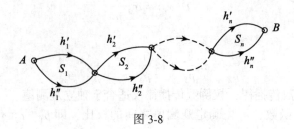

图 3-8

令每千米观测高差为单位权高差，则第 i 段往返测高差 h_i' 和 h_i'' 的权均为 $p_i = \dfrac{1}{S_i}$，按权倒数传播律可得该段往返测高差平均值 h_i 的权为 $2p_i$（$i = 1,2,\cdots,n$）。

（2）设往返测高差之差数为 $d_i = h_i'' - h_i'$ 则有

$$\frac{1}{p_{d_i}} = \frac{1}{p_i} + \frac{1}{p_i} = \frac{2}{p_i},\ p_{d_i} = \frac{p_i}{2}$$

因 d_i 为往返测高差之差的观测值，其真值为零，d_i 即为负的真误差且为不同精度。故可按 (3-2-21) 式计算单位权中误差的估值为

$$\hat{\sigma}_0 = \sqrt{\frac{[p_{d_i} d_i^2]}{n}} = \sqrt{\frac{[p_i d_i^2]}{2n}} \tag{3-2-22}$$

（3）因为 $h_{AB} = h_1 + h_2 + \cdots + h_n$，故有

$$\frac{1}{p_{h_{AB}}} = \frac{1}{2p_1} + \frac{1}{2p_2} + \cdots + \frac{1}{2p_n} = \frac{1}{2}(S_1 + S_2 + \cdots + S_n) = \frac{[S]}{2} \tag{3-2-23}$$

$$\hat{\sigma}_{h_{AB}} = \hat{\sigma}_0 \sqrt{\frac{1}{p_{h_{AB}}}} \tag{3-2-24}$$

3.3 协因数传播律

设有 $X\limits_{n,1}$ 的 t 个线性函数

$$Z = KX + K_0 \tag{3-3-1}$$

如果已知 X 的协方差阵 D_x，则由协方差传播律 (3-1-11) 式求得 Z 的协方差

$$D_Z = KD_X K^T \tag{3-3-2}$$

由 (2-6-13) 式可知向量的协方差和协因数的关系式为

$$D_X = \sigma_0^2 Q_{XX},\ D_Z = \sigma_0^2 Q_{ZZ} \tag{3-3-3}$$

将上式代入 (3-3-2) 式得

$$Q_{ZZ} = KQ_{XX}K^T \tag{3-3-4}$$

这就是由观测向量 X 的协因数，求观测值函数的协因数的协因数传播律。因为协因数和协方差只相差一个常数 σ_0^2，因此协因数传播律和协方差传播律在形式上是一样的。

在实际中，Z 的方差是需要估算的，通常是先求出单位权方差 σ_0^2，再由 (3-3-4) 式求出 Z 的协因数 Q_{ZZ}，最后由 (3-3-3) 式求得 Z 的方差 D_Z。

设另有 X 的 γ 个线性函数为

$$Y = FX + F_0 \qquad (3\text{-}3\text{-}5)$$

则有 Z 关于 Y 的协方差阵(3-1-29)为

$$D_{zy} = KD_x F^{\mathrm{T}} \qquad (3\text{-}3\text{-}6)$$

相应的协因数阵为

$$Q_{zy} = KQ_{zy} F^{\mathrm{T}} \qquad (3\text{-}3\text{-}7)$$

上面导出的(3-3-4)式和(3-3-7)式就是协因数阵传播律公式，协因数传播律和协方差传播律统称为广义传播律。

【例 3-15】 已知随机变量 y , z 都是观测值 $\underset{3,1}{L} = \begin{bmatrix} L_1 & L_2 & L_3 \end{bmatrix}^{\mathrm{T}}$ 的函数，有函数关系

$$\left.\begin{array}{l} y = L_1 + 4L_2 + 3L_3 \\ z = 7L_1 - 10L_2 + 16L_3 \end{array}\right\}$$

且有

$$Q_{LL} = \begin{bmatrix} 2 & -1 & 0 \\ -1 & 3 & -2 \\ 0 & -2 & 4 \end{bmatrix}$$

试证明随机变量 y , z 是相互独立的。

证明：依题意有

$$\left.\begin{array}{l} y = \begin{bmatrix} 1 & 4 & 3 \end{bmatrix} L \\ z = \begin{bmatrix} 7 & -10 & 16 \end{bmatrix} L \end{array}\right\}$$

由协因数阵传播律得

$$Q_{yz} = \begin{bmatrix} 1 & 4 & 3 \end{bmatrix} \begin{bmatrix} 2 & -1 & 0 \\ -1 & 3 & -2 \\ 0 & -2 & 4 \end{bmatrix} \begin{bmatrix} 7 \\ -10 \\ 16 \end{bmatrix} = \begin{bmatrix} -2 & 5 & 4 \end{bmatrix} \begin{bmatrix} 7 \\ -10 \\ 16 \end{bmatrix} = 0$$

故 y , z 是相互独立的。

下面讨论协因数阵传播律的一个特殊情况。

对于独立观测值 X_i ($i = 1$, 2 , $\cdots$, n)，假定各观测值的权为 p_i ，则 X 的权阵为对角阵

$$\underset{n,n}{P_X} = \mathrm{diag}(p_1, p_2, \cdots, p_n)$$

它的协因数阵(权逆阵)也是对角阵

$$\underset{n,n}{Q_{XX}} = \mathrm{diag}(Q_{11}, Q_{22}, \cdots, Q_{nn}) = \mathrm{diag}\left(\frac{1}{p_1}, \frac{1}{p_2}, \cdots, \frac{1}{p_n}\right)$$

如果有函数

$$\underset{1,1}{Z} = \underset{1,n}{K} \underset{n,1}{X} + \underset{1,1}{K_0} \qquad (3\text{-}3\text{-}8)$$

由协因数阵传播律可得

$$Q_{ZZ} = KQ_{XX}K^{\mathrm{T}} = \begin{bmatrix} k_1, & k_2, & \cdots, & k_n \end{bmatrix} \begin{bmatrix} Q_{11} & & & \\ & Q_{22} & & \\ & & \ddots & \\ & & & Q_{nn} \end{bmatrix} \begin{bmatrix} k_1 \\ k_2 \\ \vdots \\ k_n \end{bmatrix}$$

其标量形式可写为

$$Q_{ZZ} = k_1^2 Q_{11} + k_2^2 Q_{22} + \cdots + k_n^2 Q_{nn} \tag{3-3-9}$$

根据协因数与权的互倒关系,上式可写为

$$Q_{ZZ} = KQ_{XX}K^{\mathrm{T}} = [k_1, \ k_2, \ \cdots, \ k_n] \begin{bmatrix} \dfrac{1}{p_1} & & & \\ & \dfrac{1}{p_2} & & \\ & & \ddots & \\ & & & \dfrac{1}{p_n} \end{bmatrix} \begin{bmatrix} k_1 \\ k_2 \\ \vdots \\ k_n \end{bmatrix}$$

即有

$$\frac{1}{p_Z} = k_1^2 \frac{1}{p_1} + k_2^2 \frac{1}{p_2} + \cdots + k_n^2 \frac{1}{p_n} \tag{3-3-10}$$

此即(3-2-19)式,可见权倒数传播律就是协因数阵传播律的一个特殊情况。

3.4 概率分布的传播律

在第 2 章中已经说明,正态分布的两个特征值是数学期望和方差,并已给出了数学期望和方差的运算规则,即传播公式。本节叙述随机变量概率分布的变换及其密度函数的变换,称为概率分布的传播律。

当已知独立变量的性质以及两组变量的函数关系时,传播在于取得函数变量的随机性质。设 X 为 n 维随机向量:$X = (X_1, X_2, \cdots, X_n)^{\mathrm{T}}$,其概率密度函数为 $f(x_1, x_2, \cdots, x_n)$。设 Y 为另一个 t 维随机向量,与 X 有函数关系 $Y = g(X_1, X_2, \cdots, X_n)$,这样传播的任务就是确定 Y 的概率密度函数 $f(y_1, y_2, \cdots, y_n)$,即为随机变量的概率分布的传播。

3.4.1 一维情况

设 $Y = g(X)$ 可微连续,$f(x)$ 是随机变量 X 的概率密度函数。假定存在反函数 $X = h(Y)$ 是唯一的,且连续可微。

则每一事件 X 落在区间 $(x_1 \quad x_2)$ 的概率与事件 Y 落在区间 $(y_1 \quad y_2)$ 的概率相同。即

$$P(x_1 \leqslant X \leqslant x_2) = \int_{x_1}^{x_2} f_x(x)\,\mathrm{d}x = \int_{y_1}^{y_2} f_y(y)\,\mathrm{d}y = P(y_1 \leqslant Y \leqslant y_2)$$

利用函数关系易得

$$f_x(x)\,\mathrm{d}x = \left[f_x(h(y)) \, \frac{\partial h(y)}{\partial y} \right] \mathrm{d}y = f_y(y)\,\mathrm{d}y$$

这样随机变量 $Y = g(X)$ 的概率密度函数为

$$f_y(y) = f_x(h(y)) \left| \frac{\partial h(y)}{\partial y} \right| \tag{3-4-1}$$

为了保证具有正确符号,方程(3-4-1)中用绝对值。

【例 3-16】 设 X 为一满足正态分布的随机变量，其概率密度函数为 $f(x)=f_x(x)=\dfrac{1}{\sqrt{2\pi}\,\sigma}\mathrm{e}^{-\frac{x^2}{2\sigma^2}}$。设 $Y=X^2$，试求 Y 的概率密度函数。

解：由已知条件可得 $g(x)=x^2$，那么 $h(y)=\sqrt{y}$（取正值），$\left|\dfrac{\partial h(y)}{\partial y}\right|=\dfrac{1}{2\sqrt{y}}$，则 Y 的密度函数 $f_y(y)=f_x(h(y))\left|\dfrac{\partial h(y)}{\partial y}\right|=f_x(\sqrt{y})\dfrac{1}{2\sqrt{y}}=\dfrac{1}{2\sqrt{y}}\dfrac{1}{\sqrt{2\pi}\,\sigma}\mathrm{e}^{-\frac{y}{2\sigma^2}}$。可见随机变量 Y 不再满足正态分布。

3.4.2 多维情况

设 X 为 n 维随机向量：$X=(X_1,X_2,\cdots,X_n)^{\mathrm{T}}$，其联合概率密度函数为 $f(x_1,x_2,\cdots,x_n)$，t 维随机向量 $\underset{t,1}{Y}$ 与 X 有函数关系 $Y=g(X_1,X_2,\cdots,X_n)$，其反函数为 $X=h(Y_1,Y_2,\cdots,Y_t)$，则随机向量 Y 的联合概率密度为

$$f_y(y_1,y_2,\cdots,y_t)=f_x[h_1(y_1,y_2,\cdots,y_t),h_2(y_1,y_2,\cdots,y_t),\cdots,$$
$$h_t(y_1,y_2,\cdots,y_t)]\cdot|J| \tag{3-4-2}$$

式中 $|J|$ 为雅可比逆变化矩阵的行列式，$J=\dfrac{\partial h}{\partial y}$。由上分析可发现分布传播的困难在于必须假定反函数是存在的。

3.4.3 正态分布的线性传播

设 X 为 n 维随机向量：$X=(X_1,X_2,\cdots,X_n)^{\mathrm{T}}$，其联合概率密度函数为

$$f(x_1,x_2,\cdots,x_n)=\dfrac{1}{(2\pi)^{\frac{n}{2}}|D_X|^{\frac{1}{2}}}\exp\left\{-\dfrac{1}{2}\left(X-E(X)\right)^{\mathrm{T}}D_X^{-1}\left(X-E(X)\right)\right\}$$

其中 $E(x)$ 和 D_{XX} 分别为随机向量 X 的数学期望和方差。设

$$\underset{n,1}{Y}=AX+A_0$$

按多维情形的传播公式(3-4-2)可以得出 Y 的密度函数为

$$f(y_1,y_2,\cdots,y_n)=\dfrac{1}{(2\pi)^{\frac{n}{2}}|D_{YY}|^{\frac{1}{2}}}\exp\left\{-\dfrac{1}{2}\left(Y-E(Y)\right)^{\mathrm{T}}D_{YY}^{-1}\left(Y-E(Y)\right)\right\}$$

$$\tag{3-4-3}$$

其中 $E(Y)$ 和 D_{YY} 分别为随机向量 Y 的数学期望和方差，且 $E(Y)=A\cdot E(X)+A_0$，$D_{YY}=AD_{XX}A^{\mathrm{T}}$。

由(3-4-3)式可以得出重要结论：n 维正态随机变量的线性组合仍服从正态分布。这是进行协方差传播的理论基础。

如果研究的对象是非线性函数，实际通常采用泰勒级数展开成线性后进行处理。

【例 3-17】 已知条件同例【3-16】，通过线性化，求随机变量 Y 的概率密度函数。

解：将 $Y=X^2$ 进行泰勒级数展开至线性项为

$$Y \approx 2X_0 \cdot \mathrm{d}X + X_0^2$$

令

$$A = 2X_0$$

即有

$$E(Y) = 2X_0 \cdot E(X) + X_0^2 , \; D_{YY} = \sigma_y^2 = 4X^2 \sigma_x^2$$

由式(3-4-1)可得

$$f(y) = \frac{1}{\sqrt{2\pi}\,\sigma_y} \mathrm{e}^{-\frac{y^2}{2\sigma_y^2}}$$

可见正态变量的非线性函数经线性化后的函数也满足正态分布。

第4章　平差数学模型与最小二乘原理

本章在叙述控制网的必要观测和多余观测两个重要概念的基础上，给出了经典平差函数模型和随机模型的基本概念，介绍了最小二乘原理，这是测量平差法所遵循的准则。

4.1　测量平差概述

在绪论中已经指出，由于观测不可避免地存在误差，致使观测值及其函数间产生矛盾，造成测量的几何图形不闭合，产生了不符值或闭合差，测量平差的目的就是要合理的消除这些不符值，求出未知量的最佳估值并评定结果的精度。

实际上，我们在已学的先修课程中，已经给出了测量平差的基本概念。例如对于一条附合水准路线，通过分配闭合差来求观测高差的平差值。在如图 4-1 所示的附合水准路线测量中，始点、终点的高程是已知的，始点、终点间高差的理论值为 $(H_终 - H_始)$，而各测站之间的高差值之和为 $\sum h_测$，由于各种误差的原因，使 $(H_终 - H_始) \neq \sum h_测$，所以需要对附合水准路线高差闭合差 $f_h = \sum h_测 - (H_终 - H_始)$ 进行分配。一般方法是按照与测站数成正比将闭合差反号分配到各测段高差中。设第 i 测段的改正数为 v_i，测站数 n_i，则有：

$$v_i = -\frac{f_h}{\sum n} n_i \tag{4-1-1}$$

得到各测段的改正数，测得的高差得到了改正，即可得到各测点的高程。上述过程称为单一附合水准路线的平差。

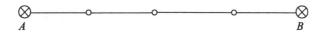

图 4-1　单一附合水准路线

又例如，在单一附合导线中，如图 4-2 所示，已知两端的起始方位角为 α_{AB} 和 α_{CD}，观测了导线中各个左角 $\beta_左$，需要进行导线方位角的计算，根据坐标方位角传算公式得

$$\alpha'_{CD} = \alpha_{AB} + n \cdot 180° + \sum \beta_左 \tag{4-1-2}$$

则方位角的闭合差为

$$f_\beta = \alpha'_{CD} - \alpha_{CD} = \alpha_{AB} + n \cdot 180° + \sum \beta_左 - \alpha_{CD} \tag{4-1-3}$$

将 f_β 反号平均分配给各转角，得 $v_i = -\dfrac{f_\beta}{n}$，$n$ 为观测角度总数，图 4-2 中 $n = 6$，这就

是单一附合导线的角度平差。

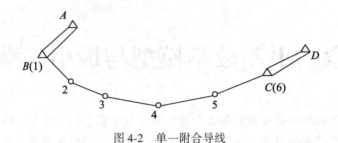

图 4-2　单一附合导线

　　通过上述两个简例的分析，从中应该提出几个问题。例如对于一个测量控制网，上述计算闭合差的方程及其个数应该如何确定？闭合差分配的原则是什么？也就是改正数和闭合差之间的函数关系应该如何正确建立？这就是建立测量平差数学模型的问题。

　　为了回答上述问题，需要先介绍进行测量平差的重要概念。在测量工作中，为了确定待定点的高程，需要建立水准网，为了确定待定点的平面坐标，需要建立平面控制网（包括导线网、边角网等），我们常把这些网称为几何模型。每种几何模型都包含有不同的几何元素，如水准网中包括点的高程、点间的高差，平面网中包含角度、边长、边的坐标方位角、坐标差以及点的二维或三维坐标等元素。这些元素都被称为几何量，在诸多几何量中，有的可以直接测量，但更多的是通过测定其他一些量来间接求出。如根据一点的坐标，通过直接测定的角度和距离求定另一些点的坐标；根据一点的高程，通过直接测定的高差求定另一些点的高程等。这也充分说明要确定一个几何模型，并不需要知道其中所有元素的大小，只需知道其中的一部分就可以了，其他元素可以通过它们之间的函数描述而确定出来，这种描述所求量与已知量之间的关系式称为函数模型。

　　随着几何模型的不同，它所需要知道的元素的个数与类型也有所不同，要唯一地确定几何模型，就必须弄清楚至少需要观测哪些元素以及哪些类型的元素。例如：

　　(1)如图 4-3 所示的三角形 ABC 中，为了确定它的形状，只需要知道其中任意两个内角的大小就可以了，如 L_1、L_2 或 L_1、L_3 或 L_2、L_3 等。它们都是同一类型的元素。

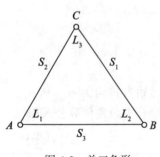

图 4-3　单三角形

　　(2)要确定该三角形的大小和形状，就必须知道三个不同的元素，即任意的一边两角、任意的两边一角或者是三边。如：L_1、L_2、S_1 或 S_1、S_2、L_3 或 S_1、S_2、S_3 等，它们中间都至少包含一条边长，否则只能确定其形状，而不能确定其大小，该情况包含两类元素（角度和边长）。

　　(3)在实际的测量应用中，需要确定各点的坐标，即不仅要确定该三角形的大小、形状，还要确定它在一个特定坐标系中的位置和方向，则该图中有包括三个点的平面坐标在内的 12 个几何要素。只要知道其中合适的 6 个不同元素，则该几何模型就完全确定下来。当然，这 6 个元素可以构成更多的组合，但不论哪一种组合，都至少要包含一个点的坐标和一条边的坐标方位角，这是确定其位置和方向不可缺少的元素，通常称其为外部配置元素，它们的改变只相当于整个网在坐标系中发生了平移和旋转，并不影响该三角形的内部形状和大小。所以三角形中如果没有已知点坐标和已知方位角时，也可以假定一个点的坐标和一条边的方位角，因此要确定图 4-3 中各点的位置必须要三个观测值，且必须包括一条边。

从上面例子可知，一旦几何模型确定了，就能够唯一地确定该模型的必要观测元素的个数。我们把能够唯一地确定一个几何模型所必要的元素，称为必要观测元素。必要观测元素的个数用 t 表示，称为必要观测个数。对于上面三种情况，必要观测元素个数分别为 $t=2$，$t=3$ 和 $t=3$。而对于后两种情况，不仅要考虑必要观测元素的个数，还要考虑到元素的类型，否则就无法唯一地确定模型。必要观测个数 t 只与几何模型有关，与实际观测量无关。

一个几何模型的必要观测元素之间是不存在任何确定的函数关系的，即其中的任何一个必要观测元素不可能表达为其余必要观测元素的函数。在上述（2）情况中，任意三个必要观测元素，如 L_1、L_2、S_1 之间，其中 S_1 不可能表达成 L_1、L_2 的函数，除非再增加其他的量。这些彼此不存在函数关系的量称为函数独立量，简称独立量。

在测量工作中，为了求得一个几何模型中的几何量大小，就必须进行观测，但并不是对模型中的所有量都进行观测。假设对模型中的几何量总共观测 n 个，当观测值个数小于必要观测个数，即 $n < t$，显然无法确定模型的解；如果观测值个数恰好等于必要观测个数，即 $n = t$，则可唯一地确定该模型，但对观测结果中含有的粗差和错误都将无法发现。为了能及时发现测量中的粗差和错误，提高观测成果的精度和可靠性，通常使观测值个数大于必要观测个数，即使 $n > t$，设：

$$r = n - t \tag{4-1-4}$$

式中，n 是观测值个数，t 是必要观测个数，r 称为多余观测个数，表示有 r 个多余观测值，在统计学中也叫自由度。

既然一个几何模型能通过 t 个必要而独立的量唯一的确定下来，这就意味着在该模型中，其他的量都可以由这 t 个确定下来，即模型中任何一个其他的量都是这 t 个独立量的函数，都与这 t 个量之间存在有一定的函数关系式。现在模型中有 r 个多余观测量，因此，一定也存在着 r 个这样的函数关系式。

例如在上述（1）中，$t=2$，如选 L_1、L_2 为必要观测量，假设现在又观测了 L_3，则它们的真值之间就存在一个确定的关系：

$$\tilde{L}_1 + \tilde{L}_2 + \tilde{L}_3 - 180° = 0 \tag{4-1-5}$$

再如上述（2）中，如果观测了角度 L_1、L_2、L_3 和边长 S_1、S_2，没有观测 S_3，即 $n=5$，$t=3$，则 $r=2$，它们的真值之间也存在如下关系式：

$$\tilde{L}_1 + \tilde{L}_2 + \tilde{L}_3 - 180° = 0 \tag{4-1-6}$$

$$\frac{\tilde{S}_1}{\sin\tilde{L}_1} - \frac{\tilde{S}_2}{\sin\tilde{L}_2} = 0 \tag{4-1-7}$$

由此可见，每增加一个多余观测，在它们中间就必然增加且只增加一个确定的函数关系式，有多少个多余观测，就会增加多少个这样的关系式。这种函数关系式，在测量平差中称为条件方程。

综上所述，由于有了多余观测，必然产生条件方程，但由于观测不可避免地含有误差，故观测值之间必然不能满足理论上的条件方程，即：

$$L_1 + L_2 + L_3 - 180° \neq 0 \tag{4-1-8}$$

即观测值间产生了矛盾，从而使观测值不能完全吻合于几何模型。

为了消除矛盾，通常用满足某种原则来求真值的最优估值，被称为"平差值"（又叫最或是值、最或然值）$\hat{L}$，由于任何一个"平差值"都可以看做是一个改正了的观测值，是由观测值加上改正数而得到，即

$$\hat{L}_i = L_i + V_i \tag{4-1-9}$$

式中，V_i 称为观测值的改正数，平差的目的就是求观测值改正数 V_i。分析上面的条件式发现，都是需要求的改正数的个数大于存在的条件方程个数，即上述(1)中有

$$V_1 + V_2 + V_3 - (180° - L_1 - L_2 - L_3) = 0 \tag{4-1-10}$$

上式中，V_1、V_2、V_3 是三个未知量，只有一个方程，所以有无限多组解。令

$$W = L_1 + L_2 + L_3 - 180° \tag{4-1-11}$$

称为条件方程(4-1-10)的闭合差（或不符值）。

上述(2)中有

$$\left.\begin{array}{l} V_1 + V_2 + V_3 - (180° - L_1 - L_2 - L_3) = 0 \\ \dfrac{S_1 + V_{S1}}{\sin(L_1 + V_1)} - \dfrac{S_2 + V_{S2}}{\sin(L_2 + V_2)} = 0 \end{array}\right\} \tag{4-1-12}$$

在这里，观测值一旦观测后是确定的数值，问题是要求各个改正数。可以看出，有 V_1、V_2、V_3、V_{S1}、V_{S2} 五个未知数，只有两个方程，有无穷多组解。但从统计学角度讲，只有一组改正数能得到最优解。为求唯一的一组最优改正数，必须附加一定的约束条件，即给出一个最优准则，我们把按照某一准则求得观测值的一组最优估值的计算过程叫平差。为了确定约束条件，就需要分析观测值的先验统计性质，给出平差的随机模型。

测量工作中存在多余观测是测量平差的前提，求观测值的平差值是测量平差的任务之一，除此之外，还要对计算成果进行分析，衡量平差结果的精度。

4.2 测量平差的数学模型

在科学技术领域，通常对研究对象进行抽象概括，用数学关系式来描述它的某种特征或内在的联系，这种数学关系式就称为数学模型。

在测量工作中，涉及的是通过观测量确定某些几何量的大小等有关数量问题，因此，常考虑如何建立相应的数学模型及如何解算这些模型。由于测量观测值是一种随机变量，所以，平差的数学模型与传统数学上的模型不同，它不仅要考虑描述已知量与待求量之间的函数模型，还要考虑随机模型，在研究任何平差方法时，函数模型和随机模型必须同时予以考虑。本节介绍常见的平差函数模型及其建立方法和平差的随机模型。

4.2.1 函数模型

函数模型是描述观测量与待求量之间的数学函数关系的模型。对于一个平差问题，建

立函数模型是测量平差中最基本、最重要的问题，模型的建立方法不同，与之相应就产生了不同的平差方法。函数模型有线性与非线性之分，测量平差通常是基于线性函数模型，当函数模型为非线性时，总是要将其线性化。下面简述各种经典平差方法的线性函数模型及其建立方法。

1. 条件平差法

下面先通过两个例子，来说明条件平差函数模型的建立方法。

在图 4-3 中，观测了三个内角，$n = 3$，$t = 2$，则 $r = n - t = 1$，存在一个函数关系式（条件方程），可以表示为：

$$\tilde{L}_1 + \tilde{L}_2 + \tilde{L}_3 - 180° = 0$$

为了使得式子表达简洁，引入向量和矩阵表示，令

$$\underset{1,3}{A} = \begin{bmatrix} 1 & 1 & 1 \end{bmatrix}$$

$$\underset{3,1}{\tilde{L}} = \begin{bmatrix} \tilde{L}_1 & \tilde{L}_2 & \tilde{L}_3 \end{bmatrix}^{\mathrm{T}}$$

$$A_0 = \begin{bmatrix} -180° \end{bmatrix}$$

则上式为

$$A\tilde{L} + A_0 = 0 \tag{4-2-1}$$

再如图 4-4 所示的水准网，D 为已知高程水准点，A、B、C 均为待定点，观测值向量的真值为

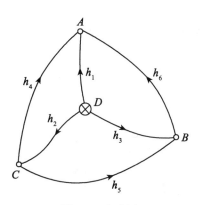

图 4-4　水准网

$$\underset{6,1}{\tilde{L}} = \begin{bmatrix} \tilde{h}_1 & \tilde{h}_2 & \tilde{h}_3 & \tilde{h}_4 & \tilde{h}_5 & \tilde{h}_6 \end{bmatrix}$$

其中 $n = 6$，$t = 3$，则 $r = n - t = 3$，应列出 3 个线性无关的条件方程，它们可以是：

$$\tilde{h}_1 - \tilde{h}_2 - \tilde{h}_4 = 0$$

$$\tilde{h}_2 - \tilde{h}_3 + \tilde{h}_5 = 0$$

$$\tilde{h}_1 - \tilde{h}_3 - \tilde{h}_6 = 0$$

令

$$A_{3,6} = \begin{bmatrix} 1 & -1 & 0 & -1 & 0 & 0 \\ 0 & 1 & -1 & 0 & 1 & 0 \\ 1 & 0 & -1 & 0 & 0 & -1 \end{bmatrix}$$

则上面条件方程组可写为

$$A\tilde{L} = 0 \qquad (4\text{-}2\text{-}2)$$

一般而言，如果有 n 个观测值 $\underset{n,1}{L}$，必要观测个数为 t，则应列出 $r = n - t$ 个条件方程，即

$$F(\tilde{L}) = 0 \qquad (4\text{-}2\text{-}3)$$

如果条件方程为线性形式，则可以直接写为

$$\underset{r,n}{A}\,\underset{n,1}{\tilde{L}} + \underset{r,1}{A_0} = \underset{r,1}{0} \qquad (4\text{-}2\text{-}4)$$

将 $\tilde{L} = L + \Delta$ 代入(4-2-4)式，并令

$$W = AL + A_0 \qquad (4\text{-}2\text{-}5)$$

则(4-2-4)式为

$$A\Delta + W = 0 \qquad (4\text{-}2\text{-}6)$$

(4-2-4)式或(4-2-6)式即为条件平差的函数模型。以此为函数模型的平差计算称为条件平差法。

在(4-2-4)式或(4-2-6)式中，条件方程的个数等于多余观测数 r。因 r 小于观测个数 n，不能求得 Δ 的唯一解，但可按平差最优准则即最小二乘原理，求出 Δ 的估值 V，从而进一步计算观测量 L 的最或然值 $\hat{L}$（又称平差值）。

$$\hat{L} = L + V \qquad (4\text{-}2\text{-}7)$$

将式(4-2-6)中的 Δ 改写成其估值 V，条件方程变为

$$AV + W = 0 \qquad (4\text{-}2\text{-}8)$$

2. 附有参数的条件平差法

在平差问题中，设观测值个数为 n，必要观测个数为 t，则可以列出 $r = n - t$ 个条件方程，有时由于实际情况的需要，又增设了 u 个独立量作为未知参数，且 $0 < u < t$，每增加一个参数应增加一个条件方程，因此，共需列出 $r + u$ 个条件方程，以含有参数的条件方程为平差函数模型的平差方法，称为附有参数的条件平差法。

如图 4-5 所示的三角形 ABC 中，观测了三个内角 L_1、L_2、L_3，$n = 3$，$t = 2$，$r = n - t = 1$，平差时选 $\angle A$ 为平差参数 $\tilde{X}$（本例中选取 $\angle A$ 作为未知参数 $\tilde{X}$，从例子本身看似乎没有必要，只是为了说明问题），即 $u = 1$，此时条件方程个数应为 $r + u = 2$ 个，它们可以写成：

$$\tilde{L}_1 + \tilde{L}_2 + \tilde{L}_3 - 180° = 0$$

$$\tilde{L}_1 - \tilde{X} = 0$$

令

$$A = \begin{bmatrix} 1 & 1 & 1 \\ 1 & 0 & 0 \end{bmatrix}, \ B = \begin{bmatrix} 0 \\ -1 \end{bmatrix}, \ A_0 = \begin{bmatrix} -180 \\ 0 \end{bmatrix}$$

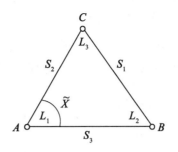

图 4-5 测角三角形

则上式可写成

$$\underset{2,3}{A} \underset{3,1}{\tilde{L}} + \underset{2,1}{B} \underset{2,1}{\tilde{X}} + \underset{2,1}{A_0} = 0$$

一般而言，在某一平差问题中，观测值个数为 n ，必要观测个数为 t ，多余观测个数为 $r = n - t$ ，再增选 u 个独立参数 $\tilde{X}$ ，$0 < u < t$ ，则总共应列出 $c = r + u$ 个条件方程，其一般形式为

$$\underset{c,1}{F} (\tilde{L}, \tilde{X}) = 0 \tag{4-2-9}$$

如果条件方程是线性的，其形式为

$$\underset{C,n}{A} \underset{n,1}{\tilde{L}} + \underset{C,u}{B} \underset{u,1}{\tilde{X}} + \underset{C,1}{A_0} = 0 \tag{4-2-10}$$

将 $\tilde{L} = L + \Delta$ 代入上式，并令

$$W = AL + A_0 \tag{4-2-11}$$

则得

$$\underset{C,nn,1}{A} \underset{}{\Delta} + \underset{C,u}{B} \underset{u,1}{\tilde{X}} + \underset{C,1}{W} = 0 \tag{4-2-12}$$

(4-2-10)式或(4-2-12)式为附有参数的条件平差的函数模型。

在上式中，$\tilde{X} = X^0 + \tilde{X}$ 。用 Δ 和 $\tilde{X}$ 的估值 V 和 $\hat{x}$ 代替，则附有参数的条件平差法的平差值条件方程及改正数条件方程为

$$\underset{c,n}{A} \underset{n,1}{\hat{L}} + \underset{c,u}{B} \underset{u,1}{\hat{X}} - \underset{c,1}{A_0} = 0 \tag{4-2-13}$$

$$\underset{c,nn,1}{A} \underset{}{V} + \underset{c,u}{B} \underset{u,1}{\hat{x}} - \underset{c,1}{W} = 0 \tag{4-2-14}$$

其中

$$W = AL + BX^0 + A_0 \tag{4-2-15}$$

3. 间接平差法(参数平差法)

由前所述，一个几何模型可以由 t 个独立的必要观测量唯一的确定下来，因此，平差时若把这 t 个量都选作参数，即 $u = t$ (这是独立参数的上限)，那么通过这 t 个独立参数就能唯一地确定该几何模型，换句话说，模型中的所有量都一定是这 t 个独立参数的函数，每个观测量也都可以表达为所选 t 个独立参数的函数。

选择几何模型中 t 个独立量为平差参数，将每一个观测量表达成所选参数的函数，共

列出 $r + t = n$ 个这种函数关系式，以此作为平差的函数模型的平差方法称为间接平差。

在三角形 ABC 中，观测了三个内角 L_1、L_2、L_3，$n = 3$，$t = 2$，$r = n - t = 1$，平差时选 $\angle A$、$\angle B$ 为平差参数 $\tilde{X}_1$、$\tilde{X}_2$，即 $\tilde{X} = (\tilde{X}_1、\tilde{X}_2)^T$，$u = 2$，共需列出 $r + u = 3$ 个函数关系式，列立方法是将每一个观测量表达成所选参数的函数，由图知：

$$\left. \begin{array}{l} \tilde{L}_1 = \tilde{X}_1 \\ \tilde{L}_2 = \tilde{X}_2 \\ \tilde{L}_3 = - \tilde{X}_1 - \tilde{X}_2 + 180° \end{array} \right\} \tag{4-2-16}$$

方程的个数恰好等于观测值的个数（与前面的条件方程式相比较，可以发现，只要将所有的变量都移项到等号的一边，则就变成带未知参数的条件方程式）。

令

$$\tilde{X} = (\tilde{X}_1、\tilde{X}_2)^T, \qquad \tilde{L} = (\tilde{L}_1、\tilde{L}_2、\tilde{L}_2)^T$$

$$B = \begin{bmatrix} 1 & 0 \\ 0 & 1 \\ -1 & -1 \end{bmatrix}, \qquad d = \begin{bmatrix} 0 \\ 0 \\ 180 \end{bmatrix}$$

则(4-2-16)式可写为

$$\tilde{L}_{3,1} = B \tilde{X} + d \tag{4-2-17}$$

一般而言，如果某一平差问题中，观测值个数为 n，必要观测个数为 t，多余观测个数为 $r = n - t$，再增选 $u = t$ 个独立参数 $\underset{u,1}{\tilde{X}}$，$u = t$，则总共应列出 $c = r + u = n$ 个函数关系式，即每一个观测值与所选参数间建立一个函数式，其一般形式为

$$\tilde{L}_{n,1} = F(\tilde{X})$$

如果这种表达式为线性的，一般为

$$\tilde{L}_{n,1} = \underset{n,t}{B} \underset{t,1}{\tilde{X}} + d \tag{4-2-18}$$

将 $\tilde{L} = L + \Delta$ 代入上式，并令

$$l = L - d \tag{4-2-19}$$

则(4-2-18)式可写为

$$\underset{n,1}{\Delta} = \underset{n,t}{B} \underset{t,1}{\tilde{X}} - l \tag{4-2-20}$$

以上(4-2-18)式或(4-2-20)式就是间接平差的函数模型。其中(4-2-18)式称为观测方程。

在间接平差时，用平差值 $\hat{L}$ 代替真值 $\tilde{L}$，$\hat{X}$ 代替 $\tilde{X}$，则(4-2-18)式变为

$$\underset{n,1}{\hat{L}} = \underset{n,t}{B} \underset{t,1}{\hat{X}} + \underset{n,1}{d} \tag{4-2-21}$$

为了计算方便和计算数值的稳定，一般对参数 $\hat{X}$ 都取近似值 X^0，令

$$\hat{X} = X^0 + \hat{x} \tag{4-2-22}$$

代入式(4-2-21)，并令

$$l = L - (BX^0 + d) = L - L^0 \qquad (4\text{-}2\text{-}23)$$

由此可得误差方程

$$V = B\hat{x} - l \qquad (4\text{-}2\text{-}24)$$

4. 附有限制条件的间接平差

在实际工作中，有时只选取必要的未知参数，观测方程很难全部列出，此时如选取的未知参数大于必要观测数则问题迎刃而解。即在某平差问题中，选取 $u > t$ 个参数，其中包含 t 个独立参数，则多选的 $s = u - t$ 个参数必定是 t 个独立参数的函数，即在 u 个参数之间存在着 s 个函数关系式。方程的总数 $c = r + u = r + t + s = n + s$ 个，建立模型时，除了列立 n 个观测方程外，还要增加参数之间满足的 s 个条件方程，以此作为平差函数模型的平差方法称为附有条件的间接平差。

其函数模型的一般形式为

$$\underset{n,1}{\tilde{L}} = F(\tilde{X})$$

$$\underset{s,1}{\varPhi}(\tilde{X}) = 0$$

线性形式的函数模型为

$$\underset{n,1}{\tilde{L}} = \underset{n,u}{B}\ \underset{u,1}{\tilde{X}} + \underset{n,1}{d} \qquad (4\text{-}2\text{-}25)$$

$$\underset{s,u}{C}\ \underset{u,1}{\tilde{X}} + \underset{s,1}{W} = 0 \qquad (4\text{-}2\text{-}26)$$

将 $\tilde{L} = L + \Delta$ 代入(4-2-25)式，并令

$$l = L - d \qquad (4\text{-}2\text{-}27)$$

则(4-2-25)式和(4-2-26)式可写为

$$\underset{n,1}{\Delta} = \underset{n,u}{B}\ \underset{u,1}{\tilde{X}} - \underset{n,1}{l} \qquad (4\text{-}2\text{-}28)$$

$$\underset{s,u}{C}\ \underset{u,1}{\tilde{X}} + \underset{s,1}{W} = 0 \qquad (4\text{-}2\text{-}29)$$

这就是附有条件的间接平差的函数模型。其中(4-2-29)式称为限制条件方程。现用平差值代替真值得

$$V = B\ \hat{X} - l \qquad (4\text{-}2\text{-}30)$$

$$C\hat{X} + W = 0 \qquad (4\text{-}2\text{-}31)$$

4.2.2　随机模型

对于上面介绍的四种基本平差方法的函数模型，最基本的数据就是观测值向量 $\underset{n,1}{L}$，单独从函数模型看，改正数都有无穷多组解。因此，进行平差时除建立其函数模型外，还要同时考虑到它的随机模型，通过随机模型的统计规律来建立一种约束的准则，在此约束准则下从改正数的无穷多组解中确定一组统计最优解。

随机模型是通过观测向量的协方差阵来描述，即：

$$\underset{n,n}{D} = \sigma_0^2 \underset{n,n}{Q} = \sigma_0^2 \underset{n,n}{P^{-1}} \qquad (4\text{-}2\text{-}32)$$

式中，D 为观测向量 L 的协方差阵，Q 为 L 的协因数阵，P 为 L 的权阵，σ_0^2 为单位权方差。

函数模型连同随机模型，就称为平差的数学模型。在进行平差计算前，函数模型和随机模型必须首先被确定，前者按上面介绍的方法建立，后者须知道 P、Q、D 其中之一。

平差的函数模型和随机模型相结合，按一定的最优化准则可以确定观测值的唯一组解。下面以一个简单的水准网介绍平差的函数模型和随机模型的建立方法。

【例 4-1】 如图 4-6 所示的水准网中，A，B 点为已知水准点，P_1，P_2 点为待定水准点，观测高差为 h_1，h_2，h_3，h_4，各个水准的路线长分别为 $s_1$km，$s_2$km，$s_3$km，$s_4$km。试按下面不同情况，分别列出相应的平差函数模型和随机模型：

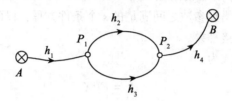

图 4-6 附合水准路线

(1) 按条件平差法；

(2) 若仅选 P_1 点高程为未知参数 $\tilde{X}$ 时；

(3) 若选 P_1，P_2 点高程为未知参数 $\tilde{X}_1$，$\tilde{X}_2$ 时；

(4) 若选 h_1，h_2，h_3 的平差值为未知参数 $\tilde{X}_1$，$\tilde{X}_2$，$\tilde{X}_3$ 时。

解：本题 $n = 4$，$t = 2$，则 $r = n - t = 2$

(1) 按条件平差法应列出 2 个条件方程，它们可以是

$$\tilde{h}_2 - \tilde{h}_3 = 0$$

$$H_A + \tilde{h}_1 + \tilde{h}_2 + \tilde{h}_4 - H_B = 0$$

(2) $u = 1 < t$，属于附有参数的条件平差，方程个数为 $r + u = 3$

$$\tilde{h}_2 - \tilde{h}_3 = 0$$

$$H_A + \tilde{h}_1 + \tilde{h}_2 + \tilde{h}_4 - H_B = 0$$

$$H_A + h_1 - \tilde{X} = 0$$

(3) 此时参数个数 $u = t = 2$，且不相关，属于间接平差，函数模型为

$$\tilde{h}_1 = \tilde{X}_1 - H_A$$

$$\tilde{h}_2 = -\tilde{X}_1 + \tilde{X}_2$$

$$\tilde{h}_3 = -\tilde{X}_1 + \tilde{X}_2$$

$$\tilde{h}_4 = -\tilde{X}_2 + H_B$$

(4) $u = 3 > t$ 且包含 2 个独立参数，属于附有条件的间接平差，限制条件方程个数为

$s = u - t = 1$，观测方程个数为 4 个。函数模型为

$$\tilde{h}_1 = \tilde{X}_1$$

$$\tilde{h}_2 = \tilde{X}_2$$

$$\tilde{h}_3 = \tilde{X}_3$$

$$\tilde{h}_4 = - H_A - \tilde{X}_1 - \tilde{X}_2 + H_B$$

限制条件方程为

$$\tilde{X}_2 - \tilde{X}_3 = 0$$

上述四种平差模型的随机模型是相同的，都是(4-2-32)式，在此例中已知观测高差 h_i 的路线长度为 s_i (km)如果令每公里观测高差为单位权中误差，则按第 3 章所述的定权方法，有

$$p_i = \frac{1}{s_i} \quad (i = 1, 2, 3, 4)$$

随机模型可写成

$$D = \begin{bmatrix} D_1 & & & \\ & D_2 & & \\ & & D_3 & \\ & & & D_4 \end{bmatrix} = \sigma_0^2 \begin{bmatrix} \frac{1}{p_1} & & & \\ & \frac{1}{p_2} & & \\ & & \frac{1}{p_3} & \\ & & & \frac{1}{p_4} \end{bmatrix} = \sigma_0^2 \begin{bmatrix} S_1 & & & \\ & S_2 & & \\ & & S_3 & \\ & & & S_4 \end{bmatrix}$$

4.3　函数模型的线性化

4.3.1　泰勒级数及其在测量平差中的应用

前面建立的平差函数模型，经常是非线性的，需要进行线性化，一般使用高等数学中的泰勒级数展开的方法。下面简要叙述之。

在数学上，对于一些较复杂的函数，为了便于研究，往往希望用一些简单的函数来近似表达。由于用多项式表示的函数，只要对自变量进行有限次加、减、乘三种算术运算，便能求出它的函数值来，因此我们经常用多项式来近似表达函数。

但是这种近似表达式还存在着不足之处：首先是精确度不高，它所产生的误差仅是关于 x 的高阶无穷小；其次是用它来作近似计算时，不能具体估算出误差大小。因此，对于精确度要求较高且需要估计误差的时候，就必须用高次多项式来近似表达函数，同时给出误差公式。

设函数 $f(x)$ 在含有 x_0 的开区间内具有直到 $(n+1)$ 阶导数，试找出一个关于 $(x - x_0)$ 的 n 次多项式

$$q_n(x) = a_0 + a_1(x - x_0) + a_2(x - x_0)^2 + \cdots + a_n(x - x_0)^n$$

来近似表达 $f(x)$，要求 $q_n(x)$ 与 $f(x)$ 之差是比 $(x - x_0)^n$ 高阶的无穷小，并给出误差 $|f(x) - q_n(x)|$ 的具体表达式。假设 $q_n(x)$ 在 x_0 处的函数值及它的直到 n 阶导数在 x_0 处的值依次与 $f(x_0)$，$f'(x_0)$，…，$f^{(n)}(x_0)$ 相等，即满足

$$q_n(x_0) = f(x_0), \quad q_n'(x_0) = f'(x_0),$$

$$q_n^{(2)}(x_0) = f^{(2)}(x_0), \quad \cdots, \quad q_n^{(n)}(x_0) = f^{(n)}(x_0)$$

即得 $\quad a_0 = f(x_0), \quad a_1 = f'(x_0), \quad a_2 = \dfrac{1}{2!}f^{(2)}(x_0), \quad \cdots, \quad a_n = \dfrac{1}{n!}f^{(n)}(x_0)$

则 $q_n(x) = f(x_0) + f'(x_0)(x - x_0) + \dfrac{1}{2!}f^{(2)}(x_0)(x - x_0)^2 + \cdots + \dfrac{1}{n!}f^{(n)}(x_0)(x - x_0)^n$

$$f(x) = f(x_0) + f'(x_0)(x - x_0) + \dfrac{1}{2!}f^{(2)}(x_0)(x - x_0)^2 + \cdots +$$

$$\dfrac{1}{n!}f^{(n)}(x_0)(x - x_0)^n + R_n(x)$$

在上式中，如果 $(x - x_0)$ 的值较大，例如为 5，则在 $(x - x_0)$ 的高次项中的值会变大，$(x - x_0)^2$ 为 25；而如果 $(x - x_0)$ 的值较小，例如为 0.01，则在 $(x - x_0)$ 的高次项中的值会变小，$(x - x_0)^2$ 为 0.0001。

在测量平差中，所测得的观测值都会有误差，但误差值都很小，所以改正数也很小。因此可以利用泰勒级数公式进行线性化，在一个近似数值处展开，在泰勒级数公式中 $(x - x_0)$ 为平差中的改正数，所以其高次项中的值会越来越小，可以只保留一次多项式，舍去二次及其更高次的多项式，这样计算更加方便，提高时间效率，也不会造成较大误差影响。

4.3.2 平差函数模型的线性化

从上面的讨论可知，不同的平差问题，所列出的函数模型有的是线性的，有的则是非线性的。在进行平差时，必须利用泰勒级数将非线性方程线性化，转化为线性方程。

在所有函数模型中，$\underset{n,1}{\tilde{L}}$ 和 $\underset{u,1}{\tilde{X}}$ 分别代表观测值向量和参数的真值向量。根据泰勒级数展开的要求，必须要知道它们的近似值。对于向量 $\tilde{L}$ 中的各分量来说，由于通过观测已得到其观测值向量 L，故可以把观测值作为其近似值；对于向量 $\tilde{X}$ 的各分量而言，由于不是直接观测量，所以不具备先验值，必须根据已有的已知值和观测值计算其近似值。为线性化方便，现取 $\tilde{X}$ 的近似值为 X^0，则有

$$\tilde{L} = L + \Delta \qquad \tilde{X} = X^0 + \tilde{X} \tag{4-3-1}$$

下面先讨论线性化的一般方法，然后再找出四种平差方法的线性化后的模型。

设有函数

$$\underset{c,1}{F} = F(\underset{n,1}{\tilde{L}}, \underset{u,1}{\tilde{X}}) \tag{4-3-2}$$

考虑到 (4-3-1) 式，按泰勒级数在近似值处展开，略去二次项和二次以上各项，于是有

$$F = F(L + \Delta,\ X^0 + \tilde{X}) = F(L,\ X^0) + \left. \frac{\partial F}{\partial \tilde{L}} \right|_{L,\ X^0} \Delta + \left. \frac{\partial F}{\partial \tilde{X}} \right|_{L,\ X^0} \tilde{X}$$

若令

$$A_{c,n} = \left. \frac{\partial F}{\partial \tilde{L}} \right|_{L,\ X^0} = \begin{bmatrix} \dfrac{\partial F_1}{\partial \tilde{L}_1} & \dfrac{\partial F_1}{\partial \tilde{L}_2} & \cdots & \dfrac{\partial F_1}{\partial \tilde{L}_n} \\[2mm] \dfrac{\partial F_2}{\partial \tilde{L}_1} & \dfrac{\partial F_2}{\partial \tilde{L}_2} & \cdots & \dfrac{\partial F_2}{\partial \tilde{L}_n} \\[1mm] \vdots & \vdots & & \vdots \\[1mm] \dfrac{\partial F_c}{\partial \tilde{L}_1} & \dfrac{\partial F_c}{\partial \tilde{L}_2} & \cdots & \dfrac{\partial F_c}{\partial \tilde{L}_n} \end{bmatrix}_{L,\ X^0}$$

$$B_{c,u} = \left. \frac{\partial F}{\partial \tilde{X}} \right|_{L,\ X^0} = \begin{bmatrix} \dfrac{\partial F_1}{\partial \tilde{X}_1} & \dfrac{\partial F_1}{\partial \tilde{X}_2} & \cdots & \dfrac{\partial F_1}{\partial \tilde{X}_u} \\[2mm] \dfrac{\partial F_2}{\partial \tilde{X}_1} & \dfrac{\partial F_2}{\partial \tilde{X}_2} & \cdots & \dfrac{\partial F_2}{\partial \tilde{X}_u} \\[1mm] \vdots & \vdots & & \vdots \\[1mm] \dfrac{\partial F_c}{\partial \tilde{X}_1} & \dfrac{\partial F_c}{\partial \tilde{X}_2} & \cdots & \dfrac{\partial F_c}{\partial \tilde{X}_u} \end{bmatrix}_{L,\ X^0}$$

则函数 $F_{c,1}$ 的线性形式为

$$F = F(L,\ X^0) + A\Delta + B\tilde{X} \tag{4-3-3}$$

下面根据上述线性化后的结论，分别给出四种平差模型线性化后的形式。

1. 条件平差法

$$F = F(\tilde{L}) = 0 \tag{4-3-4}$$

对照(4-3-2)式和(4-3-3)式，则有

$$F(L) + A\Delta = 0$$

令

$$W = F(L)$$

有

$$A\Delta + W = 0 \tag{4-3-5}$$

上式即为条件平差的线性函数模型。

2. 附有参数的条件平差

$$F = \underset{c,1}{F}(\tilde{L},\ \tilde{X}) = 0 \tag{4-3-6}$$

对照(4-3-2)式和(4-3-3)式，则有

$$F = F(L,\ X^0) + A\Delta + B\tilde{X} = 0$$

令

$$W = F(L,\ X^0)$$

有

$$\underset{c,nn,1}{A\,\Delta} + \underset{c,u\,u,1}{B\,\tilde{X}} + \underset{c,1}{W} = 0 \qquad\qquad (4\text{-}3\text{-}7)$$

上式即为附有参数条件平差的线性函数模型。

3. 间接平差法

$$\underset{n,1}{\tilde{L}} = F(\tilde{X}) \qquad\qquad (4\text{-}3\text{-}8)$$

对照(4-3-2)式和(4-3-3)式, 则有

$$L + \Delta = F(X^0) + B\tilde{X}$$

令

$$l = L - F(X^0)$$

有

$$\underset{n,1}{\Delta} = \underset{n,t\,t,1}{B\,\tilde{X}} - \underset{n,1}{l} \qquad\qquad (4\text{-}3\text{-}9)$$

上式即为间接平差线性化后的模型。

4. 附有条件的间接平差

$$\underset{n,1}{\tilde{L}} = F(\tilde{X}) \qquad\qquad (4\text{-}3\text{-}10)$$

$$\underset{S,1}{\Phi}(\tilde{X}) = 0 \qquad\qquad (4\text{-}3\text{-}11)$$

因为

$$\Phi(\tilde{X}) = \Phi(X^0) + \left.\frac{\partial\Phi}{\partial\tilde{X}}\right|_{X^0}\tilde{x}$$

令

$$W_X = \Phi(X^0)\ ,$$

则线性化后的模型为

$$\underset{n,1}{\Delta} = \underset{n,t\,t,1}{B\,\tilde{X}} - \underset{n,1}{l} \qquad\qquad (4\text{-}3\text{-}12)$$

$$\underset{s,u\,u,1}{C\,\tilde{X}} - \underset{s,1}{W} = 0 \qquad\qquad (4\text{-}3\text{-}13)$$

式中

$$C = \left.\frac{\partial\Phi}{\partial\tilde{X}}\right|_{X^0} = \begin{bmatrix} \dfrac{\partial\Phi_1}{\partial\tilde{X}_1} & \dfrac{\partial\Phi_1}{\partial\tilde{X}_2} & \cdots & \dfrac{\partial\Phi_1}{\partial\tilde{X}_u} \\[2mm] \dfrac{\partial\Phi_2}{\partial\tilde{X}_1} & \dfrac{\partial\Phi_2}{\partial\tilde{X}_2} & \cdots & \dfrac{\partial\Phi_2}{\partial\tilde{X}_u} \\[2mm] \vdots & \vdots & & \vdots \\[2mm] \dfrac{\partial\Phi_s}{\partial\tilde{X}_1} & \dfrac{\partial\Phi_s}{\partial\tilde{X}_2} & \cdots & \dfrac{\partial\Phi_s}{\partial\tilde{X}_u} \end{bmatrix}_{X^0}$$

4.4　最小二乘原理

以上给出的经典平差函数模型，由于方程的个数与待求未知量的个数不相等，其解不唯一，为求其唯一的最优解，需要对观测值改正数 V 附加一个约束，此约束就是最小二乘原则（$V^TPV = \min$）。当观测量为正态分布的随机变量时，此原则可由最大似然法（最大或然法）导出，简述如下。

测量中的观测值一般都是服从正态分布的随机变量。设观测向量为 $\underset{n,1}{L}$，L 为随机正态向量，其数学期望和方差分别为

$$\mu_L = E(L) = \begin{bmatrix} \mu_1 \\ \mu_2 \\ \vdots \\ \mu_n \end{bmatrix}, \quad D = D_L = \begin{bmatrix} \sigma_1^2 & \sigma_{12} & \cdots & \sigma_{1n} \\ \sigma_{21} & \sigma_2^2 & \cdots & \sigma_{2n} \\ \vdots & \vdots & & \vdots \\ \sigma_{n1} & \sigma_{n2} & \cdots & \sigma_n^2 \end{bmatrix}$$

由最大似然估计准则知，其似然函数（即 L 的正态密度函数）为

$$G = \frac{1}{(2\pi)^{n/2} |D|^{1/2}} \exp\left[-\frac{1}{2} (L - \mu_L)^T D^{-1} (L - \mu_L) \right] \qquad (4\text{-}4\text{-}1)$$

或

$$\ln G = -\ln\left[(2\pi)^{n/2} |D|^{1/2} \right] - \frac{1}{2} (L - \mu_L)^T D^{-1} (L - \mu_L) \qquad (4\text{-}4\text{-}2)$$

按最大似然估计的要求，应选取能使 $\ln G$ 取得极大值的 $\hat{L}$ 作为 μ_L 的估计量，考虑到 $L - \mu_L = -\Delta$，$L - \hat{L} = -V$，$\hat{L}$ 为 μ_L 的估计量也就是以改正数 V 作为真误差 Δ 的估计量。由于（4-4-2）式右边第一项为常量，第二项为负数，所以只有当第二项取得极小值时，似然函数 $\ln G$ 才能取得极大值。因此由极大似然估计求得的 V 值必须满足条件

$$V^T D^{-1} V = \min \qquad (4\text{-}4\text{-}3)$$

顾及 $D = \sigma_0^2 Q = \sigma_0^2 P^{-1}$，$\sigma_0^2$ 为常量，则上式等价于

$$V^T P V = \min \qquad (4\text{-}4\text{-}4)$$

此即最小二乘原理。

最大似然法即最大概率法。其意义就是在给定服从正态分布的观测向量及其方差阵的前提下，当观测向量的改正数满足最小二乘准则时，求出的未知量估值，其概率是最大的，也就是说从统计而言是最符合实际的，由此准则求出的估值称为最或然值或最或是值。

特别地，当为同精度观测时，则 $P = I$，则最小二乘原理是

$$V^T V = \min \qquad (4\text{-}4\text{-}5)$$

一个实际的平差问题，可按需要和方便选取上述四种函数模型的任一种，随机模型是相同的，按最小二乘准则进行平差。平差结果不会因函数模型的不同而不同，即平差结果完全相同。

4.5 参数估值的最优统计性质

一个估计量应具有哪些优良性质，可用下面几个准则来衡量。在统计估计理论中，衡量参数估计优良性质的准则是满足一致性、无偏性和有效性，下面分别予以介绍。

1. 一致性

设母体 X 分布密度为 $f(x, \theta)$，θ 为未知参数，$\hat{\theta}_n = \hat{\theta}_n(X_1, X_2, \cdots X_n)$ 为 θ 的一个估计量，字样个数为 n，若对于一个任意小的正数 ε，下式

$$\lim_{n \to \infty} P(|\hat{\theta}_n - \theta| > \varepsilon) = 0 \tag{4-5-1}$$

或

$$\lim_{n \to \infty} P(|\hat{\theta}_n - \theta| < \varepsilon) = 1 \tag{4-5-2}$$

成立，则称 $\hat{\theta}_n$ 为参数 θ 的一致估计量。

2. 无偏性

无论 n 大或小，下式

$$E[\hat{\theta}_n(X_1, X_2, \cdots, X_n)] = \theta \tag{4-5-3}$$

成立，则称 $\hat{\theta}$ 为参数 θ 的无偏估计量。

3. 有效性

如果有两个参数 $\hat{\theta}_1$ 和 $\hat{\theta}_2$ 都是无偏估计量，但它们的方差 $D(\hat{\theta}_1) < D(\hat{\theta}_2)$，那么认为具有较小方差的无偏估计量的概率分布更集中在 θ 的附近，$\hat{\theta}_1$ 比 $\hat{\theta}_2$ 有效。对同一参数的估计量满足无偏性的不唯一，但其中只有一个满足方差最小，当估计量 $\hat{\theta}$ 满足

$$E(\hat{\theta}) = \theta, D(\hat{\theta}) = \min \tag{4-5-4}$$

时，则称 $\hat{\theta}$ 为参数 θ 的有效估计量。

一个有效估计量一定满足无偏性和一致性。

对于线性模型的参数估计量，如果满足有效性，则称其为最优线性无偏估计量。

对于本章介绍的四种经典平差模型，在最小二乘准则下求得的最或然值将在第 6 章中证明。最或然值就是参数的最优线性无偏估计量，即统计性质是最优的。

第5章 条件平差

本章讲述条件平差法。着重阐述建立条件平差模型的方法，导出其精度估算公式，并以常规控制网为例总述了条件平差的全过程，最后讲述了附有参数的条件平差原理。

5.1 条件平差原理

在前一章已提及以条件方程为模型的条件平差方法，称为条件平差法。设控制网中有 n 个观测值，必要观测个数为 t，则条件方程个数等于多余观测数 $r = n - t$。第 4 章已经给出条件平差的函数模型为

$$\underset{r,n}{A}\,\underset{n,1}{\hat{L}} + \underset{r,1}{A_0} = \underset{r,1}{0} \tag{5-1-1}$$

或

$$\underset{r,n}{A}\,\underset{n,1}{V} + \underset{r,1}{W} = \underset{r,1}{0} \tag{5-1-2}$$

随机模型为

$$\underset{n,n}{D} = \sigma_0^2\,\underset{n,n}{Q} = \sigma_0^2\,\underset{n,n}{P^{-1}} \tag{5-1-3}$$

平差准则为

$$\underset{1,n}{V^{\mathrm{T}}}\,\underset{n,n}{P}\,\underset{n,1}{V} = \min \tag{5-1-4}$$

最小二乘估计，就是要求在满足(5-1-2)式下，求函数 $V^{\mathrm{T}}PV = \min$ 的改正数 V 值。解决这一问题的数学方法是采用条件极值法，即拉格朗日不定乘数法。

5.1.1 基础方程及其解

设某平差问题中，已知 n 个观测量用向量表示为 $\underset{n,1}{L} = [L_1 \quad L_2 \quad \cdots \quad L_n]^{\mathrm{T}}$，产生 r 个平差值线性条件方程(5-1-1)的纯量表达式为

$$\left. \begin{array}{l} a_1\hat{L}_1 + a_2\hat{L}_2 + \cdots + a_n\hat{L}_n + a_0 = 0 \\ b_1\hat{L}_1 + b_2\hat{L}_2 + \cdots + b_n\hat{L}_n + b_0 = 0 \\ \qquad\qquad \cdots\cdots \\ r_1\hat{L}_1 + r_2\hat{L}_2 + \cdots + r_n\hat{L}_n + r_0 = 0 \end{array} \right\} \tag{5-1-5}$$

式中，a_i，b_i，$\cdots r_i(i = 1, 2, \cdots, n)$ 为条件方程系数，a_0，b_0，$\cdots$，r_0 为条件方程常数项。将上式用 $\hat{L}_i = L_i + v_i$ 代入，得到 r 个改正数条件方程式为

$$\left.\begin{array}{c} a_1v_1 + a_2v_2 + \cdots + a_nv_n + w_a = 0 \\ b_1v_1 + b_2v_2 + \cdots + b_nv_n + w_b = 0 \\ \cdots \\ r_1v_1 + r_2v_2 + \cdots + r_nv_n + w_r = 0 \end{array}\right\} \qquad (5\text{-}1\text{-}6)$$

式中，w_a，w_b，$\cdots$，w_r 为改正数条件式的闭合差，或称不符值，即

$$\left.\begin{array}{c} w_a = a_1L_1 + a_2L_2 + \cdots + a_nL_n + a_0 \\ w_b = b_1L_1 + b_2L_2 + \cdots + b_nL_n + b_0 \\ \cdots \\ w_r = r_1L_1 + r_2L_2 + \cdots + r_nL_n + r_0 \end{array}\right\} \qquad (5\text{-}1\text{-}7)$$

令

$$\underset{r,n}{A} = \begin{bmatrix} a_1 & a_2 & \cdots & a_n \\ b_1 & b_2 & \cdots & b_n \\ \vdots & \vdots & & \vdots \\ r_1 & r_2 & \cdots & r_n \end{bmatrix}, \quad \underset{r,1}{W} = \begin{bmatrix} w_a \\ w_b \\ \vdots \\ w_r \end{bmatrix}, \quad \underset{n,1}{V} = \begin{bmatrix} v_1 \\ v_2 \\ \vdots \\ v_n \end{bmatrix}$$

则(5-1-6)式为

$$AV + W = 0 \qquad (5\text{-}1\text{-}8)$$

闭合差或不符值即(5-1-7)式的矩阵形式为

$$W = AL + A_0 \qquad (5\text{-}1\text{-}9)$$

为求 $V^{\mathrm{T}}PV = \min$，按拉格朗日乘数法求条件极值，需构成新的极值函数，即

$$\Phi = V^{\mathrm{T}}PV - 2K^{\mathrm{T}}(AV + W) \qquad (5\text{-}1\text{-}10)$$

式中，$-2K^{\mathrm{T}}$ 为不定乘数(即拉格朗日乘数)，其中

$$\underset{r,1}{K} = \begin{bmatrix} k_1 & k_2 & \cdots & k_r \end{bmatrix}^{\mathrm{T}} \qquad (5\text{-}1\text{-}11)$$

称为联系数向量。

为了使(5-1-10)的函数达到最小，需将 Φ 对 V 求一阶导数，并令其等于零，即

$$\frac{\mathrm{d}\Phi}{\mathrm{d}V} = 2V^{\mathrm{T}}P - 2K^{\mathrm{T}}A = 0 \qquad (5\text{-}1\text{-}12)$$

两边转置，顾及 $P^{\mathrm{T}} = P$，则有

$$PV - A^{\mathrm{T}}K = 0 \qquad (5\text{-}1\text{-}13)$$

因 P 为满秩方阵，等式两边左乘 P^{-1} 得

$$V = P^{-1}A^{\mathrm{T}}K \qquad (5\text{-}1\text{-}14)$$

上式称为改正数方程，是条件平差中计算改正数 V 的计算公式。

为了求解，把(5-1-8)式和(5-1-13)式写在一起，称为条件平差基础方程，即

$$\left.\begin{array}{c} AV + W = 0 \\ PV - A^{\mathrm{T}}K = 0 \end{array}\right\} \qquad (5\text{-}1\text{-}15)$$

不难看出，上式包含 $n+r$ 个未知数 $\underset{n,1}{V}$ 和 $\underset{r,1}{K}$。而方程个数也是 $n+r$ 个。所以由基础方程可唯一的解出一组 V，而这组改正数 V 既消除了闭合差，又必能满足 $V^{\mathrm{T}}PV = \min$ 的要求。

解基础方程时，是先将(5-1-14)式代入(5-1-8)式，得

$$AP^{-1}A^{\mathrm{T}}K + W = 0 \tag{5-1-16}$$

令

$$N_{\substack{AA\\r,r}} = \underset{r,n}{A}\ \underset{n,n}{P^{-1}}\ \underset{n,r}{A^{\mathrm{T}}} = \underset{r,n}{A}\ \underset{n,n}{Q}\ \underset{n,r}{A^{\mathrm{T}}} \tag{5-1-17}$$

则有

$$N_{AA}K + W = 0 \tag{5-1-18}$$

上式称为联系数法方程，也就是条件平差的法方程。其系数阵满足

$$N_{AA}^{\mathrm{T}} = (AP^{-1}A^{\mathrm{T}})^{\mathrm{T}} = AP^{-1}A^{\mathrm{T}} = N_{AA} \tag{5-1-19}$$

系数阵 N_{aa} 的秩为

$$R(N_{AA}) = R(AP^{-1}A^{\mathrm{T}}) = R(A) = r \tag{5-1-20}$$

故为满秩对称方阵，且可逆。

由(5-1-18)式可求的联系数 K ，即

$$K = - N_{AA}^{-1}W \tag{5-1-21}$$

求得 K 后，按(5-1-14)式求出改正数 V ，从而求得观测值的平差值 $\hat{L} = L + V$ 。

5.1.2　条件平差计算步骤

(1)根据平差问题，确定观测总数 n ，必要观测数 t 以及多余观测数 r ；

(2)由平差问题具体情况，正确列出 r 个线性无关的条件方程(5-1-8)式；

(3)根据条件式的系数、常数项以及观测值的协因数阵组成 r 个法方程(5-1-18)式；

(4)解算法方程，求联系数 K 值；

(5)将解算得到的联系数 K 代入改正数方程(5-1-14)式，求出改正数 V 值；

(6)计算观测量的平差值，即 $\hat{L} = L + V$ 。

为了检查平差计算的正确性，常用计算的平差值 $\hat{L}$ 重新列出平差值条件方程(5-1-1)式，看其是否满足条件方程。

【例 5-1】　如图 5-1 所示，设等精度观测了三角形 ABC 的三个内角，得观测值为 $L_1 = 65°38'47''$，$L_2 = 43°15'14''$，$L_3 = 71°06'11''$。试按条件平差求三个内角的平差值。

解：本题只有一个多余观测，故条件式为一个，且为

$$\hat{L}_1 + \hat{L}_2 + \hat{L}_3 - 180° = 0$$

以 $\hat{L}_i = L_i + v_i$ 代入上式，并顾及 L_i 的值得条件方程为

$$v_1 + v_2 + v_3 + 12 = 0$$

式中，闭合差 w 为

$$w = L_1 + L_2 + L_3 - 180° = 12''$$

条件式用矩阵表示为

$$\begin{bmatrix} 1 & 1 & 1 \end{bmatrix}\begin{bmatrix} v_1 \\ v_2 \\ v_3 \end{bmatrix} + 12 = 0$$

或

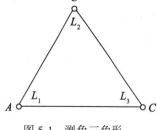

图 5-1　测角三角形

$$AV + W = 0$$

其中

$$A = \begin{bmatrix} 1 & 1 & 1 \end{bmatrix}, \ V = \begin{bmatrix} v_1 & v_2 & v_3 \end{bmatrix}^{\mathrm{T}}, \ W = \begin{bmatrix} 12 \end{bmatrix}$$

因为是等精度观测，故观测值的权阵可设为单位矩阵，即 $P = I$。法方程系数为

$$N_{AA} = AP^{-1}A^{\mathrm{T}} = AA^{\mathrm{T}} = 3$$

法方程为

$$3k_a + 12 = 0$$

解法方程得 $k_a = -4$，代入改正数方程(6-1-16)式，得

$$V = P^{-1}A^{\mathrm{T}}K = \begin{bmatrix} -4'' & -4'' & -4'' \end{bmatrix}^{\mathrm{T}}$$

各角平差值为

$$\begin{bmatrix} \hat{L}_1 \\ \hat{L}_2 \\ \hat{L}_3 \end{bmatrix} = \begin{bmatrix} L_1 \\ L_2 \\ L_3 \end{bmatrix} + \begin{bmatrix} v_1 \\ v_2 \\ v_3 \end{bmatrix} = \begin{bmatrix} 65°38'43'' \\ 43°15'10'' \\ 71°06'07'' \end{bmatrix}$$

将各角平差值重新组成平差值条件方程进行检核，得

$$45°38'13'' + 63°15'20'' + 71°06'27'' - 180° = 0$$

可见，各角平差值满足了三角形内角和等于 180° 的几何条件，即闭合差为零，证明计算无误。

5.2 条 件 方 程

在条件平差中，首先要列出条件方程，它是条件平差的函数模型，条件方程的组成是条件平差的关键，其正确性决定了平差结果的质量。本节以常用控制网为例讨论建立条件方程的方法。

5.2.1 水准网的条件方程

水准网分为自由网和附合网两类，网中只有一个已知高程点的称为自由网，如果网中存在两个或两个以上已知高程点的称为附合网。自由网的必要观测数为网中的水准点的总数减1，而附合水准网的必要观测数等于网中待定高程的个数。水准网的观测元素为两点间的高程差，即观测高差。

如图 5-2 所示为自由水准网，必要观测数是 3，多余观测数 $r = n - t = 6 - 3 = 3$。即需要列立 3 个线性无关的条件方程，为：

$$\left. \begin{aligned} \hat{h}_1 + \hat{h}_2 - \hat{h}_5 &= 0 \\ \hat{h}_3 + \hat{h}_4 + \hat{h}_5 &= 0 \\ \hat{h}_1 + \hat{h}_4 - \hat{h}_6 &= 0 \end{aligned} \right\} \tag{5-2-1}$$

由于条件方程的列立形式不唯一，还可列为

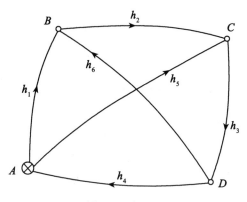

图 5-2　水准网

$$
\left.\begin{array}{l}
\hat{h}_1 + \hat{h}_2 - \hat{h}_5 = 0 \\
\hat{h}_3 + \hat{h}_4 + \hat{h}_5 = 0 \\
\hat{h}_2 + \hat{h}_3 - \hat{h}_6 = 0
\end{array}\right\}
\tag{5-2-2}
$$

等等。只要所选的条件方程个数足数而且彼此线性无关均可。对应(5-2-1)式的改正数条件方程是

$$
\left.\begin{array}{l}
v_1 + v_2 - v_5 + w_1 = 0 \\
v_3 + v_4 + v_5 + w_2 = 0 \\
v_1 + v_4 - v_6 + w_3 = 0
\end{array}\right\}
\tag{5-2-3}
$$

其中条件方程闭合差为

$$
\left.\begin{array}{l}
w_1 = h_1 + h_2 - h_5 \\
w_2 = h_3 + h_4 + h_5 \\
w_3 = h_1 + h_4 - h_6
\end{array}\right\}
\tag{5-2-4}
$$

由上可以看出，A 点高程是否已知与上述水准路线闭合条件无关。对于附合水准网，如图 5-3 所示，条件方程个数 $r = n - t = 6 - 3 = 3$ 个，且 3 个线性无关的条件方程为

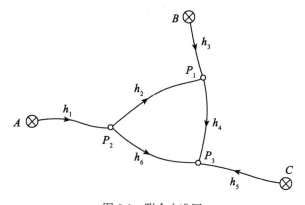

图 5-3　附合水准网

$$\left.\begin{aligned} H_A + \hat{h}_1 + \hat{h}_2 - \hat{h}_3 - H_B &= 0 \\ H_A + \hat{h}_1 + \hat{h}_6 - \hat{h}_5 - H_C &= 0 \\ \hat{h}_2 + \hat{h}_4 - \hat{h}_6 &= 0 \end{aligned}\right\} \tag{5-2-5}$$

即

$$\left.\begin{aligned} v_1 + v_2 - v_3 + w_1 &= 0 \\ v_1 - v_5 + v_6 + w_2 &= 0 \\ v_2 + v_4 - v_6 + w_3 &= 0 \end{aligned}\right\} \tag{5-2-6}$$

式中

$$\left.\begin{aligned} w_1 &= h_1 + h_2 - h_3 - (H_B - H_A) \\ w_2 &= h_1 - h_5 + h_6 - (H_C - H_A) \\ w_3 &= h_2 + h_4 - h_6 \end{aligned}\right\} \tag{5-2-7}$$

上式中前两个为水准网的附合条件，第三个为闭合条件，由于网中有三个已知高程点，产生两个附合条件，其他一个必为闭合条件。虽然条件方程形式不唯一，但对于图5-3必须至少列出两个附合条件，包含三个已知高程，另一个闭合条件，当然也可以选以下附合条件代替，即 $H_B + \hat{h}_3 + \hat{h}_4 - \hat{h}_5 - H_c = 0$。一般为简单起见，在附合网中，若有 t 个已知高程可列出包含 t 个已知高程的 $t-1$ 个已知附合条件，其余为闭合条件。

【例5-2】 如图5-4所示水准网，A、B、C 为已知水准点，E 为待定点。h_1，h_2，h_3 为高差观测值。已知数据、观测数据如下：

$$H_A = 50.000 \text{ m} \qquad h_1 = -8.201 \text{ m}$$
$$H_B = 31.490 \text{ m} \qquad h_2 = +10.305 \text{ m}$$
$$H_C = 34.295 \text{ m} \qquad h_3 = +7.506 \text{ m}$$

试列出条件方程。

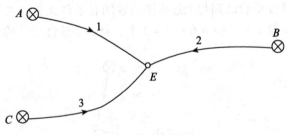

图5-4 附合水准网

解：本题 $n=3$，$t=1$，故 $r=2$，可列出如下两个线性无关的条件方程：

$$\left.\begin{aligned} \hat{h}_1 - \hat{h}_2 + H_A - H_B &= 0 \\ \hat{h}_1 - \hat{h}_3 + H_A - H_C &= 0 \end{aligned}\right\}$$

以 $\hat{h}_i = h_i + v_i$ 代入上式，得

$$
\left.
\begin{aligned}
v_1 - v_2 + w_1 = 0 \\
v_1 - v_3 + w_2 = 0
\end{aligned}
\right\}
$$

式中

$$
\left.
\begin{aligned}
w_1 = h_1 - h_2 - (H_B - H_A) \\
w_2 = h_1 - h_3 - (H_C - H_A)
\end{aligned}
\right\}
$$

并顾及已知数据和观测数据，经计算可得条件方程最后形式为：

$$
\left.
\begin{aligned}
v_1 - v_2 \qquad + 4 = 0 \\
v_1 \qquad - v_3 - 2 = 0
\end{aligned}
\right\}
$$

写成矩阵形式 $AV + W = 0$ 为：

$$
\begin{bmatrix} 1 & -1 & 0 \\ 1 & 0 & -1 \end{bmatrix}
\begin{bmatrix} v_1 \\ v_2 \\ v_3 \end{bmatrix}
+ \begin{bmatrix} 4 \\ -2 \end{bmatrix} = 0
$$

式中闭合差的单位是 mm。

5.2.2 测边三角网条件方程

测边网中平差对象是边长观测值，为了保证平差后图形闭合，必须要求边长的平差值满足网中的几何条件。

如图 5-5(a)所示测边三角形中，决定其形状和大小的必要观测为三条边长，说明没有多余观测，故不存在条件方程。对于图 5-5(b)所示的大地四边形中，共有 4 个三角点，观测了 6 条边长，必要观测数 $t = 2 \times 4 - 3 = 5$，所以 $r = n - t = 6 - 5 = 1$，存在一个条件方程。对于图 5-5(c)所示的中点五边形中，观测了 10 条边，共有 6 个三角点，必要观测数 $t = 2 \times 6 - 3 = 9$，故有 $r = n - t = 10 - 9 = 1$，即也是存在一个条件方程。可见，在测边网中，大地四边形、中点多边形的总数就是该网条件方程总数，称之为测边网的图形条件。

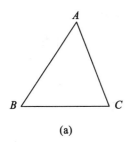 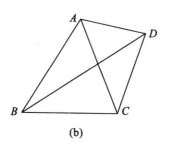 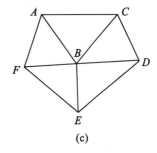

图 5-5 测边网基本图形

测边网图形条件列立有多种形式，如角度闭合法、边长闭合法和面积闭合法等，一般可按角度闭合法列立。

角度闭合法列立测边网图形条件，与测角三角网的图形条件一样，就是利用观测边长先求出网中各内角，列出角度间应满足的条件，然后再以边长改正数代换角度改正数，即得到最后的图形条件。如何把角度改正数转化为边长改正数是关键。下面我们以一测边大地四边形为例说明之。

1. 以角度改正数表示的图形条件方程

如图 5-6 所示的测边大地四边形 $ABCD$ 中，根据观测边长 $S_i(i=1,2,\cdots,6)$，应用三角公式求得角度为 β_1，β_2 和 β_3。要保证平差后图形的确定性，平差后角度应满足的几何条件为

$$\hat{\beta}_1 + \hat{\beta}_2 - \hat{\beta}_3 = 0 \tag{5-2-8}$$

上式就是测边网的图形条件式。以角度改正数表示的图形条件为

$$v_{\beta_1} + v_{\beta_2} - v_{\beta_3} + w = 0 \tag{5-2-9}$$

式中

$$w = \beta_1 + \beta_2 - \beta_3 \tag{5-2-10}$$

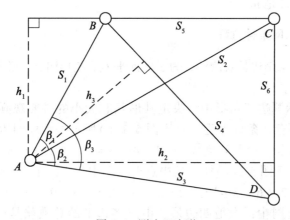

图 5-6　测边四边形

上述的图形条件还可以图中 B、C 和 D 点上各列出一个类似的角度平差值方程式，而由于测边大地四边形只产生一个图形条件，所以它们之间是不独立的，实际中，只需任选一个即可。对于中点多边形图(图 5-5c)，应选择中点 B 上的圆周角闭合列立图形条件式。

由于测边网观测元素是边长，所以上述条件方程中的角度改正数必须换成边长改正数，才是最终图形条件式。下面寻找角度改正数与边长改正数的关系。

2. 角度改正数与边长改正数的关系式

测边网中观测值是边长，而式(5-2-9)列出的是角度改正数表示的条件式，所以需要讨论边长改正数与角度改正数之间的关系。因为式(5-2-9)中的每一个角度都是不同三角形的一个内角，所以我们以如图 5-7 所示的测边三角形为例推导它们之间关系的通用表达式。

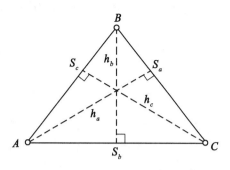

图 5-7　测边三角形

如图 5-7 所示的三角形 ABC ，由余弦定理可得

$$S_a^2 = S_b^2 + S_c^2 - 2S_bS_c\cos A$$

两边取微分得

$$2S_a\mathrm{d}S_a = (2S_b - 2S_c\cos A)\mathrm{d}S_b + (2S_c - 2S_b\cos A)\mathrm{d}S_c + 2S_bS_c\sin A\mathrm{d}A$$

或

$$\mathrm{d}A = \frac{1}{S_bS_c\sin A}\Big[S_a\mathrm{d}S_a - (S_b - S_c\cos A)\mathrm{d}S_b - (S_c - S_b\cos A)\mathrm{d}S_c\Big]$$

而

$$S_bS_c\sin A = S_bh_b = S_ah_a$$

$$S_b - S_c\cos A = S_a\cos C，\qquad S_c - S_b\cos A = S_a\cos B$$

故有

$$\mathrm{d}A = \frac{1}{h_a}(\mathrm{d}S_a - \cos C\mathrm{d}S_b - \cos B\mathrm{d}S_c) \tag{5-2-11}$$

将上式中的微分换成相应改正数，同时考虑角度改正数一般以秒为单位，则可改写成

$$v''_{\beta_A} = \frac{\rho''}{h_a}(v_{S_a} - \cos C v_{S_b} - \cos B v_{S_c}) \tag{5-2-12}$$

这就是角度改正数与边长改正数的关系式，称为角度改正数方程。

　　很明显，按(5-2-11)式列立图形条件有如下规律：任意一角(A 角)的改正数等于其对边(S_a 边)的改正数与两个夹边(S_b ， S_c 边)的改正数分别与其邻角余弦(S_b 边邻角为 C 角， S_c 边邻角为 B 角)乘积之和，再乘以 ρ'' 为分子，以该角至其对边之高(h_a)为分母的分数。

　　特殊情况，当三角形中某一边为已知边时，平差中该边的改正数为零。

　　3. 测边网图形条件的最后形式

　　按照上述规律，我们可以列出测边大地四边形和中点多边形的图形条件。

　　如图 5-7 所示的测边大地四边形，利用(5-2-11)式可将图形条件方程(5-2-9)中的角度改正数换为边长改正数，得到图形条件的最终形式。

　　不难看出， β_1 ， β_2 ， β_3 分别属于三角形 ABC 、 ACD 和 ABD ，根据(5-2-11)式可以写出各角的角度改正数方程为

$$v_{\beta_1} = \frac{\rho''}{h_1}(v_{S_5} - \cos\angle ABC v_{S_1} - \cos\angle ACB v_{S_2})$$

$$v_{\beta_2} = \frac{\rho''}{h_2}(v_{S_6} - \cos\angle ACD v_{S_2} - \cos\angle ADC v_{S_3}) \qquad (5\text{-}2\text{-}13)$$

$$v_{\beta_3} = \frac{\rho''}{h_3}(v_{S_4} - \cos\angle ABD v_{S_1} - \cos\angle ADB v_{S_3})$$

其中，h_1、h_2、h_3 分别是从顶点 A 向 β_i ($i = 1$，2，3) 各角对边所做的高。将(5-2-13)式代入式(5-2-9)，合并同名改正数，整理得测边大地四边形的图形条件式：

$$\rho''\left(\frac{\cos\angle ABD}{h_3} - \frac{\cos\angle ABC}{h_1}\right)v_{S_1} - \rho''\left(\frac{\cos\angle ACB}{h_1} - \frac{\cos\angle ACD}{h_2}\right)v_{S_2} +$$

$$\rho''\left(\frac{\cos\angle ADB}{h_3} - \frac{\cos\angle ADC}{h_2}\right)v_{S_3} - \frac{\rho''}{h_3}v_{S_4} + \frac{\rho''}{h_1}v_{S_5} + \frac{\rho''}{h_2}v_{S_6} + w = 0 \qquad (5\text{-}2\text{-}14)$$

5.2.3　边角网的条件方程

下面，以如图 5-8 所示的边角同测三角形为例来说明边角网，说明其条件式的列立方法。

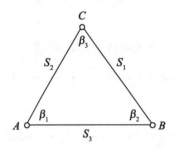

图 5-8　边角同侧三角形

在第 4 章中已指出，对于图 5-8 所示的三角形，要确定其大小和形状必要观测数等于 3，而且必须包含一条边长。观测了三个角度和三条边长，故有三个多余观测，应列立 3 个独立条件式，即 1 个三角和等于 180° 的图形条件、两个正弦条件，或者 1 个图形条件，1 个正弦条件和 1 个余弦条件。分别列立如下：

$$\hat{\beta}_1 + \hat{\beta}_2 + \hat{\beta}_3 - 180° = 0$$

$$\frac{\hat{S}_1}{\sin\hat{\beta}_1} = \frac{\hat{S}_2}{\sin\hat{\beta}_2} \qquad (5\text{-}2\text{-}15)$$

$$\frac{\hat{S}_1}{\sin\hat{\beta}_1} = \frac{\hat{S}_3}{\sin\hat{\beta}_3}$$

或

$$\left.\begin{array}{c} \hat{\beta}_1 + \hat{\beta}_2 + \hat{\beta}_3 - 180° = 0 \\[2mm] \dfrac{\hat{S}_1}{\sin\hat{\beta}_1} = \dfrac{\hat{S}_2}{\sin\hat{\beta}_2} \\[2mm] \hat{S}_1^2 = \hat{S}_2^2 + \hat{S}_3^2 - 2\hat{S}_1\hat{S}_2\cos\hat{\beta}_1 \end{array}\right\} \tag{5-2-16}$$

由式(5-2-15)中第一式得

$$v_{\beta_1} + v_{\beta_2} + v_{\beta_3} + w_1 = 0 \tag{5-2-17}$$

式中，角度改正数以秒为单位，$w_1 = \beta_1 + \beta_2 + \beta_3 - 180°$。因为正弦和余弦条件均为非线性方程，需要将其线性化。式(5-2-15)第二式线性化过程为

$$\hat{S}_1 \sin\hat{\beta}_2 - \hat{S}_2 \sin\hat{\beta}_1 = 0$$

设观测值 β_1，β_2 和 S_1，S_2 分别为相应平差值的近似值，按泰勒公式展开，取至一次项，并将角度改正数化为以秒为单位，可得线性化后的条件式为

$$\sin\beta_2 v_{S_1} - \sin\beta_1 v_{S_2} - \frac{S_2\cos\beta_1}{\rho''}v_{\beta_1} + \frac{S_1\cos\beta_2}{\rho''}v_{\beta_2} + w_2 = 0 \tag{5-2-18}$$

式中，$\rho'' = 206265$，$w_2 = S_1\sin\beta_2 - S_2\sin\beta_1$。

同理，式(5-2-15)中第三式的线性化后条件方程为

$$\sin\beta_3 v_{S_3} - \sin\beta_1 v_{S_1} - \frac{S_3\cos\beta_1}{\rho''}v_{\beta_1} + \frac{S_1\cos\beta_3}{\rho''}v_{\beta_3} + w_3 = 0 \tag{5-2-19}$$

式中，$w_3 = S_1\sin\beta_3 - S_3\sin\beta_1$。

式(5-2-17)、式(5-2-18)、式(5-2-19)就是该图形的最后线性形式表示的条件方程。

5.2.4　导线网条件方程

导线测量的观测元素包括角度和边长两种元素，所以也可以把导线网看做是边角网。导线有单一附合导线和闭合导线两种，而导线网又是由若干个单一附合导线和闭合导线组成的。

(1)列立单一附合导线的条件方程。

如图 5-9 所示的单一附合导线，观测了 $n + 1$ 个左角和 n 条边，观测总数是 $2n + 1$，必要观测数 $2(n - 1)$，故多余观测数 3 个，说明在该单一附合导线中产生三个条件方程，分别是由两个起算点坐标方位角构成的一个坐标方位角条件和两个起算点构成的一对纵横坐标条件。

坐标方位角条件式：从起始方位角 α_{AB} 开始，利用导线各转折角的平差值推算出终了边方位角 α'_{CD}，推算的方位角 α'_{CD} 应等于其已知的起算方位角 α_{CD}，即

$$\alpha_{AB} + \sum_{i=1}^{n+1} \hat{\beta}_i - (n + 1) \times 180° = \alpha_{CD} \tag{5-2-20}$$

或

$$\sum_{i=1}^{n+1} v_{\hat{\beta}_i} + w_\beta = 0 \tag{5-2-21}$$

式中，w_β 为闭合差：

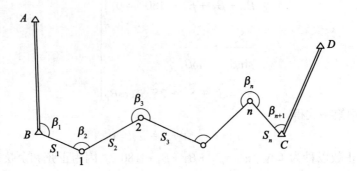

图 5-9　单导线

$$w_\beta = \alpha_{BA} - \alpha_{CD} + \sum_{i=1}^{n+1} \beta_i - (n+1) \times 180° \qquad (5\text{-}2\text{-}22)$$

纵、横坐标条件式：从一个起算点的纵、横坐标出发，利用导线各转折角、边长的平差值计算另一个起算点的纵、横坐标值，推算的坐标值应等于该起算点的已知纵、横坐标值。则坐标条件表达为

$$\left.\begin{array}{l} x_B + \sum\limits_{i=1}^{n} \Delta\hat{x}_i - x_c = 0 \\[2mm] y_B + \sum\limits_{i=1}^{n} \Delta\hat{y}_i - y_c = 0 \end{array}\right\} \qquad (5\text{-}2\text{-}23)$$

式中

$$\left.\begin{array}{l} \Delta\hat{x}_i = \hat{S}_i \times \cos\hat{\alpha}_i \\[2mm] \Delta\hat{y}_i = \hat{S}_i \times \sin\hat{\alpha}_i \end{array}\right\} \qquad (5\text{-}2\text{-}24)$$

而方位角又是观测角度的函数

$$\hat{\alpha}_i = \alpha_{BA} + \sum_{j=1}^{i} \hat{\beta}_j \pm n' \times 180° \qquad (5\text{-}2\text{-}25)$$

将角度、边长代入(5-2-23)式，并将非线性条件式线性化，可得最后的纵、横坐标条件方程为

$$\left.\begin{array}{l} \sum\limits_{i=1}^{n} \cos\alpha_i v_{s_i} - \dfrac{1}{\rho''} \sum\limits_{i=1}^{n} (y'_C - y_i) v_{\beta_i} + w_x = 0 \\[4mm] \sum\limits_{i=1}^{n} \sin\alpha_i v_{s_i} + \dfrac{1}{\rho''} \sum\limits_{i=1}^{n} (x'_C - x_i) v_{\beta_i} + w_y = 0 \end{array}\right\} \qquad (5\text{-}2\text{-}26)$$

常数项按下式计算

$$\left.\begin{array}{l} w_x = x_A + \sum\limits_{i=1}^{n} \Delta x_i - x_c = x'_c - x_c \\[2mm] w_y = y_A + \sum\limits_{i=1}^{n} \Delta y_i - y_c = y'_c - y_c \end{array}\right\} \qquad (5\text{-}2\text{-}27)$$

若 A 和 C 首尾两点重合则形成一闭合导线，则坐标方位角条件就成为多边形内角和条件，纵、横坐标条件则成为多边形各边的坐标增量闭合条件。

（2）导线网条件方程。

导线网一般都是由单一附合导线和闭合导线组成的。因此，导线网条件方程有方位角条件和坐标条件。另外，当节点周围的角度都进行了观测，在节点上还要产生一个圆周条件。

5.2.5　以坐标为观测值的条件方程

GIS 基础数据的来源一类是用仪器直接采集数据获得，一类就是用间接方法如数字化仪或扫描仪对地面点坐标数字化得出的坐标值，由于观测或数字化过程不可避免有误差，所以这些坐标被认为是一组观测值而参与平差，有关以坐标为观测的条件方程列立方法将在第 12 章中说明。

5.3　精 度 评 定

测量平差任务之一，就是评定观测值及其函数的精度。按随机模型知，无论哪一种平差方法，精度评定的公式均为

$$\sigma_\varphi = \sigma_0 \sqrt{Q_{\varphi\varphi}} \tag{5-3-1}$$

为了计算函数 φ 的中误差 σ_φ，就需要求出单位权中误差以及对应函数的协因数，然后按照公式(5-3-1)计算其中误差。

5.3.1　单位权方差的估值公式

单位权方差 σ_0^2 的无偏估值 $\hat{\sigma}_0^2$，其计算式是 V^TPV 除以自由度 r（多余观测数），也就是条件方程的个数。即

$$\hat{\sigma}_0^2 = \frac{V^TPV}{r} \tag{5-3-2}$$

单位权中误差估值计算式为

$$\hat{\sigma}_0 = \sqrt{\frac{V^TPV}{r}} \tag{5-3-3}$$

为了计算 $\hat{\sigma}_0^2$，需先计算 V^TPV。V^TPV 可以采用多种方法计算：

（1）直接计算：计算出 V 后，直接由它计算 V^TPV；

（2）公式计算：根据条件平差推出的改正数条件方程 $V = QA^TK$ 得

$$V^TPV = (QA^TK)^TP(QA^TK) = K^TAQA^TK = K^TN_{AA}K \tag{5-3-4}$$

即可以利用联系数 K 以及法方程系数阵 N_{aa} 来计算二次型 V^TPV。

或者顾及 $K = -N_{AA}^{-1}W$，得

$$V^TPV = K^TN_{AA}K = W^TN_{AA}^{-1}W \tag{5-3-5}$$

还可

$$V^TPV = V^TP(QA^TK) = V^TA^TK = -W^TK \tag{5-3-6}$$

式(5-3-4)、式(5-3-5)和式(5-3-6)为计算 $V^{\mathrm{T}}PV$ 的公式。

5.3.2 协因数阵计算

条件平差中，基本向量为 L 、W 、K 、V 和 $\hat{L}$ ，它们均是观测向量 L 的线性函数，所以可以根据协因数传播律推求基本向量各自的协因数阵以及两两向量间的互协因数阵。令

$$Z^{\mathrm{T}} = \begin{bmatrix} L^{\mathrm{T}} & W^{\mathrm{T}} & K^{\mathrm{T}} & V^{\mathrm{T}} & \hat{L}^{\mathrm{T}} \end{bmatrix}$$

则 Z 的协因数阵为

$$Q_{ZZ} = \begin{bmatrix} Q_{LL} & Q_{LW} & Q_{LK} & Q_{LV} & Q_{L\hat{L}} \\ Q_{WL} & Q_{WW} & Q_{WK} & Q_{WV} & Q_{W\hat{L}} \\ Q_{KL} & Q_{KW} & Q_{KK} & Q_{KV} & Q_{K\hat{L}} \\ Q_{VL} & Q_{VW} & Q_{VK} & Q_{VV} & Q_{V\hat{L}} \\ Q_{\hat{L}L} & Q_{\hat{L}W} & Q_{\hat{L}K} & Q_{\hat{L}V} & Q_{\hat{L}\hat{L}} \end{bmatrix}$$

下述就是要根据已知的 $Q_{LL} = Q$ 求 Q_{ZZ} 。

已知条件平差的计算公式为

$$L = L \tag{5-3-7}$$

$$W = AL + A_0 \tag{5-3-8}$$

$$K = -N_{AA}^{-1}W = -N_{AA}^{-1}AL - N_{AA}^{-1}A_0 \tag{5-3-9}$$

$$V = QA^{\mathrm{T}}K = -QA^{\mathrm{T}}N_{AA}^{-1}W = -QA^{\mathrm{T}}N_{AA}^{-1}AL - QA^{\mathrm{T}}N_{AA}^{-1}A_0 \tag{5-3-10}$$

$$\hat{L} = L + V = \left(I - QA^{\mathrm{T}}N_{AA}^{-1}A\right)L - QA^{\mathrm{T}}N_{AA}^{-1}A_0 \tag{5-3-11}$$

利用协因数传播律，可以得到条件平差中各基本向量的自协因数和两两向量间的互协因数，将推导结果列于表5-1。

表 5-1   条件平差基本向量的协因数阵

	L	W	K	V	$\hat{L}$
L	Q	QA^{T}	$-QA^{\mathrm{T}}N_{AA}^{-1}$	$-QA^{\mathrm{T}}N_{AA}^{-1}AQ$	$Q - QA^{\mathrm{T}}N_{AA}^{-1}AQ$
W	AQ	N_{AA}	$-I$	$-AQ$	0
K	$-N_{AA}^{-1}AQ$	$-I$	N_{AA}^{-1}	$N_{AA}^{-1}AQ$	0
V	$-QA^{\mathrm{T}}N_{AA}^{-1}AQ$	$-QA^{\mathrm{T}}$	$QA^{\mathrm{T}}N_{AA}^{-1}$	$QA^{\mathrm{T}}N_{AA}^{-1}AQ$	0
$\hat{L}$	$Q - QA^{\mathrm{T}}N_{AA}^{-1}AQ$	0	0	0	$Q - QA^{\mathrm{T}}N_{AA}^{-1}AQ$

$(N_{AA} = AQA^{\mathrm{T}})$

下面举例对表5-1中的协因数计算式进行推证。

（1）由式（5-3-7）和式（5-3-10）可得 L 和 V 的协因数为

$$Q_{LV} = -QA^{\mathrm{T}}N_{AA}^{-1}AQ = Q_{VL} \qquad (5-3-12)$$

（2）由式（5-3-10）可得 V 的协因数为

$$Q_{VV} = -QA^{\mathrm{T}}N_{AA}^{-1}AQ\left(-QA^{\mathrm{T}}N_{AA}^{-1}A\right)^{\mathrm{T}}$$

顾及 $N_{AA} = AQA^{\mathrm{T}}$，则上式为

$$Q_{VV} = QA^{\mathrm{T}}N_{AA}^{-1}AQ \qquad (5-3-13)$$

（3）由（5-3-11）可估算 $\hat{L}$ 的协因数阵，令

$$\hat{L} = L + V = \begin{bmatrix} 1 & 1 \end{bmatrix} \begin{bmatrix} L \\ V \end{bmatrix}$$

$$Q_{\hat{L}\hat{L}} = \begin{bmatrix} 1 & 1 \end{bmatrix} \begin{bmatrix} Q & Q_{LV} \\ Q_{VL} & Q_{VV} \end{bmatrix} \begin{bmatrix} 1 \\ 1 \end{bmatrix} = Q + Q_{VL} + Q_{LV} + Q_{VV}$$

顾及 $Q_{LV} = Q_{VL} = -Q_{VV} = -QA^{\mathrm{T}}N_{AA}^{-1}AQ$，于是得

$$Q_{\hat{L}\hat{L}} = Q - QA^{\mathrm{T}}N_{AA}^{-1}AQ$$

（4）式（5-3-10）和式（5-3-11）可得 V 和 $\hat{L}$ 的协因数为

$$Q_{V\hat{L}} = \left(-QA^{\mathrm{T}}N_{AA}^{-1}A\right)Q\left(I - QA^{\mathrm{T}}N_{AA}^{-1}A\right)^{\mathrm{T}} = 0 \qquad (5-3-14)$$

互协因数等于零，说明两个基本向量间是不相关的统计量，或者说两个基本向量间相互独立。

根据单位权方差估值的计算公式（5-3-2）以及表 5-1 计算各量的协因数阵，就可以方便的求出各基本向量平差后的协方差阵。方法是以验后单位权方差估值乘以相应的协因数阵即可得到，为

$$\hat{D}_{\hat{\varphi}\hat{\varphi}} = \hat{\sigma}_0^2 Q_{\hat{\varphi}\hat{\varphi}} \qquad (5-3-15)$$

5.3.3　平差值函数的协因数及中误差计算

从（5-3-1）式看出，要求任意平差值函数的中误差，需先求出该函数的协因数，而函数的协因数又是通过协因数传播律得到的，所以必须先建立平差值函数。在条件平差中，任意一个量的平差值都可以表达成观测向量平差值的函数。如水准网中待定点高程的平差值可以由高差观测值的平差值求得，$\hat{H}_P = H_0 + \hat{h}_i$；平面控制网中待定点坐标的平差值是由观测角度的平差值以及观测边长的平差值计算得出：$\hat{X}_P = X_0 + \hat{S}_i \cos\hat{\alpha}_i$　$\hat{Y}_P = Y_0 + \hat{S}_i \sin\hat{\alpha}_i$ 等。如何计算平差值函数的协因数，就是对这些量进行精度评定的问题。从上面看出，平差值函数分为线性函数和非线性函数式两种，非线性函数可进行线性化，所以我们只要对平差的线性函数进行讨论。

设有观测值的平差值函数为

$$\hat{\varphi} = f^{\mathrm{T}}\hat{L} \qquad (5-3-16)$$

根据协因数传播律得

$$Q_{\hat{\varphi}\hat{\varphi}} = f^{\mathrm{T}} Q_{\hat{L}\hat{L}} f \tag{5-3-17}$$

式中，$Q_{\hat{L}\hat{L}}$ 为平差值 $\hat{L}$ 的协因数阵。将表 5-1 中的 $Q_{\hat{L}\hat{L}}$ 计算式代入上式即得

$$Q_{\hat{\varphi}\hat{\varphi}} = f^{\mathrm{T}} Q f - (AQf)^{\mathrm{T}} N_{AA}^{-1} AQf \tag{5-3-18}$$

由此可得平差值函数 φ 的方差为

$$\sigma_{\hat{\varphi}}^2 = \sigma_0^2 Q_{\hat{\varphi}\hat{\varphi}} \tag{5-3-19}$$

或平差值函数的中误差为

$$\sigma_{\hat{\varphi}} = \sigma_0 \sqrt{Q_{\hat{\varphi}\hat{\varphi}}} \tag{5-3-20}$$

【例 5-3】 在图 5-10 所示的水准网中，A、B 为已知点，P_1，P_2，P_3 为待定点，观测高差 h_i（$i = 1$，2，$\cdots$，5），相应水准路线的测站数分别为：$n_1 = 2$，$n_2 = 4$，$n_3 = 6$，$n_4 = 2$，$n_5 = 4$，若已知平差后一个测站观测高差中误差为 $2\mathrm{mm}$，试求各待定点平差后高程的中误差。

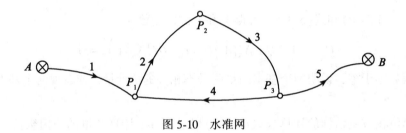

图 5-10 水准网

解： 由题意知 $n = 5$，$t = 3$，$r = n - t = 2$。

（1）条件方程以及观测高差协因数阵为

$$\left. \begin{aligned} v_1 + v_2 + v_3 \quad\quad + v_5 + w_a &= 0 \\ v_2 + v_3 + v_4 \quad\quad + w_b &= 0 \end{aligned} \right\}$$

条件方程系数阵

$$A = \begin{bmatrix} 1 & 1 & 1 & 0 & 1 \\ 0 & 1 & 1 & 1 & 0 \end{bmatrix}$$

令 $C = 1$，按常用定权公式可得

$$Q = P^{-1} = \mathrm{diag}(2 \quad 4 \quad 6 \quad 2 \quad 4)$$

（2）列立平差值函数

$$\left. \begin{aligned} \hat{H}_{P_1} &= H_A + \hat{h}_1 \\ \hat{H}_{P_2} &= H_A + \hat{h}_1 + \hat{h}_2 \\ \hat{H}_{P_3} &= H_B - \hat{h}_5 \end{aligned} \right\}$$

上式可写成

$$\hat{H}_P = f^{\mathrm{T}}\hat{L}$$

式中

$$\hat{H}_P = \begin{bmatrix} \hat{H}_{P_1} & \hat{H}_{P_2} & \hat{H}_{P_3} \end{bmatrix}^{\mathrm{T}}$$

$$f^{\mathrm{T}} = \begin{bmatrix} 1 & 0 & 0 & 0 & 0 \\ 1 & 1 & 0 & 0 & 0 \\ 0 & 0 & 0 & 0 & -1 \end{bmatrix}$$

$$\hat{L} = \begin{bmatrix} \hat{h}_1 & \hat{h}_2 & \hat{h}_3 & \hat{h}_4 & \hat{h}_5 \end{bmatrix}^{\mathrm{T}}$$

（3）计算平差值函数的协因数阵

$$Q_{\hat{H}_P\hat{H}_P} = f^{\mathrm{T}}Q_{\hat{L}\hat{L}}f = f^{\mathrm{T}}Qf - (AQf)^{\mathrm{T}}N_{AA}^{-1}AQf$$

代入相应量经计算得

$$Q_{\hat{H}_P\hat{H}_P} = \begin{bmatrix} 1.48 & 1.30 & 1.04 \\ 1.30 & 3.74 & 1.39 \\ 1.04 & 1.39 & 1.19 \end{bmatrix}$$

则可得：有 $Q_{\hat{H}_{P_1}\hat{H}_{P_1}} = 1.48$，$Q_{\hat{H}_{P_2}\hat{H}_{P_2}} = 3.74$，$Q_{\hat{H}_{P_3}\hat{H}_{P_3}} = 1.19$。

（4）计算中误差。

根据已知条件 $\hat{\sigma}_0 = \hat{\sigma}_{km} = 2mm$，按照式（6-3-21）得待定点平差高程中误差

$$\hat{\sigma}_{\hat{H}_{P_1}} = \hat{\sigma}_0\sqrt{Q_{\hat{H}_{P_1}\hat{H}_{P_1}}} = 2.4mm$$

$$\hat{\sigma}_{\hat{H}_{P_2}} = \hat{\sigma}_0\sqrt{Q_{\hat{H}_{P_2}\hat{H}_{P_2}}} = 3.9mm$$

$$\hat{\sigma}_{\hat{H}_{P_3}} = \hat{\sigma}_0\sqrt{Q_{\hat{H}_{P_3}\hat{H}_{P_3}}} = 2.2mm$$

由此例可以看出，协因数的计算与具体观测值无关，仅与平差的网形有关，因此，只要设计了控制网和观测方案，给定了观测精度就可在观测前预估所求未知量的精度，这是控制网精度的优化所必需的。

5.4 条件平差应用示例

【例 5-4】 图 5-11 所示的水准网中，A、B 和 C 点是已知高程点，P_1，P_2，P_3 为待求点。已知点高程和观测高差、路线长度见表 5-2，并设已知点高程无误差。试按条件平差法求：（1）各待定点的平差高程及其中误差；（2）P_1 点至 P_3 点间高差平差值的中误差。

表 5-2   观测值与起始数据

路线号	观测高差(m)	路线长度(km)	已知高程(m)
1	+0.050	1	$H_A = 5.000$
2	+1.100	1	$H_B = 3.953$
3	+2.398	2	$H_C = 7.650$
4	+0.200	2	
5	+1.005	2	
6	+3.404	2	
7	+3.452	1	

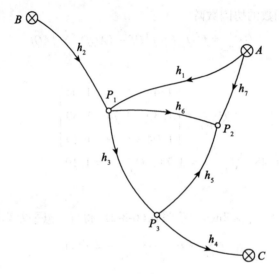

图 5-11 附合水准网

解：由题意知 $n = 7$，$t = 3$，$r = n - t = 4$，按条件平差需要列立 4 个线性无关条件方程。

(1)组成 4 个条件方程

$$\left.\begin{array}{l} v_1 \qquad\qquad\qquad + v_6 - v_7 + 2 = 0 \\ \qquad v_3 \quad + v_5 - v_6 \qquad - 1 = 0 \\ v_2 + v_3 + v_4 \qquad\qquad\quad + 1 = 0 \\ \qquad\qquad v_4 - v_5 \qquad + v_7 - 3 = 0 \end{array}\right\}，其中闭合差单位是 \text{mm}。$$

条件方程系数矩阵：

$$A = \begin{bmatrix} 1 & 0 & 0 & 0 & 0 & 1 & -1 \\ 0 & 0 & 1 & 0 & 1 & -1 & 0 \\ 0 & 1 & 1 & 1 & 0 & 0 & 0 \\ 0 & 0 & 0 & 1 & -1 & 0 & 1 \end{bmatrix}$$

常数项 $W = \begin{bmatrix} 2 & -1 & 1 & -3 \end{bmatrix}^{\mathrm{T}}$

（2）定权并组成法方程。令 $C = 1$，按常用定权公式 $p_i = \dfrac{C}{S_i}$ 得观测值权。又因为各观测高差不相关，所以协因数阵为对角阵，即：

$$Q = P^{-1} = \mathrm{diag}(1 \quad 1 \quad 2 \quad 2 \quad 2 \quad 2 \quad 1)$$

法方程系数为

$$N_{AA} = AQA^{\mathrm{T}} = \begin{bmatrix} 4 & -2 & 0 & -1 \\ -2 & 6 & 2 & -2 \\ 0 & 2 & 5 & 2 \\ -1 & -2 & 2 & 5 \end{bmatrix}$$

法方程为：

$$\begin{bmatrix} 4 & -2 & 0 & -1 \\ -2 & 6 & 2 & -2 \\ 0 & 2 & 5 & 2 \\ -1 & -2 & 2 & 5 \end{bmatrix} \begin{bmatrix} k_a \\ k_b \\ k_c \\ k_d \end{bmatrix} + \begin{bmatrix} 2 \\ -1 \\ 1 \\ -3 \end{bmatrix} = 0$$

（3）解法方程得：

$$K = \begin{bmatrix} 1.0702 & 1.9561 & -1.9298 & 2.3684 \end{bmatrix}^{\mathrm{T}}$$

（4）代入改正数方程(6-1-15)式，得

$$V = \begin{bmatrix} 1.1 & -1.9 & 0 & 0.9 & -0.8 & -1.8 & 1.3 \end{bmatrix}^{\mathrm{T}}(\mathrm{mm})$$

（5）计算各段高差的平差值，并代入平差值条件式检核。

$$\hat{L} = \begin{bmatrix} 0.0511 & 1.0981 & 2.398 & 0.2009 & 1.0042 & 3.4022 & 3.4533 \end{bmatrix}^{\mathrm{T}}(\mathrm{m})$$

经检核满足所有条件方程，说明计算无误。

（6）计算待定点 P_1，P_2，P_3 点平差高程

$$\hat{H}_{P_1} = H_B + \hat{h}_2 = 5.0511\mathrm{m}$$

$$\hat{H}_{P_2} = H_A + \hat{h}_7 = 8.4533\mathrm{m}$$

$$\hat{H}_{P_3} = H_C - \hat{h}_4 = 7.4491\mathrm{m}$$

（7）计算单位权中误差（一公里观测高差的中误差）：

$$\hat{\sigma}_0 = \sqrt{\frac{V^{\mathrm{T}}PV}{r}} = 1.5\mathrm{mm}$$

（8）计算平差后待定点高程中误差

平差值函数式

$$\left. \begin{aligned} \hat{H}_{P_1} &= H_A + \hat{h}_1 \\ \hat{H}_{P_2} &= H_A + \hat{h}_7 \\ \hat{H}_{P_3} &= H_C - \hat{h}_4 \end{aligned} \right\} \Rightarrow \hat{H}_P = f^{\mathrm{T}}\hat{L}$$

其中

$$\hat{H}_P = \begin{bmatrix} \hat{H}_{P_1} & \hat{H}_{P_2} & \hat{H}_{P_3} \end{bmatrix}^{\mathrm{T}}$$

$$f^{\mathrm{T}} = \begin{bmatrix} 1 & 0 & 0 & 0 & 0 & 0 & 0 \\ 0 & 0 & 0 & 0 & 0 & 0 & 1 \\ 0 & 0 & 0 & -1 & 0 & 0 & 0 \end{bmatrix}$$

$$\hat{L} = \begin{bmatrix} \hat{h}_1 & \hat{h}_2 & \hat{h}_3 & \hat{h}_4 & \hat{h}_5 & \hat{h}_6 & \hat{h}_7 \end{bmatrix}$$

根据协因数传播律，计算平差值函数的协因数阵

$$Q_{\hat{H}_P\hat{H}_P} = f^{\mathrm{T}} Q_{\hat{L}\hat{L}} f = f^{\mathrm{T}} Q f - (AQf)^{\mathrm{T}} N_{aa}^{-1} AQf$$

代入相应量，经计算得

$$Q_{\hat{H}_P\hat{H}_P} = \begin{bmatrix} 0.39 & 0.14 & 0.18 \\ 0.14 & 0.60 & 0.25 \\ 0.18 & 0.25 & 0.81 \end{bmatrix}$$

由上可得： $Q_{\hat{H}_{P_1}\hat{H}_{P_1}} = 0.39$，$Q_{\hat{H}_{P_2}\hat{H}_{P_2}} = 0.60$，$Q_{\hat{H}_{P_3}\hat{H}_{P_3}} = 0.81$

按照式(6-3-22)得待定点平差高程中误差

$$\hat{\sigma}_{\hat{H}_{P_1}} = \hat{\sigma}_0 \sqrt{Q_{\hat{H}_{P_1}\hat{H}_{P_1}}} = 0.9\text{mm}$$

$$\hat{\sigma}_{\hat{H}_{P_2}} = \hat{\sigma}_0 \sqrt{Q_{\hat{H}_{P_2}\hat{H}_{P_2}}} = 1.2\text{mm}$$

$$\hat{\sigma}_{\hat{H}_{P_3}} = \hat{\sigma}_0 \sqrt{Q_{\hat{H}_{P_3}\hat{H}_{P_3}}} = 1.3\text{mm}$$

(9)计算 P_1 点至 P_3 点间高差平差值的中误差

平差值函数式为：

$$\hat{\varphi} = \hat{h}_3 = 2.3932\text{m}$$

按照(6-3-20)式计算得

$$Q_{\hat{\varphi}\hat{\varphi}} = 0.8421$$

于是得对应中误差

$$\hat{\sigma}_{\hat{\varphi}} = \hat{\sigma}_0 \sqrt{Q_{\hat{\varphi}\hat{\varphi}}} = 1.4\text{mm}$$

【例5-5】 在图5-12所示的三角网中，A、B、C 为已知点，P 为待定点。已知数据和观测数据见表5-3。试按条件平差法求 P 点坐标的平差值。

解：由题意知 $n=6$，$t=2$，$r=n-t=4$。故有两个图形条件，一个固定角条件和一个固定边条件。

(1)列立条件方程

2个图形条件为

$$\hat{L}_1 + \hat{L}_2 + \hat{L}_6 - 180° = 0$$

$$\hat{L}_3 + \hat{L}_4 + \hat{L}_5 - 180° = 0$$

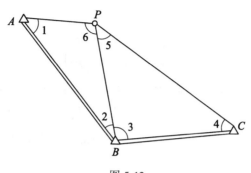

图 5-12

表 5-3   **观测数据与已知坐标**

点号	角度观测值 °　′　″	已知坐标值
1	34 51 31	$X_A = 4329.592m$, $Y_A = 4457.289m$
2	30 32 31	$X_B = 2847.655m$, $Y_B = 5956.521m$
3	99 44 12	$X_C = 3027.763m$, $Y_C = 7993.415m$
4	29 55 21	
5	50 20 17	
6	114 36 10	

1 个固定角条件

$$\hat{L}_2 + \hat{L}_3 - (\alpha_{BC} - \alpha_{BA}) = 0$$

1 个固定边条件

$$\frac{S_{AB}\sin\hat{L}_1}{S_{BC}\sin\hat{L}_4}\frac{\sin\hat{L}_5}{\sin\hat{L}_6} = 1$$

将非线性条件式线性化，代入观测数据，得改正数条件方程为

$$\left.\begin{aligned}
v_1 + v_2 + v_6 + 12 &= 0 \\
v_3 + v_4 + v_5 - 10 &= 0 \\
v_2 + v_3 - 3 &= 0 \\
1.44v_1 - 1.74v_4 + 0.83v_5 + 0.46v_6 + 23.41 &= 0
\end{aligned}\right\}$$

（2）组成并解算法方程

法方程系数阵

$$N_{AA} = AP^{-1}A^{\mathrm{T}} = \begin{bmatrix} 3.00 & 0 & 1.00 & 1.90 \\ 0 & 3.00 & 1.00 & -0.91 \\ 1.00 & 1.00 & 2.00 & 0 \\ 1.90 & -0.91 & 0 & 6.00 \end{bmatrix}, \ (P = I)$$

法方程为

$$\begin{bmatrix} 3.00 & 0 & 1.00 & 1.90 \\ 0 & 3.00 & 1.00 & -0.91 \\ 1.00 & 1.00 & 2.00 & 0 \\ 1.90 & -0.91 & 0 & 6.00 \end{bmatrix} \begin{bmatrix} k_a \\ k_b \\ k_c \\ k_d \end{bmatrix} + \begin{bmatrix} 12 \\ -10 \\ -3 \\ 23.41 \end{bmatrix} = 0$$

解法方程得： $K = \begin{bmatrix} -3.0026 & 1.8262 & 2.0882 & -2.6739 \end{bmatrix}^{\mathrm{T}}$

(3)计算观测角的平差值

代入改正数方程，得

$$V = \begin{bmatrix} -7 & -1 & 4 & 6 & 0 & -4 \end{bmatrix}^{\mathrm{T}}('')$$

由此得各观测角的平差值为

$$\hat{L}_1 = 34°51'24'', \quad \hat{L}_2 = 30°32'30''$$

$$\hat{L}_3 = 99°44'15'', \quad \hat{L}_4 = 29°55'27''$$

$$\hat{L}_5 = 50°20'17'', \quad \hat{L}_6 = 114°36'06''$$

(4)计算 P 点坐标平差值

由坐标反算： $S_{AB} = 2108.040\mathrm{m}$ ， $S_{BC} = 2044.842\mathrm{m}$

$$\hat{S}_{BP} = S_{AB} \frac{\sin\hat{L}_1}{\sin\hat{L}_6} = 1325.087(\mathrm{m})$$

BP 的方位角为： $\hat{\alpha}_{BP} = \alpha_{BA} + \hat{L}_2 = 345°12'33.48''$

故 P 点坐标平差值为：

$$X_P = X_A + S_{B_p}\cos\alpha_{BP} = 4128.832$$

$$Y_P = Y_A + S_{B_p}\sin\alpha_{BP} = 5618.239$$

5.5 附有参数的条件平差原理

在一个平差问题中，如果做条件平差时，增选了 $u(0 < u < t)$ 个独立参数参加平差计算，除了建立 r 个线性无关的条件方程，还需增加 u 个线性无关的条件方程作为平差的函数模型，即共列立 $c = r + u$ 个含有参数的条件方程进行条件平差，这就是附有参数的条件平差法。

5.5.1 附有参数条件平差原理

按照第 4 章给出的附有参数的条件平差函数模型为

$$\underset{c,nn,1}{A}\underset{c,u\ u,1}{V} + \underset{c,u\ u,1}{B}\underset{c,1}{\hat{x}} + \underset{c,1}{W} = 0 \tag{5-5-1}$$

$$W = AL + BX^0 + A_0$$

式中，V 为观测值 L 的改正数，$\hat{x}$ 为参数 $\hat{X}$ 的近似值 X^0 的改正数，即有

$$\hat{L} = L + V, \quad \hat{X} = X^0 + \hat{x}$$

随机模型为

$$\underset{n,n}{D} = \sigma_0^2 \underset{n,n}{Q} = \sigma_0^2 \underset{n,n}{P^{-1}} \tag{5-5-2}$$

为求出最小二乘解，和条件平差原理类似，按拉格朗日乘数法，设联系数向量 $\underset{c,1}{K}$，组成新函数

$$\varPhi = V^{\mathrm{T}}PV - 2K^{\mathrm{T}}(AV + B\hat{x} + W)$$

为此，分别对 V 和 $\hat{x}$ 求一阶导数并令其等于零，则有

$$\frac{\partial \varPhi}{\partial V} = 2V^{\mathrm{T}}P - 2K^{\mathrm{T}}A = 0$$

$$\frac{\partial \varPhi}{\partial \hat{x}} = -2K^{\mathrm{T}}B = 0$$

转置得

$$PV - A^{\mathrm{T}}K = 0 \tag{5-5-3}$$

$$B^{\mathrm{T}}K = 0 \tag{5-5-4}$$

把(5-5-1)、(5-5-3)和(5-5-4)三式称为附有参数条件平差的基础方程。

用 P^{-1} 左乘(5-5-3)式得

$$V = P^{-1}A^{\mathrm{T}}K = QA^{\mathrm{T}}K \tag{5-5-5}$$

上式(5-5-5)仍然称为改正数方程。则基础方程为

$$\left. \begin{array}{l} AV + B\hat{x} + W = 0 \\ V = P^{-1}A^{\mathrm{T}}K \\ B^{\mathrm{T}}K = 0 \end{array} \right\} \tag{5-5-6}$$

将基础方程中的改正数方程代入条件方程，得到附有参数的条件平差的法方程为：

$$\left. \begin{array}{l} AQA^{\mathrm{T}}K + B\hat{x} + W = 0 \\ B^{\mathrm{T}}K = 0 \end{array} \right\} \tag{5-5-7}$$

或令 $N_{aa} = AQA^{\mathrm{T}}$，则上式可写成

$$\left. \begin{array}{l} \underset{c,c\ c,1}{N_{AA}}\underset{c,1}{K} + \underset{c,u\ u,1}{B}\underset{u,1}{\hat{x}} + \underset{c,1}{W} = 0 \\ \underset{u,c\ c,1}{B^{\mathrm{T}}}\underset{c,1}{K} = 0 \end{array} \right\} \tag{5-5-8}$$

上式可变为

$$\begin{bmatrix} N_{AA} & B \\ B^{\mathrm{T}} & 0 \end{bmatrix} \begin{bmatrix} K \\ \hat{x} \end{bmatrix} + \begin{bmatrix} W \\ 0 \end{bmatrix} = 0 \tag{5-5-9}$$

由此解得

$$\begin{bmatrix} K \\ \hat{x} \end{bmatrix} = \begin{bmatrix} N_{AA} & B \\ B^{\mathrm{T}} & 0 \end{bmatrix}^{-1} \begin{bmatrix} W \\ 0 \end{bmatrix} \tag{5-5-10}$$

实际计算中，由于联系数 K 不是平差计算目的，一般可以不计算；又因 $R(N_{aa}) = R(A) = c$，且 $N_{aa}^{\mathrm{T}} = N_{aa}$，所以 N_{aa} 是一个 c 阶的对称满秩方阵，是一个可逆阵。由 (5-5-8) 第一式可得

$$K = - N_{AA}^{-1}(B\hat{x} + W) \tag{5-5-11}$$

将 (5-5-9) 式代入 (5-5-5) 式的改正数计算公式

$$V = - QA^{\mathrm{T}}N_{AA}^{-1}(B\hat{x} + W) \tag{5-5-12}$$

为求参数近似值的改正数 $\hat{x}$，以 $B^{\mathrm{T}}N_{aa}^{-1}$ 左乘 (5-5-8) 第一式，并与第二式相减，得

$$B^{\mathrm{T}}N_{AA}^{-1}B\hat{x} + B^{\mathrm{T}}N_{AA}^{-1}W = 0 \tag{5-5-13}$$

若令

$$N_{BB} = B^{\mathrm{T}}N_{AA}^{-1}B \qquad N_{bb} = B^{\mathrm{T}}N_{aa}^{-1}B \tag{5-5-14}$$

则 (5-5-11) 为

$$N_{BB}\hat{x} + B^{\mathrm{T}}N_{AA}^{-1}W = 0 \tag{5-5-15}$$

而 $R(N_{bb}) = R(B) = u$，$N_{bb} = N_{bb}^{\mathrm{T}}$，故 N_{bb} 是一个对称可逆矩阵，解 (5-5-13) 得

$$\hat{x} = - N_{BB}^{-1}B^{\mathrm{T}}N_{AA}^{-1}W \tag{5-5-16}$$

将 (5-5-14) 式代入改正数计算式 (5-5-10)，就可求的改正数 V，然后按

$$\left. \begin{array}{l} \hat{L} = L + V \\ \hat{X} = X^0 + \hat{x} \end{array} \right\} \tag{5-5-17}$$

求得平差结果。

5.5.2　精度评定

1. 单位权方差的估值公式

在附有参数的条件平差中，单位权方差的估值公式为

$$\hat{\sigma}_0^2 = \frac{V^{\mathrm{T}}PV}{r} = \frac{V^{\mathrm{T}}PV}{c - u} \tag{5-5-18}$$

可见上式与条件平差计算单位权方差估值公式一致，即与平差时是否选参数 $\hat{X}$ 无关。

2. 协因数阵的计算

附有参数的条件平差中，基本向量为 L，W，$\hat{X}$，K，V 和 $\hat{L}$，与条件平差一样，由已知的观测值协因数 $Q_{LL} = Q$，按协因数传播律推求各自向量的自协因数阵以及两两向量的

互协因数阵。

由前所述，不难写出附有参数的条件平差中各基本向量间的关系式，为

$$L = L$$

$$W = AL + W^0$$

$$\hat{X} = X^0 + \hat{x} = X^0 - N_{BB}^{-1}B^T N_{AA}^{-1}W = - N_{BB}^{-1}B^T N_{AA}^{-1}AL - N_{BB}^{-1}B^T N_{AA}^{-1}W^0 + X^0$$

$$K = - N_{AA}^{-1}W - N_{AA}^{-1}B\hat{x} = \left(- N_{AA}^{-1}A + N_{AA}^{-1}BN_{BB}^{-1}B^T N_{AA}^{-1}A \right)L - N_{AA}^{-1}W^0$$

$$V = QA^T K$$

$$L = L + V$$

利用以上向量间关系式，按照协因数传播律，推得各向量的自协因数阵和互协因数阵计算公式

$$Q_{WW} = AQA^T$$

$$Q_{\hat{X}\hat{X}} = (- N_{BB}^{-1}B^T N_{AA}^{-1}) Q_{WW} (- N_{BB}^{-1}B^T N_{AA}^{-1})^T = N_{BB}^{-1}$$

$$Q_{WL} = AQ$$

$$Q_{\hat{X}L} = (- N_{BB}^{-1}B^T N_{AA}^{-1}) Q = - N_{BB}^{-1}B^T N_{AA}^{-1}AQ$$

$$Q_{\hat{X}W} = (- N_{BB}^{-1}B^T N_{AA}^{-1}A) QA^T = - N_{BB}^{-1}B^T$$

$$Q_{KK} = (- N_{AA}^{-1}A + N_{AA}^{-1}BN_{BB}^{-1}B^T N_{AA}^{-1}A) Q (- N_{AA}^{-1}A + N_{AA}^{-1}BN_{BB}^{-1}B^T N_{AA}^{-1}A)^T$$
$$= N_{AA}^{-1} - N_{AA}^{-1}BN_{BB}^{-1}B^T N_{AA}^{-1}$$

$$Q_{KL} = (- N_{AA}^{-1}A + N_{AA}^{-1}BN_{BB}^{-1}B^T N_{AA}^{-1}A) Q = - Q_{KK}AQ$$

$$Q_{KW} = (- N_{AA}^{-1}A + N_{AA}^{-1}BN_{BB}^{-1}B^T N_{AA}^{-1}A) QA^T = - Q_{KK}N_{AA}$$

$$Q_{K\hat{X}} = (- N_{AA}^{-1}A + N_{AA}^{-1}BN_{BB}^{-1}B^T N_{AA}^{-1}A) Q (- N_{BB}^{-1}B^T N_{AA}^{-1}A)^T = 0$$

$$Q_{VV} = QA^T Q_{KK} (QA^T)^T = QA^T Q_{KK}AQ$$

对于以下向量的协因数和互协因数阵求法，可参照条件平差类似方法：

$$V = \begin{bmatrix} 0 & QA^T \end{bmatrix} \begin{bmatrix} L \\ K \end{bmatrix}$$

因为有：

$$L = \begin{bmatrix} I & 0 \end{bmatrix} \begin{bmatrix} L \\ K \end{bmatrix}$$

故　　　　　　　$$Q_{VL} = \begin{bmatrix} 0 & QA^T \end{bmatrix} \begin{bmatrix} Q_{LL} & Q_{LK} \\ Q_{KL} & Q_{KK} \end{bmatrix} \begin{bmatrix} I \\ 0 \end{bmatrix} = - QA^T Q_{KK}AQ = - Q_{VV}$$

同理，可得其他向量的有关协因数阵：

$$Q_{VW} = QA^{\mathrm{T}}Q_{KW} = -QA^{\mathrm{T}}Q_{KK}N_{AA}$$

$$Q_{V\hat{X}} = QA^{\mathrm{T}}Q_{K\hat{X}} = 0$$

$$Q_{VK} = QA^{\mathrm{T}}Q_{KK}$$

$$Q_{\hat{\hat{L}}\hat{\hat{L}}} = Q - Q_{VV}$$

$$Q_{\hat{L}\hat{L}} = Q - Q_{VV}$$

$$Q_{\hat{L}W} = QA^{\mathrm{T}}N_{AA}^{-1}BQ_{\hat{X}\hat{X}}B^{\mathrm{T}}$$

$$Q_{\hat{L}K} = 0$$

$$Q_{\hat{L}\hat{X}} = -QA^{\mathrm{T}}N_{AA}^{-1}BN_{BB}^{-1}$$

$$Q_{\hat{L}V} = 0$$

将推出的协因数阵计算列于表 5-4，以供查阅。

表 5-4 基本向量的协因数阵

	L	W	$\hat{X}$	K	V	$\hat{L}$
L	Q	QA^{T}	$-QA^{\mathrm{T}}N_{AA}^{-1}BQ_{\hat{X}\hat{X}}$	$-QA^{\mathrm{T}}Q_{KK}$	$-Q_{VV}$	$Q-Q_{VV}$
W	AQ	N_{aa}	$-BQ_{\hat{X}\hat{X}}$	$-N_{aa}Q_{KK}$	$-N_{aa}Q_{KK}AQ$	$BQ_{\hat{X}\hat{X}}^{\mathrm{T}}N_{aa}^{-1}AQ$
$\hat{X}$	$-Q_{\hat{X}\hat{X}}B^{\mathrm{T}}N_{AA}^{-1}AQ$	$-Q_{\hat{X}\hat{X}}B^{\mathrm{T}}$	N_{bb}^{-1}	0	0	$-N_{BB}^{-1}B^{\mathrm{T}}N_{AA}^{-1}AQ$
K	$-Q_{KK}AQ$	$-Q_{KK}N_{AA}$	0	$N_{AA}^{-1} - N_{AA}^{-1}BN_{BB}^{-1}B^{\mathrm{T}}N_{AA}^{-1}$	$Q_{KK}AQ$	0
V	$-Q_{VV}$	$-QA^{\mathrm{T}}Q_{KK}N_{AA}$	0	$QA^{\mathrm{T}}Q_{KK}$	$QA^{\mathrm{T}}Q_{KK}AQ$	0
$\hat{L}$	$Q-Q_{VV}$	$QA^{\mathrm{T}}N_{AA}^{-1}BQ_{\hat{X}\hat{X}}$	$-QA^{\mathrm{T}}N_{AA}^{-1}BQ_{\hat{X}\hat{X}}$	0	0	$Q-Q_{VV}$

$(N_{AA} = AP^{-1}A^{\mathrm{T}},\ N_{BB} = B^{\mathrm{T}}N_{AA}^{-1}B)$

第6章 间接平差

本章阐述间接平差原理及其解法，以传统控制网为例，说明建立间接平差函数模型方法，导出间接平差的精度估计公式，以测边网和平面拟合模型为例，说明间接平差的全过程，通过间接平差模型，证明了按最小二乘原理求出的未知参数估值具有最优统计性质。阐述了附有限制条件的间接平差方法的原理，最后给出了误差椭圆理论及其算法。

6.1 间接平差原理

间接平差是通过选择 t 个独立的未知量为参数 $\hat{X}$，将每个观测值表示为 t 个独立参数的函数的方法，建立函数模型，按照最小二乘原理，解算出这些未知参数的最或然值，并进行精度评定。由于这种平差方法选取了未知参数，所以又称为参数平差。

第 4 章已给出了间接平差的函数模型为

$$\underset{n,1}{\tilde{L}} = \underset{n,t}{B}\underset{t,1}{\tilde{X}} + \underset{n,1}{\tilde{d}} \tag{6-1-1}$$

随机模型为

$$\underset{n,n}{D} = \sigma_0^2 \underset{n,n}{Q} = \sigma_0^2 P^{-1} \tag{6-1-2}$$

令 $\tilde{L} = L + \Delta$，$\tilde{X} = X^0 + \tilde{x}$（$X^0$ 为参数的近似值，$\tilde{x}$ 是参数的改正值，都是非随机量），则有

$$\Delta = B\tilde{x} - l, \quad l = L - (BX^0 + d) \tag{6-1-3}$$

在实际应用中，是以平差值（最或然值）代替真值，改正数（残差）代替真误差，即：$\hat{L} = L + V$，$\hat{X} = X^0 + \hat{x}$（近似值 X^0 为常量，$\hat{L}$、V 和 $\tilde{x}$ 是随机量），则函数模型是

$$\underset{n,1}{\hat{L}} = \underset{n,t}{B}\underset{t,1}{\hat{X}} + \underset{n,1}{d} \tag{6-1-4}$$

于是可得误差方程

$$V = B\hat{x} - l \tag{6-1-5}$$

由于误差方程的个数是 n，待求量 $\hat{x}$ 和残差 V 的个数分别是 t 和 n，因此有 $t + n$ 个参数需要求解，而 $n < n + t$，故由误差方程不能完全求解所需参数，但是可以按照 $V^{\mathrm{T}}PV = \min$ 下求得其唯一解。

6.1.1 基础方程及其解

设有 n 个观测值为 L_1，L_2，$\cdots$，L_n，其相应改正数 v_1，v_2，$\cdots$，v_n；选定 t 个独立的参数 $\hat{X}_1$，$\hat{X}_2$，$\cdots$，$\hat{X}_t$，按题可列出 n 个平差值方程。根据具体平差问题，平差值方程有

线性形式，也有非线性形式，非线性形式需线性化，将在第 6.2 节中阐述，这里以线性形式进行公式推导。设已列观测方程为

$$\left.\begin{array}{l} L_1 + v_1 = a_1\hat{X}_1 + b_1\hat{X}_2 + \cdots + t_1\hat{X}_t + d_1 \\ L_2 + v_2 = a_2\hat{X}_1 + b_2\hat{X}_2 + \cdots + t_2\hat{X}_t + d_2 \\ \cdots\cdots \\ L_n + v_n = a_n\hat{X}_1 + b_n\hat{X}_2 + \cdots + t_n\hat{X}_t + d_n \end{array}\right\} \tag{6-1-6}$$

式中 a_i，b_i，$\cdots$，$t_i(i = 1,\ 2,\ \cdots,\ n)$ 为参数前的已知系数。

令

$$\hat{X}_j = X_j^0 + \hat{x}_j \quad (j = 1,\ 2,\ \cdots,\ t)$$

$$l_i = L_i - (a_i X_1^0 + b_i X_2^0 + \cdots + t_i X_t^0 + d_i) \quad (i = 1,\ 2,\ \cdots,\ n) \tag{6-1-7}$$

则得误差方程式的一般形式

$$\left.\begin{array}{l} v_1 = a_1\hat{x}_1 + b_1\hat{x}_2 + \cdots + t_1\hat{x}_t - l_1 \\ v_2 = a_2\hat{x}_1 + b_2\hat{x}_2 + \cdots + t_2\hat{x}_t - l_2 \\ \cdots\cdots \\ v_n = a_n\hat{x}_1 + b_n\hat{x}_2 + \cdots + t_n\hat{x}_t - l_n \end{array}\right\} \tag{6-1-8}$$

若设

$$\underset{n,1}{V} = \begin{bmatrix} v_1 \\ v_2 \\ \vdots \\ v_n \end{bmatrix},\ \underset{t,1}{\hat{x}} = \begin{bmatrix} \hat{x}_1 \\ \hat{x}_2 \\ \vdots \\ \hat{x}_t \end{bmatrix},\ \underset{n,1}{l} = \begin{bmatrix} l_1 \\ l_2 \\ \vdots \\ l_n \end{bmatrix},\ \underset{n,1}{L} = \begin{bmatrix} L_1 \\ L_2 \\ \vdots \\ L_n \end{bmatrix},\ \underset{n,1}{d} = \begin{bmatrix} d_1 \\ d_2 \\ \vdots \\ d_n \end{bmatrix},\ \underset{t,1}{X^0} = \begin{bmatrix} X_1^0 \\ X_2^0 \\ \vdots \\ X_t^0 \end{bmatrix}$$

$$\underset{n,t}{B} = \begin{bmatrix} a_1 & b_1 & \cdots & t_1 \\ a_2 & b_2 & \cdots & t_2 \\ \vdots & \vdots & & \vdots \\ a_n & b_n & \cdots & t_n \end{bmatrix} \tag{6-1-9}$$

误差方程式的矩阵形式为

$$V = B\hat{x} - l,\ l = L - (BX^0 + d) \tag{6-1-10}$$

式中，l 为误差方程的自由项。

在式(6-1-10)中，需要求解的未知数为 t 个未知参数 $\hat{x}$ 和 n 个观测值改正数 V，总的未知参数的个数 $n + t$ 大于方程式个数 n，所以方程式的解有无穷多个。需根据最小二乘原理

$$V^{\mathrm{T}}PV = \min$$

求其唯一解。式中

$$P_{n,n} = \sigma_0^2 D_{n,n}^{-1} = \sigma_0^2 \begin{bmatrix} \sigma_1^2 & \sigma_{12} & \cdots & \sigma_{1n} \\ \sigma_{21} & \sigma_2^2 & \cdots & \sigma_{2n} \\ \vdots & \vdots & & \vdots \\ \sigma_{n1} & \sigma_{n2} & \cdots & \sigma_n^2 \end{bmatrix}^{-1} = Q_{n,n}^{-1} \qquad (6\text{-}1\text{-}11)$$

为观测值向量 L 的权矩阵。

对误差方程式(6-1-10)，按照求函数自由极值的方法，得

$$\frac{\partial V^{\mathrm{T}}PV}{\partial \hat{x}} = 2V^{\mathrm{T}}P\frac{\partial V}{\partial \hat{x}} = 2V^{\mathrm{T}}PB = 0 \qquad (6\text{-}1\text{-}12)$$

转置后得

$$B^{\mathrm{T}}_{t,n}\ P_{n,n}\ V_{n,1} = 0_{t,1} \qquad (6\text{-}1\text{-}13)$$

以上所得的式(6-1-13)和式(6-1-10)中待求量为 $n+t$ 个，而方程式也为 $n+t$ 个，有唯一解，称此两式为间接平差的基础方程。

解此基础方程，一般是将式(6-1-10)代入式(6-1-13)，以便先消去 V，得到

$$B^{\mathrm{T}}PB\hat{x} - B^{\mathrm{T}}Pl = 0 \qquad (6\text{-}1\text{-}14)$$

令

$$N_{BB} = B^{\mathrm{T}}PB\ ,\ W = B^{\mathrm{T}}Pl \atop t,1$$

上式可以简写为

$$N_{BB}\hat{x} - W = 0 \qquad (6\text{-}1\text{-}15)$$

式中系数矩阵 N 为满秩，即 $R(N_{BB}) = t$，那么 $\hat{x}$ 有唯一解，式(6-1-14)称为间接平差的法方程。解之得

$$\hat{x} = N_{BB}^{-1}W \qquad (6\text{-}1\text{-}16)$$

或

$$\hat{x} = (B^{\mathrm{T}}PB)^{-1}B^{\mathrm{T}}Pl \qquad (6\text{-}1\text{-}17)$$

得到 $\hat{x}$ 后，代入误差方程可得残差向量 V，进而可得观测值的平差值

$$\hat{L} = L + V\ ,\ \hat{X} = X^0 + \hat{x} \qquad (6\text{-}1\text{-}18)$$

当观测值间相互独立时，其权矩阵为对角阵

$$P = \begin{bmatrix} p_1 & & & \\ & p_2 & & \\ & & \ddots & \\ & & & p_n \end{bmatrix}$$

于是

$$N_{BB} = B^{\mathrm{T}}PB = \begin{bmatrix} [paa] & [pab] & \cdots & [pat] \\ [pab] & [pbb] & \cdots & [pbt] \\ \vdots & \vdots & & \vdots \\ [pat] & [pbt] & \cdots & [ptt] \end{bmatrix}\ ,\ W = B^{\mathrm{T}}Pl = \begin{bmatrix} [pal] \\ [pbl] \\ \vdots \\ [ptl] \end{bmatrix} \qquad (6\text{-}1\text{-}19)$$

于是可得到观测值相互独立时法方程(6-1-14)的纯量形式

$$\left.\begin{array}{l}[paa]\hat{x}_1 + [pab]\hat{x}_2 + \cdots + [pat]\hat{x}_t = [pal]\\ [pab]\hat{x}_1 + [pbb]\hat{x}_2 + \cdots + [pbt]\hat{x}_t = [pbl]\\ \cdots\cdots\\ [pat]\hat{x}_1 + [pbt]\hat{x}_2 + \cdots + [ptt]\hat{x}_t = [ptl]\end{array}\right\} \qquad (6\text{-}1\text{-}20)$$

式中，$[\ ]$ 为和符号，即 $[pjk] = \sum\limits_{i=1}^{n} p_i j_i k_i$。

6.1.2　间接平差的计算步骤

间接平差的计算，通常按以下步骤进行：

(1)根据平差问题的性质，选择 t 个独立量作为未知参数，t 等于必要观测量的个数；

(2)将每一个观测量的平差值分别表示为所选参数的函数，若函数为非线性，则要将其线性化，列出误差方程式(6-1-10)。误差方程式的个数等于观测值的个数 n；

(3)由误差方程式系数矩阵 B 和自由项 l 组成法方程(6-1-14)，法方程个数等于未知参数的个数 t；

(4)解算法方程，求出参数 $\hat{x}$，计算参数的估值 $\hat{X} = X^0 + \hat{x}$；

(5)将参数代入误差方程解算 V，求出各观测量的平差值 $\hat{L} = L + V$。

从上述解算步骤可以看出，参数的平差值先求出来，再求解出观测量的改正数 V，所以间接平差中不需要用观测值来计算参数的估值。

6.1.3　间接平差特例——直接平差

对同一未知量进行多次直接观测，求该量的平差值并评定精度，称为直接平差，显然它是间接平差中具有一个参数的特殊情况。

设对未知量 $\tilde{X}$ 进行 n 次不同精度观测，观测值为 $L_{n,1}$，权阵为 $P_{n,n}$，且它为对角阵，其元素为 p_1，p_2，$\cdots$，p_n，p_i 为 L_i 的权。此时的误差方程为

$$v_i = \tilde{X} - L_i \qquad (6\text{-}1\text{-}21)$$

法方程：

$$[p]\tilde{X} - [pL] = 0 \qquad (6\text{-}1\text{-}22)$$

解得

$$\hat{X} = \frac{[pL]}{[p]} \qquad (6\text{-}1\text{-}23)$$

此式通常称为带权平均值，$\hat{X}$ 就是一个量观测结果的平差值。

当各观测值 L_i 精度相同时，$p_1 = p_2 = \cdots = p_n = 1$，则

$$\hat{X} = \frac{[L]}{n} \qquad (6\text{-}1\text{-}24)$$

即一个量 n 次等精度观测结果的最或然值就是其算术平均值。

若取参数的近似值，设

$$\hat{X} = X^0 + \hat{x} \qquad\qquad (6\text{-}1\text{-}25)$$

则误差方程为

$$v_i = \hat{x} - (L_i - X^0) = \hat{x} - l_i \qquad\qquad (6\text{-}1\text{-}26)$$

法方程式：

$$[p]\hat{x} - [pl] = 0 \qquad\qquad (6\text{-}1\text{-}27)$$

解得

$$\hat{x} = \frac{[pl]}{[p]} \qquad\qquad (6\text{-}1\text{-}28)$$

$$\hat{X} = X^0 + \frac{[pl]}{[p]} \qquad\qquad (6\text{-}1\text{-}29)$$

6.1.4　示例

【例 6-1】　设对图 6-1 中的三个内角作同精度观测，得观测值：$L_1 = 42°12'20''$，$L_2 = 78°09'09''$，$L_3 = 59°38'40''$。试求三个内角的平差值。

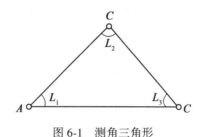

图 6-1　测角三角形

解：此例中，$n = 3$，$t = 2$，需选择 2 个独立的未知参数。选择第一、第二两个角平差值为未知参数 $\hat{X}_1$，$\hat{X}_2$。根据图 6-1 可列立 $n = 3$ 个观测量的平差值方程

$$\left.\begin{aligned} L_1 + v_1 &= \hat{X}_1 \\ L_2 + v_2 &= \hat{X}_2 \\ L_3 + v_3 &= -\hat{X}_1 - \hat{X}_2 + 180° \end{aligned}\right\}$$

将 L_1，L_2，L_3 移至等式右端，可得误差方程

$$\left.\begin{aligned} v_1 &= \hat{X}_1 - L_1 \\ v_2 &= \hat{X}_2 - L_2 \\ v_3 &= -\hat{X}_1 - \hat{X}_2 + 180° - L_3 \end{aligned}\right\}$$

将观测值代入上式，即可得到误差方程的自由项。但是如果直接解算，自由项相对较大，计算非常不方便。为方便计算，可以选取参数的近似值，使自由项变小。令

$$X_1^0 = 42°12'20''$$
$$X_2^0 = 78°09'09''$$

则

$$\hat{X}_1 = X_1^0 + \hat{x}_1 = 42°12'20'' + \hat{x}_1$$

$$\hat{X}_2 = X_2^0 + \hat{x}_2 = 78°09'09'' + \hat{x}_2$$

代入上述误差方程

$$\left.\begin{array}{l} v_1 = \hat{x}_1 \\ v_2 = \hat{x}_2 \\ v_3 = -\hat{x}_1 - \hat{x}_2 - 9'' \end{array}\right\}$$

其中 $V = \begin{bmatrix} v_1 \\ v_2 \\ v_3 \end{bmatrix}$, $B = \begin{bmatrix} 1 & 0 \\ 0 & 1 \\ -1 & -1 \end{bmatrix}$, $\hat{x} = \begin{bmatrix} \hat{x}_1 \\ \hat{x}_2 \end{bmatrix}$, $l = \begin{bmatrix} 0 \\ 0 \\ 9 \end{bmatrix}$

因为观测值精度相同，设其权为 $p_1 = p_2 = p_3 = 1$，则观测值的权阵 P 为单位阵。根据误差方程的系数阵 B，自由项 l 及权阵 P 组成法方程

$$\begin{bmatrix} 2 & 1 \\ 1 & 2 \end{bmatrix} \begin{bmatrix} \hat{x}_1 \\ \hat{x}_2 \end{bmatrix} - \begin{bmatrix} -9 \\ -9 \end{bmatrix} = \begin{bmatrix} 0 \\ 0 \end{bmatrix}$$

解算法方程，得

$$\hat{x} = \begin{bmatrix} \hat{x}_1 \\ \hat{x}_2 \end{bmatrix} = \begin{bmatrix} -3'' \\ -3'' \end{bmatrix}$$

代入误差方程，可得观测值改正数

$$\left.\begin{array}{l} v_1 = -3'' \\ v_2 = -3'' \\ v_3 = -3'' \end{array}\right\}$$

可得观测量的平差值及未知参数的最或然值

$$\begin{bmatrix} \hat{L}_1 \\ \hat{L}_2 \\ \hat{L}_3 \end{bmatrix} = \begin{bmatrix} L_1 \\ L_2 \\ L_3 \end{bmatrix} + \begin{bmatrix} v_1 \\ v_2 \\ v_3 \end{bmatrix} = \begin{bmatrix} 42°12'17'' \\ 78°09'06'' \\ 59°38'37'' \end{bmatrix}$$

$$\begin{bmatrix} \hat{X}_1 \\ \hat{X}_2 \end{bmatrix} = \begin{bmatrix} X_1^0 \\ X_2^0 \end{bmatrix} + \begin{bmatrix} \hat{x}_1 \\ \hat{x}_2 \end{bmatrix} = \begin{bmatrix} 42°12'17'' \\ 78°09'06'' \end{bmatrix}$$

为了检核，将平差值 $\hat{L}$ 组成

$$42°12'17'' + 78°09'06'' + 59°38'37'' = 180°$$

可见各角的平差值满足了三角形内角和等于 180° 的几何条件，闭合差为零。

【**例 6-2**】　如图 6-2 所示的水准网中，已知水准点 A 的高程是 $H_A = 237.483\text{m}$ ，为求 B、C 和 D 的高程，进行了水准测量，测得高差 $L_i(i = 1，2，\cdots，5)$ 和水准路线长度。$S_i(i = 1，2，\cdots，5)$ 见表 6-1。试按照间接平差方法求 B、C 和 D 的高程平差值。

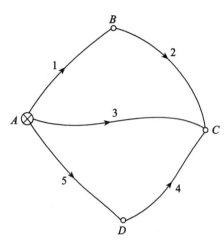

图 6-2　水准网

表 6-1　　　　　　　　　　　　　　　水准路线观测值

水准路线 i	观测高差 L_i（m）	路线长度 S_i（km）
1	5.835	3.5
2	3.782	2.7
3	9.640	4.0
4	7.384	3.0
5	2.270	2.5

解：按题意知必要观测数 $t = 3$，选取 B、C、D 三点高程 $\hat{X}_1$、$\hat{X}_2$、$\hat{X}_3$ 为参数。

（1）列误差方程。

根据如图 6-2 所示的水准路线写出 5（$= n$）个平差值方程

$$
\left.
\begin{aligned}
L_1 + v_1 &= \hat{X}_1 && - H_A \\
L_2 + v_2 &= -\hat{X}_1 + \hat{X}_2 \\
L_3 + v_3 &= \hat{X}_2 && - H_A \\
L_4 + v_4 &= \hat{X}_2 - \hat{X}_3 \\
L_5 + v_5 &= \hat{X}_3 - H_A
\end{aligned}
\right\}
$$

将观测值移至等号右侧，即得误差方程

$$
\left.\begin{aligned}
v_1 &= \hat{X}_1 &&&&-(H_A + L_1)\\
v_2 &= -\hat{X}_1 + \hat{X}_2 &&&&- L_2\\
v_3 &= &&\hat{X}_2 &&-(H_A + L_3)\\
v_4 &= &&\hat{X}_2 - \hat{X}_3 &&- L_4\\
v_5 &= &&&&\hat{X}_3 -(H_A + L_5)
\end{aligned}\right\}
$$

将观测值高差和已知点高程代入上式，即可计算误差方程的常数项。此时，这些常数项将很大，这对后续计算是不利的。为了便于计算，应选取参数的近似值，例如令

$$
\left.\begin{aligned}
X_1^0 &= H_A + L_1\\
X_2^0 &= H_A + L_3\\
X_3^0 &= H_A + L_5
\end{aligned}\right\}
$$

这样，后续计算求定的只是未知数近似值的改正数 $\hat{x}_1$、$\hat{x}_2$、$\hat{x}_3$，它们存在下列关系：

$$
\left.\begin{aligned}
\hat{X}_1 &= X_1^0 + \hat{x}_1 = \hat{x}_1 + H_A + L_1\\
\hat{X}_2 &= X_2^0 + \hat{x}_2 = \hat{x}_2 + H_A + L_3\\
\hat{X}_3 &= X_3^0 + \hat{x}_3 = \hat{x}_3 + H_A + L_5
\end{aligned}\right\}
$$

将上式代入误差方程，得

$$
\left.\begin{aligned}
v_1 &= \hat{x}_1 &&&&+0\\
v_2 &= -\hat{x}_1 + \hat{x}_2 &&&&+23\\
v_3 &= &&\hat{x}_2 &&+0\\
v_4 &= &&\hat{x}_2 - \hat{x}_3 &&-14\\
v_5 &= &&&&\hat{x}_3 +0
\end{aligned}\right\}
$$

写成矩阵形式

$$
\begin{pmatrix} V_1 \\ V_2 \\ V_3 \\ V_4 \\ V_5 \end{pmatrix} =
\begin{pmatrix} 1 & 0 & 0 \\ -1 & 1 & 0 \\ 0 & 1 & 0 \\ 0 & 1 & -1 \\ 0 & 0 & -1 \end{pmatrix}
\begin{pmatrix} \hat{x}_1 \\ \hat{x}_2 \\ \hat{x}_3 \end{pmatrix} -
\begin{pmatrix} 0 \\ -23 \\ 0 \\ 14 \\ 0 \end{pmatrix} \ (\text{mm})
$$

（2）组成法方程。

取 10km 的观测高差为单位权观测，即按

$$
P_i = \frac{C}{S_i} = \frac{10}{S_i}
$$

定权，得观测值的权阵

$$P = \begin{bmatrix} 2.9 & 0 & 0 & 0 & 0 \\ 0 & 3.7 & 0 & 0 & 0 \\ 0 & 0 & 2.5 & 0 & 0 \\ 0 & 0 & 0 & 3.3 & 0 \\ 0 & 0 & 0 & 0 & 4.0 \end{bmatrix}$$

按(6-1-14)式组成法方程为

$$\begin{bmatrix} 6.6 & -3.7 & 0 \\ -3.7 & 9.5 & -3.3 \\ 0 & -3.3 & 7.3 \end{bmatrix} \begin{bmatrix} \hat{x}_1 \\ \hat{x}_2 \\ \hat{x}_3 \end{bmatrix} - \begin{bmatrix} 85.1 \\ -38.9 \\ -46.2 \end{bmatrix} = 0$$

（3）解法方程：

$$\hat{x}_1 = 11.75\text{mm}, \quad \hat{x}_2 = -2.04\text{mm}, \quad \hat{x}_3 = -7.25\text{mm}$$

（4）计算改正数。

将 $\hat{x}$ 代入误差方程，计算观测值的改正数得

$$V_1 = 12\text{mm}, \quad V_2 = 9\text{mm}, \quad V_3 = -2\text{mm}, \quad V_4 = -9\text{mm}, \quad V_5 = -7\text{mm}$$

（5）计算平差值：

参数平差值 $\hat{X} = X^0 + \hat{x}$

$$\hat{X}_1 = 243.330\text{m}, \quad \hat{X}_2 = 247.121\text{m}, \quad \hat{X}_3 = 239.746\text{m}$$

观测值的平差值 $\hat{L} = L + V$

$$\hat{L}_1 = 5.847\text{m}, \quad \hat{L}_2 = 3.791\text{m}, \quad \hat{L}_3 = 9.638\text{m}, \quad \hat{L}_4 = 7.375\text{m}, \quad \hat{L}_5 = 2.263\text{m}$$

【例 6-3】　在图 6-3 中，A、B、C 三点在一条直线上，测出了 AB、BC 及 AC 的距离，得 4 个独立观测值：$l_1 = 200.010\text{m}$，$l_2 = 300.050\text{m}$，$l_3 = 300.070\text{m}$，$l_4 = 500.090\text{m}$，若令 100m 量距的权为单位权，试按间接平差确定 A、C 之间各段距离的平差值。

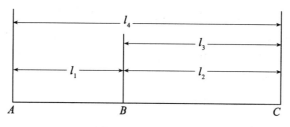

图 6-3　距离示意图

解：按题意 $t = 2$，选取 l_1、l_2 的平差值为参数，即 $\hat{l}_1 = \hat{X}_1$，$\hat{l}_2 = \hat{X}_2$，可列出 $n = 4$ 个观测值方程：

$$l_1 + v_1 = \hat{X}_1$$

$$l_2 + v_2 = \qquad \hat{X}_2$$

$$l_3 + v_3 = \qquad \hat{X}_2$$

$$l_4 + v_4 = \hat{X}_1 + \hat{X}_2$$

令 $\hat{X}_1 = X_1^0 + \hat{x}_1$, $\hat{X}_2 = X_2^0 + \hat{x}_2$, $X_1^0 = l_1$, $X_2^0 = l_2$, 并用观测数据代入, 得误差方程为

$$v_1 = \hat{x}_1$$

$$v_2 = \qquad \hat{x}_2$$

$$v_3 = \qquad \hat{x}_2 - 2$$

$$v_4 = \hat{x}_1 + \hat{x}_2 - 3$$

常数项的单位为 cm。

令 100m 量距的权为单位权, 即 $p_i = \dfrac{100}{S_i}$, 于是有 $p_1 = 0.50$, $p_2 = 0.33$, $p_3 = 0.33$, $p_4 = 0.20$。

组成法方程为

$$0.70\,\hat{x}_1 + 0.20\,\hat{x}_2 - 0.60 = 0$$

$$0.20\,\hat{x}_1 + 0.86\,\hat{x}_2 - 1.26 = 0$$

解得

$$\hat{x}_1 = 0.47\text{cm}, \quad \hat{x}_2 = 1.35\text{cm}$$

各段距离平差值为

$$\hat{l}_1 = 200.0147\text{m}, \quad \hat{l}_2 = 300.0635\text{m}$$

$$\hat{l}_3 = 300.0635\text{m}, \quad \hat{l}_4 = 500.0782\text{m}$$

6.2 误 差 方 程

按间接平差法进行平差计算, 要建立的函数模型就是误差方程。在间接平差中, 待定参数的个数必须等于必要观测的个数 t, 而且要求这 t 个参数必须相互独立, 即所选参数之间不存在函数关系。这样才有可能将每个观测量表达成这 t 个参数的函数, 参数的选择应按照实际需要和是否便于计算而定。

下面主要阐述经常遇到的几种间接平差函数模型, 说明其组成误差方程的方法。

6.2.1 水准网误差方程

对于水准网而言, 如果网中有高程已知的水准点, 则 t 就等于待定点的个数; 若无已知点, 则等于全部点数减 1, 因为这一点的高程可以任意假定, 以作为全网高程的基准, 这样不影响网点高程之间的相对关系。

水准网参数的选择可以选取待定点高程为参数, 也可以选取点间的高差作为未知参

数。通常情况下，水准网中都有已知水准点，所以水准网平差一般选取待定点高程作为参数，其个数等于为必要观测数 t，而且可以保证参数是函数独立。组成误差方程的方法见［例 6-2］。

6.2.2　平面控制网的误差方程

平面控制网按其施测的手段常分为测角网、测边网、边角网、导线网、测方向三角网等。控制网平差时要给定相应的起算数据，它们是已知的固定值，即在平差后其值仍保持不变。为了确定平面控制网的大小和位置所必需的起算数据称为必要起算数据。诸如一个测角网的必要起算数据有 4 个，即一个已知点的纵横坐标、一条已知边长和一个已知坐标方位角(或两个已知点的坐标)。对于测边网、边角网和导线网，必要起算数据有 3 个，即一个已知点的纵横坐标和一个已知方位角。独立网和附合网的平差中，通常选取待定点纵横坐标平差值作为未知参数，可以保证参数是函数独立，通过平差直接求得各待定点的坐标平差值，因此，这种平差方法也称为坐标平差法。

1. 测方向网的误差方程

如图 6-4 所示，j 为测站点，h、k 为照准点，L_{jh}，L_{jk} 为观测方向值，j_0 方向为测站 j 在观测时度盘置零方向(非观测值)，$\hat{Z}_j$ 为 j 站的定向角，即零方向的方位角。

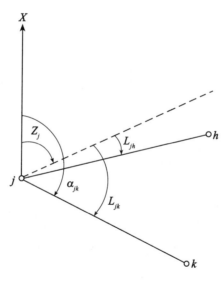

图 6-4　方向观测

每个测站有一个定向角，它们是方向坐标平差中的未知参数，设其平差值为 $\hat{Z}_j$。由图 6-4 可得

$$L_{jk} + v_{jk} = \hat{\alpha}_{jk} - \hat{Z}_j \tag{6-2-1}$$

或

$$v_{jk} = -\hat{Z}_j + \hat{\alpha}_{jk} - L_{jk} \tag{6-2-2}$$

式中，$\hat{\alpha}_{jk}$ 为 jk 方向的方位角的平差值。

设 j、k 两点均为待定点，相应的近似坐标为 X_j^0、Y_j^0 和 X_k^0、Y_k^0，近似坐标改正数为 $\hat{x}_j$、$\hat{y}_j$ 和 $\hat{x}_k$、$\hat{y}_k$。根据这些近似坐标可以计算 j、k 两点间的近似坐标方位角 α_{jk}^0、近似边长 S_{jk}^0 和定向角的近似值 Z_j^0。坐标的平差值可表示为

$$\left.\begin{array}{l}\hat{X}_j = X_j^0 + \hat{x}_j \\ \hat{Y}_j = Y_j^0 + \hat{y}_j\end{array}\right\} \quad \left.\begin{array}{l}\hat{X}_k = X_k^0 + \hat{x}_k \\ \hat{Y}_k = Y_k^0 + \hat{y}_k\end{array}\right\} \tag{6-2-3}$$

设 $\delta\alpha_{jk}$ 为近似坐标方位角的改正数，则

$$\hat{\alpha}_{jk} = \alpha_{jk}^0 + \delta\alpha_{jk} \tag{6-2-4}$$

由 j、k 两点的坐标表示的 jk 坐标方位角为

$$\hat{\alpha}_{jk} = \arctan \frac{(Y_k^0 + \hat{y}_k) - (Y_j^0 + \hat{y}_j)}{(X_k^0 + \hat{x}_k) - (X_j^0 + \hat{x}_j)} \tag{6-2-5}$$

此为非线性形式，可以采用泰勒公式展开，将其线性化，得

$$\hat{\alpha}_{jk} = \arctan \frac{Y_k^0 - Y_j^0}{X_k^0 - X_j^0} + \left(\frac{\partial \hat{\alpha}_{jk}}{\partial \hat{X}_j}\right)_0 \hat{x}_j + \left(\frac{\partial \hat{\alpha}_{jk}}{\partial \hat{Y}_j}\right)_0 \hat{y}_j + \left(\frac{\partial \hat{\alpha}_{jk}}{\partial \hat{X}_k}\right)_0 \hat{x}_k + \left(\frac{\partial \hat{\alpha}_{jk}}{\partial \hat{Y}_k}\right)_0 \hat{y}_k \tag{6-2-6}$$

式中，$\alpha_{jk}^0 = \arctan \dfrac{Y_k^0 - Y_j^0}{X_k^0 - X_j^0}$。因此

$$\delta\alpha_{jk} = \left(\frac{\partial \hat{\alpha}_{jk}}{\partial \hat{X}_j}\right)_0 \hat{x}_j + \left(\frac{\partial \hat{\alpha}_{jk}}{\partial \hat{Y}_j}\right)_0 \hat{y}_j + \left(\frac{\partial \hat{\alpha}_{jk}}{\partial \hat{X}_k}\right)_0 \hat{x}_k + \left(\frac{\partial \hat{\alpha}_{jk}}{\partial \hat{Y}_k}\right)_0 \hat{y}_k \tag{6-2-7}$$

对上式求偏导数有

$$\left(\frac{\partial \hat{\alpha}_{jk}}{\partial \hat{X}_j}\right)_0 = \frac{\dfrac{Y_k^0 - Y_j^0}{(X_k^0 - X_j^0)^2}}{1 + \left(\dfrac{Y_k^0 - Y_j^0}{X_k^0 - X_j^0}\right)^2} = \frac{Y_k^0 - Y_j^0}{(X_k^0 - X_j^0)^2 + (Y_k^0 - Y_j^0)^2} = \frac{\Delta Y_{jk}^0}{(S_{jk}^0)^2} = \frac{\sin\alpha_{jk}^0}{S_{jk}^0}$$

同理可得

$$\left(\frac{\partial \hat{\alpha}_{jk}}{\partial \hat{Y}_j}\right)_0 = -\frac{\Delta X_{jk}^0}{(S_{jk}^0)^2} = -\frac{\cos\alpha_{jk}^0}{S_{jk}^0}$$

$$\left(\frac{\partial \hat{\alpha}_{jk}}{\partial \hat{X}_k}\right)_0 = -\frac{\Delta Y_{jk}^0}{(S_{jk}^0)^2} = -\frac{\sin\alpha_{jk}^0}{S_{jk}^0}$$

$$\left(\frac{\partial \hat{\alpha}_{jk}}{\partial \hat{Y}_k}\right)_0 = \frac{\Delta X_{jk}^0}{(S_{jk}^0)^2} = \frac{\cos\alpha_{jk}^0}{S_{jk}^0}$$

将各偏导数代入式（6-2-7），并顾及全式的单位得

$$\delta\alpha_{jk}'' = \frac{\rho''\Delta Y_{jk}^0}{(S_{jk}^0)^2}\hat{x}_j - \frac{\rho''\Delta X_{jk}^0}{(S_{jk}^0)^2}\hat{y}_j - \frac{\rho''\Delta Y_{jk}^0}{(S_{jk}^0)^2}\hat{x}_k + \frac{\rho''\Delta X_{jk}^0}{(S_{jk}^0)^2}\hat{y}_k \tag{6-2-8}$$

或写为

$$\delta\alpha''_{jk} = \frac{\rho''\sin\alpha^0_{jk}}{S^0_{jk}}\hat{x}_j - \frac{\rho''\cos\alpha^0_{jk}}{S^0_{jk}}\hat{y}_j - \frac{\rho''\sin\alpha^0_{jk}}{S^0_{jk}}\hat{x}_k + \frac{\rho''\cos\alpha^0_{jk}}{S^0_{jk}}\hat{y}_k \qquad (6\text{-}2\text{-}9)$$

令

$$a_{jk} = \frac{\rho''\Delta Y^0_{jk}}{(S^0_{jk})^2} = \frac{\rho\sin\alpha^0_{jk}}{S^0_{jk}} \qquad (6\text{-}2\text{-}10)$$

$$b_{jk} = -\frac{\rho''\Delta X^0_{jk}}{(S^0_{jk})^2} = -\frac{\rho''\cos\alpha^0_{jk}}{S^0_{jk}} \qquad (6\text{-}2\text{-}11)$$

于是

$$\delta\alpha''_{jk} = a_{jk}\hat{x}_j + b_{jk}\hat{y}_j - a_{jk}\hat{x}_k - b_{jk}\hat{y}_k \qquad (6\text{-}2\text{-}12)$$

上式称为坐标方位角改正数方程，$\delta\alpha$ 以秒为单位。

代入式(6-2-2)，可得误差方程式为

$$\begin{aligned}v_{jk} &= -\hat{Z}_j + \hat{\alpha}_{jk} - L_{jk}\\ &= -\hat{z}_j + a_{jk}\hat{x}_j + b_{jk}\hat{y}_j - a_{jk}\hat{x}_k - b_{jk}\hat{y}_k - l_{jk}\end{aligned} \qquad (6\text{-}2\text{-}13)$$

其中

$$l_{jk} = L_{jk} - (\alpha^0_{jk} - Z^0_j) = L_{jk} - L^0_{jk} \qquad (6\text{-}2\text{-}14)$$

这就是一个测站上的一个方向误差方程式的一般形式。测方向三角网的每一个方向都可建立如(6-2-13)式所示的误差方程。如果该方向两端的坐标中有已知坐标点(起始数据)，则该点坐标的近似值取已知坐标值，相应点改正数 $\hat{x}$ 和 $\hat{y}$ 均为零。

2. 测角网的误差方程

如图6-5所示，观测角度 L_i，设 j、h、k 均为待定点，选待定点坐标平差值为参数 $(\hat{X}_j, \hat{Y}_j)$、$(\hat{X}_h, \hat{Y}_h)$、$(\hat{X}_k, \hat{Y}_k)$，并令 $\hat{X} = X^0 + \hat{x}$，$\hat{Y} = Y^0 + \hat{y}$。

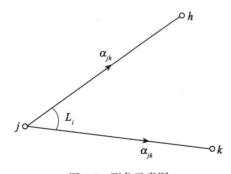

图 6-5 测角示意图

对于角度 L_i，其观测方程为

$$L_i + v_i = \hat{\alpha}_{jk} - \hat{\alpha}_{jh} \qquad (6\text{-}2\text{-}15)$$

将 $\hat{\alpha} = \alpha^0 + \delta\alpha$ 代入得

$$v_i = \delta\alpha_{jk} - \delta\alpha_{jh} - l_i \qquad (6\text{-}2\text{-}16)$$

其中

$$l_i = L_i - (\alpha^0_{jk} - \alpha^0_{jh}) = L_i - L^0_i \qquad (6\text{-}2\text{-}17)$$

将(6-2-8)式或(6-2-12)式代入，得测角网坐标平差的误差方程

$$v_i = \rho'' \left(\frac{\Delta Y_{jk}^0}{(S_{jk}^0)^2} - \frac{\Delta Y_{jh}^0}{(S_{jh}^0)^2} \right) \hat{x}_j - \rho'' \left(\frac{\Delta X_{jk}^0}{(S_{jk}^0)^2} - \frac{\Delta X_{jh}^0}{(S_{jh}^0)^2} \right) \hat{y}_j -$$

$$\rho'' \frac{\Delta Y_{jk}^0}{(S_{jk}^0)^2} \hat{x}_k + \rho'' \frac{\Delta X_{jk}^0}{(S_{jk}^0)^2} \hat{y}_k + \rho'' \frac{\Delta Y_{jh}^0}{(S_{jh}^0)^2} \hat{x}_h - \rho'' \frac{\Delta X_{jh}^0}{(S_{jh}^0)^2} \hat{y}_h - l_i \quad (6\text{-}2\text{-}18)$$

或

$$v_i = (a_{jk} - a_{jh}) \hat{x}_j + (b_{jk} - b_{jh}) \hat{y}_j - a_{jk} \hat{x}_k - b_{jk} \hat{y}_k + a_{jh} \hat{x}_h + b_{jh} \hat{y}_h - l_i \quad (6\text{-}2\text{-}19)$$

实际上，也可对方向 jk 和 jh 分别列出误差方程(6-2-13)式，角度是两个相邻方向的之差，所以按角度组成误差方程，就是由两方向的误差方程相减而得。角度不存在定向角参数，而测方向值是不定的，依赖于度盘的零位置，所以必须引入定向角参数，从而建立与点坐标的函数关系，这是测角网与测方向网误差方程的不同之处。

如果三角网是按照方向观测的，应采用测方向的坐标平差，若要按角度平差，其角度由相邻方向观测值之差求得，一个测站上的多个观测角之间相关，严密的平差要顾及其相关权阵。

3. 测边网的误差方程

如图6-6所示，测得待定点 j、k 间的边长 L_i，设待定点的坐标平差值为参数 $(\hat{X}_j, \hat{Y}_j)$、$(\hat{X}_k, \hat{Y}_k)$，则可写出 L_i 的平差值方程

$$\hat{L}_i = L_i + v_i = \sqrt{(\hat{X}_k - \hat{X}_j)^2 + (\hat{Y}_k - \hat{Y}_j)^2} \quad (6\text{-}2\text{-}20)$$

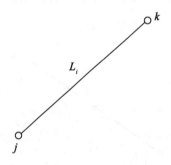

图 6-6　边长观测示意图

令

$$\left. \begin{array}{ll} \hat{X}_k = X_k^0 + \hat{x}_k, & \hat{X}_j = X_j^0 + \hat{x}_j \\ \hat{Y}_k = Y_k^0 + \hat{x}_k, & \hat{Y}_j = Y_j^0 + \hat{y}_j \end{array} \right\} \quad (6\text{-}2\text{-}21)$$

按泰勒公式展开有

$$\hat{L}_i = \sqrt{(X_k^0 - X_j^0)^2 + (Y_k^0 - Y_j^0)^2} + \left(\frac{\partial \hat{L}_i}{\partial \hat{X}_j} \right)_0 \hat{x}_j + \left(\frac{\partial \hat{L}_i}{\partial \hat{Y}_j} \right)_0 \hat{y}_j + \left(\frac{\partial \hat{L}_i}{\partial \hat{X}_k} \right)_0 \hat{x}_k + \left(\frac{\partial \hat{L}_i}{\partial \hat{Y}_k} \right)_0 \hat{y}_k$$

求出各偏导数值，即得测边网的误差方程一般形式为

$$v_i = -\frac{\Delta X_{jk}^0}{S_{jk}^0}\hat{x}_j - \frac{\Delta Y_{jk}^0}{S_{jk}^0}\hat{y}_j + \frac{\Delta X_{jk}^0}{S_{jk}^0}\hat{x}_k + \frac{\Delta Y_{jk}^0}{S_{jk}^0}\hat{y}_k - l_i \tag{6-2-22}$$

$$l_i = L_i - S_{jk}^0 \tag{6-2-23}$$

式中，$\Delta X_{jk}^0 = X_k^0 - X_j^0$，$\Delta Y_{jk}^0 = Y_k^0 - Y_j^0$，$S_{jk}^0 = \sqrt{(X_k^0 - X_j^0)^2 + (Y_k^0 - Y_j^0)^2}$

4. 导线网的误差方程

观测值有两类，即边长观测值和角度(或方向)观测值，因此导线网函数模型的建立，其角度(或方向)观测值的误差方程与三角网的误差方程建立方法相同，边长观测值的误差方程与测边网的误差方程建立方法相同。

6.2.3　拟合模型

拟合模型是一种函数逼近型或是统计回归模型，是用一个函数去逼近所给定的一组数据，或利用变量与变量之间统计相关性质给定的回归模型，是测量数据平差中经常遇到的一种特殊的函数模型。

在直线拟合模型中，已知直线上 m 个点的观测值 (x_i, y_i) $(i = 1, 2, \cdots, m)$，设为等精度独立观测，试确定直线方程。

设直线方程可表示

$$y = ax + b \tag{6-2-24}$$

式中，参数 a 和 b 就是间接平差中的待求参数。

拟合中常视 x_i 为已知常数，y_i 为独立观测值，组成如下误差方程

$$\left.\begin{aligned} y_1 + v_1 &= \hat{a}x_1 + \hat{b} \\ y_2 + v_2 &= \hat{a}x_2 + \hat{b} \\ &\cdots\cdots \\ y_m + v_m &= \hat{a}x_m + \hat{b} \end{aligned}\right\} \tag{6-2-25}$$

于是可得

$$\begin{bmatrix} v_1 \\ v_2 \\ \vdots \\ v_m \end{bmatrix} = \begin{bmatrix} x_1 & 1 \\ x_2 & 1 \\ \vdots & \vdots \\ x_m & 1 \end{bmatrix} \begin{bmatrix} \hat{a} \\ \hat{b} \end{bmatrix} - \begin{bmatrix} y_1 \\ y_2 \\ \vdots \\ y \end{bmatrix} \tag{6-2-26}$$

在数字高程模型、GPS 水准高程异常拟合模型中，常用多项式拟合模型。已知 m 个点的数据是 (H_i, x_i, y_i) $(i = 1, 2, \cdots, m)$，其中 H_i 是点 i 的高程(数字高程模型)或高程异常(GPS 水准拟合模型)，平面坐标 (x_i, y_i) 视为无误差，并认为 H 是坐标的函数。拟合中假定取如下二次曲面拟合模型

$$H = a_0 + a_1 x + a_2 y + a_3 x^2 + a_4 y^2 + a_5 xy \tag{6-2-27}$$

根据 m 个点的数据可以组成如下误差方程

$$
\left.
\begin{aligned}
v_1 &= \hat{a}_0 + \hat{a}_1 x_1 + \hat{a}_2 y_1 + \hat{a}_3 x_1^2 + \hat{a}_4 y_1^2 + \hat{a}_5 x_1 y_1 - H_1 \\
v_2 &= \hat{a}_0 + \hat{a}_1 x_2 + \hat{a}_2 y_2 + \hat{a}_3 x_2^2 + \hat{a}_4 y_2^2 + \hat{a}_5 x_2 y_2 - H_2 \\
&\cdots\cdots \\
v_m &= \hat{a}_0 + \hat{a}_1 x_m + \hat{a}_2 y_m + \hat{a}_3 x_m^2 + \hat{a}_4 y_m^2 + \hat{a}_5 x_m y_m - H_m
\end{aligned}
\right\}
\tag{6-2-28}
$$

6.2.4 坐标转换模型

在测量数据处理中，经常需要进行两个坐标系坐标转换，例如在工程测量中，当需要将地方独立控制网合并到国家网或其他新测量控制网上时，需要进行平面坐标转换；在 GPS 测量中，需要将 GPS 点的 WGS-84 坐标转换为地面网的坐标，需要进行三维坐标转换。下面仅以平面坐标转换来说明函数模型建立方法。

设有某点在新坐标系中的坐标为 (x_i, y_i)，在旧坐标系中的坐标为 (x_i', y_i')。旧坐标系原点在新坐标系中的坐标为 (x_0, y_0)，为了将旧网合理配合到新网上，需要对旧坐标系加以平移、旋转和尺度因子改正。如图 6-7 所示。已知新旧坐标转换模型为已知新旧坐标系的坐标变换方程为

$$
\left.
\begin{aligned}
x_i &= x_0 + x_i' m\cos\alpha - y_i' m\sin\alpha \\
y_i &= y_0 + y_i' m\cos\alpha - x_i' m\sin\alpha
\end{aligned}
\right\}
\tag{6-2-29}
$$

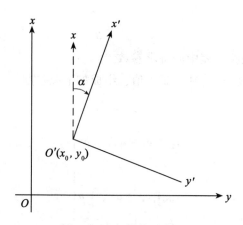

图 6-7　坐标转换示意图

式中，m 为尺度比因子，α 为旋转因子。

令

$$
a = x_0 , \ b = y_0 , \ c = m\cos\alpha , \ d = m\sin\alpha
$$

则 (6-2-29) 式可写为

$$
\left.
\begin{aligned}
x_i &= a + x_i' c - y_i' d \\
x_i &= b + x_i' d + y_i' c
\end{aligned}
\right\}
\tag{6-2-30}
$$

式中，a、b、c、d 为所求的未知量，即平差参数。

设两个坐标系有 n 个公共点根据 n 个公共点 (x_i, y_i) 和 (x_i', y_i')，$i = 1, 2, \cdots, n$，令新坐标系的坐标为观测值，旧坐标系中坐标设为无误差，当 $n > 3$ 时，可列立 2n 个误

差方程

$$
\begin{bmatrix} v_{x_1} \\ v_{y_1} \\ v_{x_2} \\ v_{y_2} \\ \vdots \\ v_{x_n} \\ v_{y_n} \end{bmatrix} = \begin{bmatrix} 1 & 0 & x_1' & -y_1' \\ 0 & 1 & y_1' & x_1' \\ 1 & 0 & x_2' & -y_2' \\ 0 & 1 & y_2' & x_2' \\ \vdots & \vdots & \vdots & \vdots \\ 1 & 0 & x_n' & -y_n' \\ 0 & 1 & y_n' & x_n' \end{bmatrix} \begin{bmatrix} \hat{a} \\ \hat{b} \\ \hat{c} \\ \hat{d} \end{bmatrix} - \begin{bmatrix} x_1 \\ y_1 \\ x_2 \\ y_2 \\ \vdots \\ x_n \\ y_n \end{bmatrix}
\tag{6-2-31}
$$

或

$$
\underset{2n,1}{V} = \underset{2n,44,1}{B \hat{X}} - \underset{2n,1}{l}
\tag{6-2-32}
$$

6.3　精度评定

测量平差的目的之一是要评定测量成果的精度，测量成果的精度包括两个方面：一是观测值的实际精度；一是有观测值经平差得到的观测值函数的精度。

由第 3 章可知，协方差阵与协因数阵的关系为

$$
D = \sigma_0^2 Q = \sigma_0^2 P^{-1}
\tag{6-3-1}
$$

所以对于协方差阵的估计，需对单位权方差 σ_0^2 作出估计，同时推求其对应的协因数阵。

对于观测值的协方差阵

$$
D_L = \sigma_0^2 Q_L = \sigma_0^2 P^{-1}
\tag{6-3-2}
$$

平差前已知的是先验方差，由此定权参与平差。但是，评定精度需要的是观测的实际精度，(6-3-2)式中，Q_L 已知，所以只要对单位权方差 σ_0^2 作出估计，由估值 $\hat{\sigma}_0^2$ 代入(6-3-2)式求得方差估值 $\hat{D}_L$，同时通过 $\hat{D}_L$ 与 D_L 的比较，可用统计检验方法检验后验方差 $\hat{D}_L$ 是否与先验方差一致。

对于其他量的协方差阵，可通过与观测量平差值 $\hat{L}$ 的函数关系

$$
G = F^{\mathrm{T}} L
\tag{6-3-3}
$$

按照协方差传播律得

$$
\hat{D}_G = \hat{\sigma}_0^2 F^{\mathrm{T}} Q_L F = \hat{\sigma}_0^2 Q_G
\tag{6-3-4}
$$

可见，求定 G 的方差估值，需要计算单位权方差估值和 G 的协因数阵。

6.3.1　单位权方差的估值公式

一个平差问题，不论采用何种基本平差方法，单位权方差的估值都是残差平方和 $V^{\mathrm{T}} P V$ 除以该平差问题的自由度 r（多余观测数），即

$$
\hat{\sigma}_0^2 = \frac{V^{\mathrm{T}} P V}{r} = \frac{V^{\mathrm{T}} P V}{n - t}
\tag{6-3-5}
$$

中误差的估值为

$$\hat{\sigma}_0 = \sqrt{\frac{V^{\mathrm{T}}PV}{n-t}} \tag{6-3-6}$$

计算 $V^{\mathrm{T}}PV$ 可以通过求得 V 后直接计算，还可以导出如下计算公式：

$$\begin{aligned}
V^{\mathrm{T}}PV &= (B\hat{x} - l)^{\mathrm{T}}P(B\hat{x} - l) \\
&= \hat{x}^{\mathrm{T}}B^{\mathrm{T}}PB\hat{x} - \hat{x}^{\mathrm{T}}B^{\mathrm{T}}Pl - l^{\mathrm{T}}PB\hat{x} + l^{\mathrm{T}}Pl \\
&= (N_{BB}^{-1}W)^{\mathrm{T}}N_{BB}(N_{BB}^{-1}W) - (N_{BB}^{-1}W)^{\mathrm{T}}W - W^{\mathrm{T}}(N_{BB}^{-1}W) + l^{\mathrm{T}}Pl \\
&= l^{\mathrm{T}}Pl - W^{\mathrm{T}}N_{BB}^{-1}W \\
&= l^{\mathrm{T}}Pl - (N_{BB}\hat{x})^{\mathrm{T}}\hat{x} \\
&= l^{\mathrm{T}}Pl - \hat{x}^{\mathrm{T}}N_{BB}\hat{x} \\
&= l^{\mathrm{T}}Pl - (B^{\mathrm{T}}Pl)^{\mathrm{T}}\hat{x}
\end{aligned} \tag{6-3-7}$$

当观测值 L_1，L_2，$\cdots$，L_n 互相独立时，权阵为对角阵

$$P = \begin{bmatrix} p_1 & & & \\ & p_2 & & \\ & & \ddots & \\ & & & p_n \end{bmatrix}$$

于是

$$V^{\mathrm{T}}PV = [pvv] \tag{6-3-8}$$

6.3.2 协因数阵

在间接平差中，基本向量是 L、$\hat{x}$、V 和 $\hat{L}$。

未知参数的估值 $\hat{X} = X^0 + \hat{x}$，X^0 为选定常数，故 $Q_{\hat{X}\hat{X}} = Q_{\hat{x}\hat{x}}$。由于 $l = L - F(X^0) = L - L^0$，L^0 为近似值计算的函数值，对于讨论精度不产生影响，因此 $Q_{ll} = Q_{LL} = Q$。

基本向量关系式可表示为

$$L = l + L^0 \tag{6-3-9}$$

$$\hat{x} = N_{BB}^{-1}B^{\mathrm{T}}Pl \tag{6-3-10}$$

$$V = B\hat{x} - l = (BN_{BB}^{-1}B^{\mathrm{T}}P - I)l \tag{6-3-11}$$

$$\hat{L} = L + V = BN_{BB}^{-1}B^{\mathrm{T}}Pl + L^0 \tag{6-3-12}$$

按照协因数传播定律，可得间接平差基本向量的协因数阵，推导结果列于表 6-2。

表 6-2　　　　　　　　　　　　　间接平差的协因数公式

	L	$\hat{X}$	V	$\hat{L}$
L	Q	BN_{BB}^{-1}	$BN_{BB}^{-1}B^{\mathrm{T}} - Q$	$BN_{BB}^{-1}B^{\mathrm{T}}$
$\hat{X}$	$N_{BB}^{-1}B^{\mathrm{T}}$	N_{BB}^{-1}	0	$N_{BB}^{-1}B$
V	$BN_{BB}^{-1}B^{\mathrm{T}} - Q$	0	$Q - BN_{BB}^{-1}B^{\mathrm{T}}$	0
$\hat{L}$	$BN_{BB}^{-1}B^{\mathrm{T}}$	BN_{BB}^{-1}	0	$BN_{BB}^{-1}B^{\mathrm{T}}$

现举例推证如下：

（1）按式（6-3-10）可得 $\hat{X}$ 的协因数为

$$Q_{\hat{X}\hat{X}} = (N_{BB}^{-1}B^{\mathrm{T}}P) Q (N_{BB}^{-1}B^{\mathrm{T}}P)^{\mathrm{T}}$$

顾及 $N_{BB} = B^{\mathrm{T}}PB$ 和 $PQ = I$ 得

$$Q_{\hat{X}\hat{X}} = N_{BB}^{-1}N_{BB}N_{BB}^{-1} = N_{BB}^{-1} \tag{6-3-13}$$

（2）按式（6-3-10）和式（6-3-11）可得 $\hat{X}$ 和 V 的协因数为

$$Q_{\hat{X}V} = (N_{BB}^{-1}B^{\mathrm{T}}P) Q (BN_{BB}^{-1}B^{\mathrm{T}}P - I)^{\mathrm{T}} = 0 \tag{6-3-14}$$

（3）由（6-3-11）式 $l = B\hat{x} - V$ 顾及 $Q_{\hat{X}V} = 0$，可得 $Q = BQ_{\hat{X}\hat{X}}B^{\mathrm{T}} + Q_{VV}$，故 V 的协因数为

$$Q_{VV} = Q - BQ_{\hat{X}\hat{X}}B^{\mathrm{T}} = Q - BN_{BB}^{-1}B^{\mathrm{T}} \tag{6-3-15}$$

表 6-2 中 $Q_{\hat{X}V} = 0$，$Q_{\hat{L}V} = 0$，说明 $\hat{X}$ 与 V 和 $\hat{L}$ 与 V 不相关。即改正数（残差）V 与平差值（$\hat{X}$ 或 $\hat{L}$ 等）总是不相关的。

6.3.3 参数函数的中误差

在间接平差中，任何一个量的平差值都可以由平差所选参数求得，或者说都可以表达为参数的函数。下面将从一般情况来讨论如何求参数函数的中误差的问题。

假定间接平差问题中有 t 个参数，设参数的函数为

$$\hat{\varphi} = \Phi(\hat{X}_1, \hat{X}_2, \cdots, \hat{X}_t) \tag{6-3-16}$$

为求误差关系式，可对上式进行全微分得

$$\mathrm{d}\hat{\varphi} = f_1\mathrm{d}\hat{X}_1 + f_2\mathrm{d}\hat{X}_2 + \cdots + f_t\mathrm{d}\hat{X}_t \tag{6-3-17}$$

即

$$\mathrm{d}\hat{\varphi} = f_1\hat{x}_1 + f_2\hat{x}_2 + \cdots + f_t\hat{x}_t \tag{6-3-18}$$

对于评定函数 $\hat{\varphi}$ 的精度而言，给出 $\hat{\varphi}$ 或 $\mathrm{d}\hat{\varphi}$ 是一样的。通常把（6-3-18）式称为参数函数的权函数式。

令 $F^{\mathrm{T}} = [f_1 \quad f_2 \quad \cdots \quad f_t]$，则（6-3-18）式为

$$\mathrm{d}\hat{\varphi} = F^{\mathrm{T}}\hat{x} \tag{6-3-19}$$

由表 6-2 查得 $Q_{\hat{X}\hat{X}} = N_{BB}^{-1}$，故函数 $\hat{\varphi}$ 的协因数为

$$Q_{\hat{\varphi}\hat{\varphi}} = F^{\mathrm{T}}Q_{\hat{X}\hat{X}}F = F^{\mathrm{T}}N_{BB}^{-1}F \tag{6-3-20}$$

函数 $\hat{\varphi}$ 协方差阵为

$$D_{\hat{\varphi}\hat{\varphi}} = \hat{\sigma}_0^2 Q_{\hat{\varphi}\hat{\varphi}} = \hat{\sigma}_0^2(F^{\mathrm{T}}N_{BB}^{-1}F) \tag{6-3-21}$$

【例 6-4】 在图 6-8 中，A、B 为已知水准点，高程为 H_A、H_B，设为无误差，各观测值的路线长度分别为 $S_1 = 4\mathrm{km}$，$S_2 = 2\mathrm{km}$，$S_3 = 2\mathrm{km}$，$S_4 = 4\mathrm{km}$。试求：（1）P_1 点和 P_2 点高程平差值的协因数；（2）P_1 点至 P_2 点高差平差值的协因数。

解：设 P_1 点和 P_2 点高程平差值为未知参数 $\hat{X}_1$ 和 $\hat{X}_2$，各高差的权为 $p_i = \dfrac{4}{S_i}$，则误差方程为

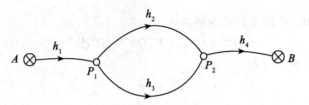

图 6-8 水准网示意图

$$v_1 = \hat{x}_1 - l_1 \qquad p_1 = 1$$
$$v_2 = -\hat{x}_1 + \hat{x}_2 - l_2 \qquad p_2 = 2$$
$$v_3 = -\hat{x}_1 + \hat{x}_2 - l_3 \qquad p_3 = 2$$
$$v_4 = -\hat{x}_2 - l_4 \qquad p_4 = 1$$

法方程系数矩阵为

$$N_{BB} = B^{\mathrm{T}}PB = \begin{bmatrix} 5 & -4 \\ -4 & 5 \end{bmatrix}$$

参数的协因数阵为

$$Q_{\hat{X}\hat{X}} = N_{BB}^{-1} = \begin{bmatrix} 0.56 & 0.44 \\ 0.44 & 0.56 \end{bmatrix}$$

平差后 P_1 点和 P_2 点高程平差值的协因数分别为

$$Q_{\hat{X}_1\hat{X}_1} = 0.56 , \quad Q_{\hat{X}_2\hat{X}_2} = 0.56$$

平差后 P_1 点至 P_2 点高差平差值为

$$\hat{h}_2 = -\hat{X}_1 + \hat{X}_2 = \begin{bmatrix} -1 & 1 \end{bmatrix} \begin{bmatrix} \hat{X}_1 \\ \hat{X}_2 \end{bmatrix}$$

P_1 点至 P_2 点高差平差值的协因数为

$$Q_{\hat{h}_2} = \begin{bmatrix} -1 & 1 \end{bmatrix} \begin{bmatrix} 0.56 & 0.44 \\ 0.44 & 0.56 \end{bmatrix} \begin{bmatrix} -1 \\ 1 \end{bmatrix} = 0.24$$

6.4 间接平差应用示例

6.4.1 测边网间接平差示例

【例 6-5】 在如图 6-9 所示的测边网，A、B、C、D 为已知点，P 为待定点，已知点和待定点的近似坐标见表 6-3，为了确定待定点的坐标，观测了 4 条边长，观测值见表 6-4，观测值之间相互独立，测距精度为 $\sigma_S = (2\mathrm{mm} + 1 \times 10^{-6}S)$。试以待定点坐标为参数进行平差，求出待定点的坐标平差值及其中误差。

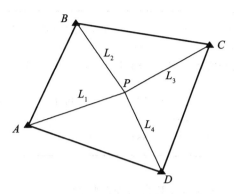

图 6-9 测边网示意图

表 6-3   已知点坐标值及待定点近似坐标值

点名	坐标（m）		边　长（m）　S	方位角　　α
	X	Y		°　　′　　″
A	3599.700	1783.180	1388.666	25　45　47
B	4850.330	2386.768	1686.706	99　05　39
C	4583.733	4052.272	1672.752	200　56　30
D	3021.476	3454.399	1768.422	289　05　06
A				
P	4000.000	2999.996		

表 6-4   观测边长

编号	边观测值（m）
AP	1280.969
BP	1048.389
CP	1203.341
DP	1078.885

解：

（1）计算误差方程的系数及常数项，其结果见表 6-5。

表 6-5   误差方程式系数及常数项

边号	方向	ΔX^0（m）	ΔY^0（m）	S^0（m）	$a = -\Delta X^0/S^0$	$b = -\Delta Y^0/S^0$	$l = L - S^0$（m）
1	PA	−400.300	−1216.816	1280.969	0.3125	0.9499	0

边号	方向	ΔX^0（m）	ΔY^0（m）	S^0（m）	$a = -\Delta X^0/S^0$	$b = -\Delta Y^0/S^0$	$l = L - S^0$（m）
2	PB	850.330	-613.228	1048.384	-0.8111	0.5849	0.005
3	PC	583.733	1052.276	1203.341	-0.4851	-0.8745	0
4	PD	-978.524	454.403	1078.884	0.9070	-0.4212	0.001

于是可得误差方程式的系数矩阵和自由项矩阵为

$$B = \begin{pmatrix} 0.3125 & 0.9499 \\ -0.8111 & 0.5849 \\ -0.4851 & -0.8745 \\ 0.9070 & -0.4212 \end{pmatrix}, \quad l = \begin{pmatrix} 0 \\ 0.005 \\ 0 \\ 0.001 \end{pmatrix}$$

（2）计算观测值的权。

边长的中误差为 $\sigma_S = (2\text{mm} + 1 \times 10^{-6} S)$，取 $\sigma_0 = 3\text{mm}$，根据定权公式 $P_{S_i} = \dfrac{\sigma_0^2}{\sigma_{S_i}^2}$，可得边长的权，结果如表6-6所示。

表6-6　　　　　　　　　　**观测边长的测距精度及权**

编号	L_1	L_2	L_3	L_4
σ（mm）	3.3	3.0	3.2	3.1
P	0.83	1.00	0.88	0.94

即观测边长的权阵为

$$P = \begin{bmatrix} 0.83 & & & \\ & 1.00 & & \\ & & 0.88 & \\ & & & 0.94 \end{bmatrix}$$

（3）组成法方程。

由 B、l、P 得法方程系数矩阵和自由项向量：

$$N_{BB} = B^{\mathrm{T}}PB = \begin{bmatrix} 1.7193 & -0.2138 \\ -0.2138 & 1.9308 \end{bmatrix}, \quad W = B^{\mathrm{T}}Pl = \begin{bmatrix} -0.0032 \\ 0.0025 \end{bmatrix}$$

（4）法方程式解算：

$$N_{BB}^{-1} = \begin{pmatrix} 0.5898 & 0.0653 \\ 0.0653 & 0.5252 \end{pmatrix}, \quad \hat{x} = N_{BB}^{-1}W = \begin{bmatrix} -0.0017 \\ 0.0011 \end{bmatrix}$$

（5）坐标平差值：

$$\hat{X}_P = X_P^0 + \hat{x}_P = 3999.998$$

$$\hat{Y}_P = Y_P^0 + \hat{y}_P = 2999.997$$

（6）精度评定

①单位权中误差计算。将坐标的平差值代入误差方程式

$$V = B\hat{x} - l$$

得观测值的改正数向量为

$$V = \begin{pmatrix} 0.0005 \\ -0.0029 \\ -0.0001 \\ -0.0030 \end{pmatrix}$$

于是

$$\hat{\sigma}_0 = \sqrt{\frac{V^T P V}{r}} = \sqrt{\frac{0.00001759}{2}} = 0.0029(\text{m})$$

②待定点坐标中误差。由参数的协因数阵（即 N_{BB}^{-1}）取得参数的权倒数，计算待定点坐标和点位中误差

$$\hat{\sigma}_{X_P} = \hat{\sigma}_0 \sqrt{Q_{\hat{X}_P \hat{X}_P}} = 0.0029\sqrt{0.5897} = 0.0022(\text{m})$$

$$\hat{\sigma}_{Y_P} = \hat{\sigma}_0 \sqrt{Q_{\hat{Y}_P \hat{Y}_P}} = 0.0029\sqrt{0.5252} = 0.0021(\text{m})$$

$$\hat{\sigma}_P = \sqrt{\hat{\sigma}_{X_P}^2 + \hat{\sigma}_{X_P}^2} = 0.0030(\text{m})$$

6.4.2 平面拟合模型平差示例

【例6-6】 为了确定一平面方程 $z = ax + by + c$，观测了16组数据（见表6-7），X_i、Y_i、Z_i 为互相独立的等精度观测值，设 X_i 和 Y_i 为已知常数，Z_i 为有误差的观测值，试确定该平面方程。

表6-7 观测样本值

编号	X_i	Y_i	Z_i	编号	X_i	Y_i	Z_i
1	1.00	1.05	5.95	9	4.96	1.08	10.16
2	1.02	2.92	10.01	10	4.96	2.92	13.86
3	1.17	4.99	14.03	11	5.01	4.94	17.85
4	0.79	7.06	18.09	12	4.96	7.01	21.99
5	3.01	1.02	8.05	13	6.94	1.00	12.01
6	2.89	3.26	12.02	14	7.08	2.99	15.92
7	2.84	4.87	15.86	15	6.92	4.84	19.94
8	3.06	7.10	20.10	16	6.97	7.17	23.99

解： 由题意知，$n = 16$，$t = 3$。

待估参数为
$$\hat{x} = \begin{bmatrix} \hat{a} & \hat{b} & \hat{c} \end{bmatrix}^{\mathrm{T}}$$

误差方程为
$$Z_i + v_i = \hat{a}X_i + \hat{b}Y_i + \hat{c} , \quad (i = 1, 2, 3, \cdots, 16)$$

即
$$\left. \begin{aligned} v_1 &= X_1\hat{a} + Y_1\hat{b} + \hat{c} - Z_1 \\ v_2 &= X_2\hat{a} + Y_2\hat{b} + \hat{c} - Z_2 \\ &\cdots\cdots \\ v &= X_{16}\hat{a} + Y_{16}\hat{b} + \hat{c} - Z_{16} \end{aligned} \right\}$$

将表 6-7 中的数据代入可以得到误差方程式的系数矩阵和自由项向量为

$$B = \begin{bmatrix} 1.00 & 1.05 & 1 \\ 1.02 & 2.92 & 1 \\ 1.17 & 4.99 & 1 \\ 0.79 & 7.06 & 1 \\ 3.01 & 1.02 & 1 \\ 2.89 & 3.26 & 1 \\ 2.84 & 4.87 & 1 \\ 3.06 & 7.10 & 1 \\ 4.96 & 1.08 & 1 \\ 4.96 & 2.92 & 1 \\ 5.01 & 4.94 & 1 \\ 4.96 & 7.01 & 1 \\ 6.94 & 1.00 & 1 \\ 7.08 & 2.99 & 1 \\ 6.92 & 4.84 & 1 \\ 6.97 & 7.17 & 1 \end{bmatrix}, \quad l = \begin{bmatrix} 5.95 \\ 10.01 \\ 14.03 \\ 18.09 \\ 8.05 \\ 12.02 \\ 15.86 \\ 20.10 \\ 10.16 \\ 13.86 \\ 17.85 \\ 21.99 \\ 12.01 \\ 15.92 \\ 19.94 \\ 23.99 \end{bmatrix}$$

法方程式系数阵和自由项向量为
$$N_{BB} = B^{\mathrm{T}}B = \begin{bmatrix} 332.54 & 254.43 & 63.58 \\ 254.43 & 338.18 & 64.22 \\ 63.58 & 64.22 & 16 \end{bmatrix}, \quad W = B^{\mathrm{T}}l = \begin{bmatrix} 1031.3 \\ 1122.4 \\ 239.83 \end{bmatrix}$$

法方程式解算
$$N_{BB}^{-1} = \begin{bmatrix} 0.012519 & 0.000119 & -0.050226 \\ 0.000119 & 0.012437 & -0.050391 \\ -0.050226 & -0.050391 & 0.464340 \end{bmatrix}$$

$$\hat{x} = \begin{bmatrix} \hat{a} & \hat{b} & \hat{c} \end{bmatrix}^{\mathrm{T}}$$

$$\hat{x} = N_{BB}^{-1} W = \begin{bmatrix} 0.9987 & 1.9971 & 3.0050 \end{bmatrix}^{T}$$

于是方程式为

$$z = 0.9987x + 1.9971y + 3.0050$$

6.5　平差结果的统计性质

前面已经说明了有关参数估计量最优性质的几个判定标准，即无偏性、一致性和有效性。具有无偏性和有效性的参数估值必满足一致性，这种统计量称为最优无偏估计量。本节将从间接平差模型出发，讨论按最小二乘原理进行平差计算所得的结果具有上述最优性质。

6.5.1　估计量 $\hat{X}$ 为 X 的最优线性无偏估计量

要证明 $\hat{X}$ 具有无偏性，就是要证明

$$E(\hat{X}) = \tilde{X} \tag{6-5-1}$$

由于 $\hat{X} = X^0 + \hat{x}$，$\tilde{X} = X^0 + \tilde{x}$，故要证明 $E(\hat{X}) = \tilde{X}$，也就是要证明

$$E(\hat{x}) = \tilde{x} \tag{6-5-2}$$

参数估计量的方差阵为

$$D_{\hat{X}\hat{X}} = \hat{\sigma}_0^2 Q_{\hat{X}\hat{X}} \tag{6-5-3}$$

$D_{\hat{X}\hat{X}}$ 中对角线元素分别是各 $\hat{X}_i$（$i = 1$，2，$\cdots$，t）的方差，要证明参数估计量方差最小，根据迹的定义知，也就是要证明

$$\mathrm{tr}(D_{\hat{X}\hat{X}}) = \min \ \text{或} \ \mathrm{tr}(Q_{\hat{X}\hat{X}}) = \min \tag{6-5-4}$$

对于线性平差模型，其参数估值必是观测值的线性函数。设参数估值向量 $\hat{x}'$，其一般表达式为

$$\hat{x}' = H_1 l \tag{6-5-5}$$

式中，H_1 为待定的系数阵，问题是 H_1 等于什么，才能使 $\hat{x}'$ 既是无偏而且方差为最小。首先 $\hat{x}'$ 须满足无偏性

$$E(\hat{x}') = H_1 E(l) = H_1 B \tilde{x} = \tilde{x} \tag{6-5-6}$$

显然有

$$H_1 B = I \tag{6-5-7}$$

对式(6-5-5)应用协因数传播律，得参数估值向量 $\hat{x}'$ 的协因数阵

$$Q_{\hat{x}'\hat{x}'} = H_1 Q_{ll} H_1^{T} = H_1 Q H_1^{T} \tag{6-5-8}$$

现在的问题是要求出 H_1，既能满足式(6-5-7)中的条件，又能使 $Q_{\hat{x}'\hat{x}'}$ 具有最小方差性。这是一个条件极值问题，为此组成函数

$$\Phi = \mathrm{tr}(H_1 Q H_1^{T}) + \mathrm{tr}\left\{ 2(H_1 B - I) K^{T} \right\}$$

式中，K^{T} 为联系数向量。为求函数 Φ 的极小值，需将上式对 H_1 求导数并令其为零。

按照矩阵论知识，设 X 为变量矩阵，B 为常量阵，则有

$$\frac{\partial \operatorname{tr}(XBX^{\mathrm{T}})}{\partial X} = X(B^{\mathrm{T}} + B)$$

当矩阵 B 为对称常量阵，则

$$\frac{\partial \operatorname{tr}(XBX^{\mathrm{T}})}{\partial X} = 2XB$$

按上述迹求导公式，得

$$\frac{\mathrm{d}\Phi}{\mathrm{d}H_1} = 2H_1 Q + 2KB^{\mathrm{T}} = 0 \tag{6-5-9}$$

于是得

$$H_1 = -KB^{\mathrm{T}}Q^{-1} = -KB^{\mathrm{T}}P \tag{6-5-10}$$

将上式代入式(6-5-7)，则有

$$-KB^{\mathrm{T}}PB = I \tag{6-5-11}$$

因 $B^{\mathrm{T}}PB = N_{BB}$，故得

$$K = -N_{BB}^{-1} \tag{6-5-12}$$

于是由式(6-5-10)得

$$H_1 = -KB^{\mathrm{T}}P = N_{BB}^{-1}B^{\mathrm{T}}P \tag{6-5-13}$$

得参数估值向量 $\hat{x}'$ 的表达式为

$$\hat{x}' = H_1 l = N_{BB}^{-1}B^{\mathrm{T}}Pl \tag{6-5-14}$$

可见，$\hat{x}' = \hat{x}$，$\hat{x}'$ 是在无偏和最小方差的条件下导出的，由此可知，按最小二乘原理求得的估计量 $\hat{x}$ 具有无偏性和最小方差性，故称 $\hat{X}$ 为最优线性无偏估计量。

6.5.2 单位权方差的估值 $\hat{\sigma}_0^2$ 是 σ_0^2 的无偏估计量

单位权方差的估值公式为

$$\hat{\sigma}_0^2 = \frac{V^{\mathrm{T}}PV}{r} = \frac{V^{\mathrm{T}}PV}{n-t}$$

现要证明：

$$E(\hat{\sigma}_0^2) = \sigma_0^2 \tag{6-5-15}$$

由数理统计学知，若有服从任意分布的 n 维随机向量 Y，其数学期望是 $E(Y) = \eta$，方差阵是 D_{YY}，则 n 维随机向量 Y 的任一二次型的数学期望是

$$E(Y^{\mathrm{T}}BY) = \operatorname{tr}(BD_{YY}) + \eta^{\mathrm{T}}B\eta \tag{6-5-16}$$

其中 B 是任一 n 维对称可逆方阵。

现在用 V 代替 Y，P 代替 B，可得

$$E(V^{\mathrm{T}}PV) = \operatorname{tr}(PD_{VV}) + E^{\mathrm{T}}(V)PE(V) \tag{6-5-17}$$

因为

$$E(V) = E(B\hat{x} - l) = BE(\hat{x}) - E(l) = B\tilde{x} - B\tilde{x} = 0 \tag{6-5-18}$$

故有

$$E(V^{\mathrm{T}}PV) = \operatorname{tr}(PD_{VV}) = \sigma_0^2 \operatorname{tr}(PQ_{VV}) \tag{6-5-19}$$

已知

$$Q_{VV} = Q - BN_{BB}^{-1}B^{\mathrm{T}}$$

可得

$$
\begin{aligned}
\mathrm{tr}(PQ_{VV}) &= \mathrm{tr}(PQ - PBN_{BB}^{-1}B^{\mathrm{T}})\\
&= \mathrm{tr}(\underset{n,n}{I} - N_{BB}^{-1}B^{\mathrm{T}}PB)\\
&= \mathrm{tr}(\underset{n,n}{I}) - \mathrm{tr}(\underset{t,t}{I})\\
&= n - t
\end{aligned}
\tag{6-5-20}
$$

所以有

$$E(V^{\mathrm{T}}PV) = \sigma_0^2 \mathrm{tr}(PQ_{VV}) = \sigma_0^2(n - t) \tag{6-5-21}$$

即

$$E\left(\frac{V^{\mathrm{T}}PV}{n-t}\right) = E(\hat{\sigma}_0^2) = \sigma_0^2 \tag{6-5-22}$$

证明单位权方差的估值 $\hat{\sigma}_0^2$ 是 σ_0^2 的无偏估计。

6.6　附有限制条件的间接平差原理

在一个平差问题中，如果观测值的个数是 n，必要观测次数是 t，则多余观测数是 $r = n - t$。在进行间接平差时，所选取的参数的个数是必要观测次数 t，并且这 t 个参数必须函数独立。若间接平差中选取的参数不是函数独立的，而是存在限制条件（或约束条件），就不能用间接平差的理论公式进行平差。参数间存在限制条件的情况在测量平差中常会遇到。

在一个平差问题中多余观测数是 $r = n - t$。如果在平差中选择的参数 $u > t$，其中包含了 t 个独立的参数，则参数之间必然存在 $s = u - t$ 个限制条件。平差时列出 n 个观测方程和 s 个约束条件方程，以此为函数模型进行的平差方法，就是附有条件的间接平差。

设观测值向量为 $\underset{n,1}{L}$，相应改正数向量为 $\underset{n,1}{V}$，选定 u 个参数 $\underset{u,1}{\hat{X}}$，其中包括 t 个独立的参数，按第 4 章给出的附有限制条件的间接平差的函数模型(4-2-30)和(4-2-31)为

$$\underset{n,1}{V} = \underset{n,u}{B}\,\underset{u,1}{\hat{x}} - \underset{n,1}{l} \tag{6-6-1}$$

$$\underset{s,u}{C}\,\underset{u,1}{\hat{x}} + \underset{s,1}{W_x} = \underset{s,1}{0} \tag{6-6-2}$$

其中

$$R(B) = u, \quad R(C) = s, \quad u < n, \quad s < u \tag{6-6-3}$$

随机模型是

$$D = \sigma_0^2 Q = \sigma_0^2 P^{-1} \tag{6-6-4}$$

按最小二乘原理组成函数：

$$\Phi = V^{\mathrm{T}}PV + 2K_s^{\mathrm{T}}(C\hat{x} + W_x) \tag{6-6-5}$$

其中 K_s 为限制方程的联系数向量。为求 Φ 函数的极值点，将其对 $\hat{x}$ 取偏导数并令其为零，则有

$$\frac{\partial V^{\mathrm{T}}PV}{\partial \hat{x}} = 2V^{\mathrm{T}}P\frac{\partial V}{\partial \hat{x}} + 2K_s^{\mathrm{T}}C = 2V^{\mathrm{T}}PB + 2K_s^{\mathrm{T}}C = 0 \tag{6-6-6}$$

转置后得

$$B^\mathrm{T} PV + C^\mathrm{T} K_S = 0 \tag{6-6-7}$$

在(6-6-1)、(6-6-2)和(6-6-7)三式中，方程的个数是 $n + u + s$，待定未知数的个数是 n 个改正数、u 个参数和 s 个联系数，即方程个数等于未知数个数，故有唯一解。称这三个方程为附有限制条件的间接平差的基础方程。

(6-6-7)式与限制条件联立，则可组成法方程

$$\underset{u,u}{N_{BB}} \underset{u,1}{\hat{x}} + \underset{u,s}{C^\mathrm{T}} \underset{s,1}{K_S} - \underset{u,1}{W} = 0 \tag{6-6-8}$$

$$\underset{s,u}{C} \underset{u,1}{\hat{x}} + \underset{s,1}{W_x} = 0 \tag{6-6-9}$$

或

$$\begin{pmatrix} \underset{u,u}{N_{BB}} & \underset{u,s}{C^\mathrm{T}} \\ \underset{s,u}{C} & \underset{u,u}{0} \end{pmatrix} \begin{pmatrix} \underset{u,1}{\hat{x}} \\ \underset{s,1}{K_S} \end{pmatrix} = \begin{pmatrix} \underset{u,1}{W} \\ -\underset{s,1}{W_x} \end{pmatrix} \tag{6-6-10}$$

式中

$$\underset{u,u}{N_{BB}} = B^\mathrm{T} PB \ , \ \underset{u,1}{W} = B^\mathrm{T} Pl$$

令

$$\begin{bmatrix} N_{BB} & C^\mathrm{T} \\ C & 0 \end{bmatrix}^{-1} = \begin{bmatrix} Q_{uu} & Q_{us} \\ Q_{su} & Q_{ss} \end{bmatrix} \tag{6-6-11}$$

则有

$$\begin{bmatrix} \hat{x} \\ K_S \end{bmatrix} = \begin{bmatrix} N_{BB} & C^\mathrm{T} \\ C & 0 \end{bmatrix}^{-1} \begin{bmatrix} W \\ -W_x \end{bmatrix} = \begin{bmatrix} Q_{uu} W - Q_{us} W_x \\ Q_{su} W - Q_{ss} W_x \end{bmatrix} \tag{6-6-12}$$

式中，各子块 Q_{uu}、Q_{us}、Q_{su}、Q_{ss} 可按分块矩阵求逆公式计算得到。

$\hat{x}$ 和 K_S 也可以不用分块矩阵求逆来直接求解。由于 N_{BB} 为一满秩对称方阵，所以由 (6-6-8)式得

$$\hat{x} = -N_{BB}^{-1}(C^\mathrm{T} K_S - W) \tag{6-6-13}$$

将上式代入(6-6-9)式，整理得

$$-CN_{BB}^{-1}C^\mathrm{T} K_S + CN_{BB}^{-1} W + W_x = 0 \tag{6-6-14}$$

若令

$$N_{CC} = CN_{BB}^{-1}C^\mathrm{T} \tag{6-6-15}$$

式中 $R(N_{CC}) = R(CN_{BB}^{-1}C^\mathrm{T}) = R(C) = s$，$N_{cc}$ 为满秩对称方阵，其逆存在。所以由(6-6-14)式得

$$K_S = N_{CC}^{-1}(CN_{BB}^{-1} W + W_x) \tag{6-6-16}$$

将上式代入(6-6-13)式整理得

$$\hat{x} = (N_{BB}^{-1} - N_{BB}^{-1}C^\mathrm{T} N_{CC}^{-1} CN_{BB}^{-1}) W - N_{BB}^{-1}C^\mathrm{T} N_{CC}^{-1} W_x \tag{6-6-17}$$

由上式得到 $\hat{x}$ 后，代入(6-6-1)式可得 V，最后得到

$$\hat{L} = L + V \tag{6-6-18}$$

$$\hat{X} = X^0 + \hat{x} \tag{6-6-19}$$

单位权方差的估值公式为

$$\hat{\sigma}_0^2 = \frac{V^{\mathrm{T}} P V}{r} = \frac{V^{\mathrm{T}} P V}{n - (u - s)} \tag{6-6-20}$$

由式(6-6-17)，按协因数传播律可得

$$Q_{\hat{X}\hat{X}} = (N_{BB}^{-1} - N_{BB}^{-1} C^{\mathrm{T}} N_{CC}^{-1} C N_{BB}^{-1}) Q_{WW} (N_{BB}^{-1} - N_{BB}^{-1} C^{\mathrm{T}} N_{CC}^{-1} C N_{BB}^{-1}) \tag{6-6-21}$$

顾及 $W = B^{\mathrm{T}} P l$ 及

$$Q_{WW} = B^{\mathrm{T}} P Q P B = N_{BB} \tag{6-6-22}$$

则 $\hat{X}$ 的协因数阵为

$$Q_{\hat{X}\hat{X}} = (N_{BB}^{-1} - N_{BB}^{-1} C^{\mathrm{T}} N_{CC}^{-1} C N_{BB}^{-1}) \tag{6-6-23}$$

以上就是附有限制条件的间接平差原理，平差模型为(6-6-1)、(6-6-2)和(6-6-4)，平差公式为(6-6-17)、(6-6-1)、(6-6-20)和(6-6-23)。特别地，当 $s = 0$，$u = t$ 时，上述平差公式即为间接平差公式。

6.7　误差椭圆

三角网、三边网、导线网和边角网是平面控制网，平差后可获得控制点的高斯平面坐标。GPS 控制网是三维控制网，具体应用时需要投影到高斯平面，也获得控制点的高斯平面坐标。总之，在测量中，点 P 的平面位置常用平面直角坐标来确定。由于观测值带有观测误差，因而根据观测值通过平差计算所获得的待定点的平面直角坐标的估值 $\hat{x}_P$，$\hat{y}_P$，而不是真值 $\tilde{x}_P$，$\tilde{y}_P$。下面主要讨论控制点平面坐标 $\hat{x}_P$，$\hat{y}_P$ 的点位误差。

6.7.1　点位误差

在图 6-10 中，A 为已知点，其坐标为 x_A，y_A，假设它的坐标没有误差(或误差忽略不计)，P 为待定点，其真位置的坐标为 $\tilde{x}_P$，$\tilde{y}_P$。由 x_A，y_A 和观测值求定的 $\hat{x}_P$、$\hat{y}_P$ 所确定的 P 点平面位置并不是 P 点的真位置，而是最或然点位，记为 P'，在 P 和 P' 对应的这两对坐标之间存在着坐标真误差 Δx 和 Δy。

由图 6-10 知

$$\left.\begin{array}{l} \Delta x = \tilde{x}_P - \hat{x}_P \\ \Delta y = \tilde{y}_P - \hat{y}_P \end{array}\right\} \tag{6-7-1}$$

由于 Δx 和 Δy 的存在而产生的距离 ΔP 称为 P 点的点位真误差，简称真位差。

$$\Delta^2 P = \Delta^2 x + \Delta^2 y \tag{6-7-2}$$

P 点的最或然坐标 $\hat{x}_P$ 和 $\hat{y}_P$ 是观测值的函数，观测值是随机变量，因此点位真误差也是随机变量。如果观测值只含有偶然误差，则 Δx 和 Δy 也只含有偶然误差。根据偶然误差的性质，$E(\Delta x) = 0$，$E(\Delta y) = 0$，因此

$$\left.\begin{array}{l} E(\hat{x}_P) = \tilde{x}_P \\ E(\hat{y}_P) = \tilde{y}_P \end{array}\right\} \tag{6-7-3}$$

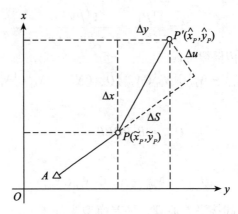

图 6-10　点位中误差

根据方差的定义，顾及(6-7-2)式则有

$$\left.\begin{array}{l} \sigma_{x_P}^2 = E[\,(\hat{x}_P - E(\hat{x}_P))^2\,] = E[\,(\hat{x}_P - \tilde{x}_P)^2\,] = E[\,\Delta^2 x\,] \\ \sigma_{y_P}^2 = E[\,(\hat{y}_P - E(\hat{y}_P))^2\,] = E[\,(\hat{y}_P - \tilde{y}_P)^2\,] = E[\,\Delta^2 y\,] \end{array}\right\} \tag{6-7-4}$$

$$\sigma_P^2 = E(\Delta^2 P) = E(\Delta^2 x) + E(\Delta^2 y) = \sigma_{x_P}^2 + \sigma_{y_P}^2 \tag{6-7-5}$$

则 P 点的点位中误差

$$\sigma_P = \sqrt{\sigma_{x_P}^2 + \sigma_{y_P}^2} = \hat{\sigma}_0 \sqrt{Q_{\hat{x}_P\hat{x}_P} + Q_{\hat{y}_P\hat{y}_P}} \tag{6-7-6}$$

如果再将 P 点的真位差 ΔP 投影于 AP 方向和垂直于 AP 的方向上，则得 ΔS 和 Δu（如图 6-10），此时有 $\Delta^2 P = \Delta^2 S + \Delta^2 u$

同理可得

$$\sigma_P^2 = \sigma_S^2 + \sigma_u^2 \tag{6-7-7}$$

式中，σ_S^2 称纵向误差，σ_u^2 称横向误差。

实际上点位中误差可以表达成任意两个互相垂直方向坐标中误差平方和的算术平方根。因此，点位误差与坐标系统无关。

当控制网中有 k 个待定点，并以这 k 个待定点的坐标作为未知数(未知数个数为 $t = 2k$)，即 $\hat{X} = (x_1 \quad y_1 \quad x_2 \quad y_2 \quad \cdots \quad x_k \quad y_k)^{\mathrm{T}}$，按间接平差法进行平差时，法方程系数阵的逆阵就是未知数的协因数阵 $Q_{\hat{X}\hat{X}}$，即

$$Q_{\hat{X}\hat{X}} = N_{bb}^{-1} = (B^{\mathrm{T}}PB)^{-1} = \begin{bmatrix} Q_{x_1x_1} & Q_{x_1y_1} & Q_{x_1x_2} & Q_{x_1y_2} & \cdots & Q_{x_1x_k} & Q_{x_1y_k} \\ Q_{y_1x_1} & Q_{y_1y_1} & Q_{y_1x_2} & Q_{y_1y_2} & \cdots & Q_{y_1x_k} & Q_{y_1y_k} \\ Q_{x_2x_1} & Q_{x_2y_1} & Q_{x_2x_2} & Q_{x_2y_2} & \cdots & Q_{x_2x_k} & Q_{x_2y_k} \\ Q_{y_2x_1} & Q_{y_2y_1} & Q_{y_2x_2} & Q_{y_2y_2} & \cdots & Q_{y_2x_k} & Q_{y_2y_k} \\ \vdots & \vdots & \vdots & \vdots & & \vdots & \vdots \\ Q_{x_kx_1} & Q_{x_ky_1} & Q_{x_kx_2} & Q_{x_ky_2} & \cdots & Q_{x_kx_k} & Q_{x_ky_k} \\ Q_{y_kx_1} & Q_{y_ky_1} & Q_{y_kx_2} & Q_{y_ky_2} & \cdots & Q_{y_kx_k} & Q_{y_ky_k} \end{bmatrix}$$

其中主对角线元素 $Q_{x_i x_i}$, $Q_{y_i y_i}$ 就是待定点坐标 x_i 和 y_i 的协因数(或称权倒数), $Q_{x_i y_i}$ 和 $Q_{y_i x_i}$ 则是它们的相关协因数, 其中 $Q_{x_i x_j}$、$Q_{x_i y_j}$、$Q_{y_i x_j}$、$Q_{y_i y_j}$ ($i \neq j$) 则是 i 点和 j 点的纵横坐标 x_i 和 y_i 与 x_j 和 y_j 之间的互协因数。

6.7.2　任意方向 φ 上的位差

如图 6-11 所示, 在 P 点有任意一方向, 与 x 轴的夹角为 φ, P 点的点位真误差 $\overline{PP'}$ 在 φ 方向上的投影值为 $\Delta\varphi = \overline{PP'''}$, 在 x 轴和 y 轴上的投影为 Δx 和 Δy。则 $\Delta\varphi$ 与 Δx 和 Δy 的关系为

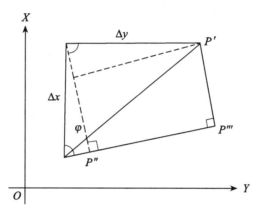

图 6-11　方向位差

$$\Delta\varphi = \overline{PP''} + \overline{P''P'''} = \Delta x \cos\varphi + \Delta y \sin\varphi$$

根据协因数传播律得

$$Q_{\varphi\varphi} = Q_{xx} \cos^2\varphi + Q_{yy} \sin^2\varphi + Q_{xy} \sin 2\varphi \qquad (6\text{-}7\text{-}8)$$

$Q_{\varphi\varphi}$ 即为求任意方向 φ 上的位差时的协因数(权倒数)。

因此, 任意方向 φ 的位差为

$$\sigma_\varphi^2 = \sigma_0^2 Q_{\varphi\varphi} = \sigma_0^2 (Q_{xx} \cos^2\varphi + Q_{yy} \sin^2\varphi + Q_{xy} \sin 2\varphi) \qquad (6\text{-}7\text{-}9)$$

因为 φ 在 $0° \sim 360°$ 范围内有无穷多个, 因此, 位差 σ_φ^2 ($\sigma_{\varphi'}^2$、$\sigma_{\varphi''}^2$) 也有无穷多个, 其中, 应存在一个极大值 $\max(\sigma_\varphi^2)$ 和一个极小值 $\min(\sigma_\varphi^2)$。平差问题确定之后 σ_0^2 是定值, 因此, 求位差极值的问题等价于求 $Q_{\varphi\varphi}$ 的极值问题。

1. 极值方向值 φ_0 的确定

要求 $Q_{\varphi\varphi}$ 的极值, 只需要将式(6-7-8)对 φ 求一阶导数, 并令其等于零, 即可求出使得 $Q_{\varphi\varphi}$ 取得极值的方向值 φ_0,

由

$$\frac{\mathrm{d}}{\mathrm{d}\varphi}(Q_{xx} \cos^2\varphi + Q_{yy} \sin^2\varphi + Q_{xy} \sin 2\varphi)\bigg|_{\varphi=\varphi_0} = 0$$

可得

$$-2Q_{xx} \cos\varphi_0 \sin\varphi_0 + 2Q_{yy} \cos\varphi_0 \sin\varphi_0 + 2Q_{xy} \cos 2\varphi_0 = 0$$

即

$$\tan2\varphi_0 = \frac{2Q_{xy}}{(Q_{xx} - Q_{yy})} \qquad (6\text{-}7\text{-}10)$$

又因为

$$\tan2\varphi_0 = \tan(2\varphi_0 + 180°)$$

所以(6-7-10)式有两个根，一个是 $2\varphi_0$，另一个是 $2\varphi_0 + 180°$。即，使 $Q_{\varphi\varphi}$ 取得极值的方向值为 φ_0 和 $\varphi_0 + 90°$，其中一个为极大值方向，另一个为极小值方向，两极值方向正交。

2. 极大值方向 φ_E 和极小值方向 φ_F 的确定

公式变换 φ_0 和 $\varphi_0 + 90°$ 是使 $Q_{\varphi\varphi}$ 取得极值的两个方向值，但是还要确定哪一个是极大方向值 φ_E，哪一个是极小方向值 φ_F。

将三角公式

$$\cos^2\varphi_0 = \frac{1 + \cos2\varphi_0}{2}, \quad \sin^2\varphi_0 = \frac{1 - \cos2\varphi_0}{2},$$

$$\sin^2 2\varphi_0 = \frac{1}{1 + \cot^2 2\varphi_0}, \quad \cos^2 2\varphi_0 = \frac{1}{1 + \tan^2 2\varphi_0}$$

代入(6-7-8)式并顾及(6-7-10)式，得

$$
\begin{aligned}
Q_{\varphi_0\varphi_0} &= \left(Q_{xx}\frac{1 + \cos2\varphi_0}{2} + Q_{yy}\frac{1 - \cos2\varphi_0}{2} + Q_{xy}\sin2\varphi_0\right) \\
&= \frac{1}{2}\left[(Q_{xx} + Q_{yy}) + (Q_{xx} - Q_{yy})\cos2\varphi_0 + 2Q_{xy}\sin2\varphi_0\right] \\
&= \frac{1}{2}\left(Q_{xx} + Q_{yy} + \frac{2Q_{xy}}{\tan2\varphi_0}\cos2\varphi_0 + 2Q_{xy}\sin2\varphi_0\right) \\
&= \frac{1}{2}\left\{(Q_{xx} + Q_{yy}) + 2(\cot^2 2\varphi_0 + 1)Q_{xy}\sin2\varphi_0\right\} \qquad (6\text{-}7\text{-}11)
\end{aligned}
$$

根据测量平差的特点，第一项 $(Q_{xx} + Q_{yy})$ 恒大于零，第二项中的值有可能大于零，也可能小于零；当第二项中的值大于零时，$Q_{\varphi\varphi}$ 取得极大值，当第二项中的值小于零时，$Q_{\varphi\varphi}$ 取得极小值。

当 $Q_{xy}\sin2\varphi_0 > 0$，$Q_{\varphi\varphi}$ 取得极大值，相应的 φ_0 就是 φ_E。否则，当 $Q_{xy}\sin2\varphi_0 < 0$，$Q_{\varphi\varphi}$ 取得极小值，相应的 φ_0 就是 φ_F。

当 $Q_{xy} > 0$ 时，φ_E 在第一、第三象限；φ_F 在第二、第四象限；

当 $Q_{xy} < 0$ 时，φ_E 在第二、第四象限；φ_F 在第一、第三象限。

从以上分析的结果可以看出，能使 $Q_{\varphi\varphi}$ 取得极大值的两个方向相差 $180°$，同样，能使 $Q_{\varphi\varphi}$ 取得极小值的两个方向也相差 $180°$，而且极大值方向和极小值方向总是正交。

3. 极大值 E 和极小值 F 的计算

当 φ_E 和 φ_F 求出后，分别代入式(6-7-8)，则可求出位差 σ_φ^2 的极大值 E 和极小值 F，即

$$
\left.
\begin{aligned}
E^2 &= \sigma_0^2(Q_{xx}\cos^2\varphi_E + Q_{yy}\sin^2\varphi_E + Q_{xy}\sin2\varphi_E) \\
F^2 &= \sigma_0^2(Q_{xx}\cos^2\varphi_F + Q_{yy}\sin^2\varphi_F + Q_{xy}\sin2\varphi_F)
\end{aligned}
\right\} \qquad (6\text{-}7\text{-}12)
$$

还可以对上式进行变换，导出计算 E 和 F 的简便公式。由三角公式知

$$\sin 2\varphi_0 = \pm \frac{1}{\sqrt{1 + \cot^2 2\varphi_0}} \qquad (6-7-13)$$

由(6-7-10)式知

$$\cot^2 2\varphi_0 = \frac{(Q_{xx} - Q_{yy})^2}{4Q_{xy}^2}, \quad 1 + \cot^2 2\varphi_0 = \frac{(Q_{xx} - Q_{yy})^2 + 4Q_{xy}^2}{4Q_{xy}^2}$$

得

$$\sin 2\varphi_0 = \pm \frac{2Q_{xy}}{\sqrt{(Q_{xx} - Q_{yy})^2 + 4Q_{xy}^2}} \qquad (6-7-14)$$

结合 $1 + \cot^2 2\varphi_0 = \dfrac{1}{\sin^2 2\varphi_0}$ ，并将(6-7-14)式代入(6-7-10)式，进行整理可得

$$Q_{\varphi\varphi} = \frac{1}{2}\left\{(Q_{xx} + Q_{yy}) \pm \sqrt{(Q_{xx} - Q_{yy})^2 + 4Q_{xy}^2}\right\} \qquad (6-7-15)$$

令

$$K = \sqrt{(Q_{xx} - Q_{yy})^2 + 4Q_{xy}^2}$$

则

$$Q_{\varphi_0\varphi_0} = \frac{1}{2}\left\{(Q_{xx} + Q_{yy}) \pm K\right\} \qquad (6-7-16)$$

上式中 K 恒大于零，因此，当 K 前取正号时，$Q_{\varphi\varphi}$ 取得极大值，取负号时，$Q_{\varphi\varphi}$ 取得极小值，于是计算极大值 E 和极小值 F 可用下式

$$E = \frac{\sqrt{2}}{2}\hat{\sigma}_0\sqrt{(Q_{xx} + Q_{yy} + K)} \qquad (6-7-17)$$

$$F^2 = \frac{\sqrt{2}}{2}\hat{\sigma}_0\sqrt{(Q_{xx} + Q_{yy} - K)} \qquad (6-7-18)$$

【例 6-7】 已知某平面控制网中待定点坐标平差参数 $\hat{x}$、$\hat{y}$ 的协因数为

$$Q_{\hat{X}\hat{X}} = \begin{bmatrix} 1.236 & -0.314 \\ -0.314 & 1.192 \end{bmatrix} \left(\frac{\mathrm{dm}}{\text{秒}}\right)^2$$

并求得 $\hat{\sigma}_0 = 1''$ ，试求极大值 E 、极小值 F ，并确定极值方向。

解：(1)确定极值方向：

$$\tan 2\varphi_0 = \frac{2Q_{xy}}{(Q_{xx} - Q_{yy})} = \frac{2 \times (-0.314)}{0.044} = -14.27273$$

所以

$$2\varphi_0 = 94°00'; \quad 274°00'$$

$$\varphi_0 = 47°00'; \quad 137°00'$$

因为 $Q_{xy} < 0$ ，所以极大值 E 在第二、四象限，极小值 F 在第一、三象限，所以有

$$\varphi_E = 137°00' \quad \text{或} \quad 317°00'$$

$$\varphi_F = 47°00' \quad \text{或} \quad 227°00'$$

123

（2）计算极大值 E 和极小值 F ：

$$K = \sqrt{(Q_{xx} - Q_{yy})^2 + 4Q_{xy}^2} = 0.6295$$

$$E = \frac{\sqrt{2}}{2}\sigma_0 \sqrt{(Q_{xx} + Q_{yy} + K)} = 1.24\text{dm}$$

$$F = \frac{\sqrt{2}}{2}\sigma_0 \sqrt{(Q_{xx} + Q_{yy} - K)} = 0.95\text{dm}$$

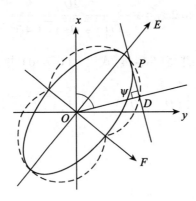

图 6-12　误差曲线

6.7.3　误差椭圆与误差曲线

在(6-7-8)式中以不同的 ψ ，就能计算出不同的 σ_ψ ，σ_ψ 是 ψ 的连续函数。以不同的 ψ 和 σ_ψ 为极坐标的点的轨迹为一闭合曲线，其形状如图 6-12 所示的虚线所围成的图形，称为点位方向误差曲线。点位方向误差曲线是以 E 、F 为对称轴的曲线，其中心点 p 至曲线上某一点的距离就是这两点方向上的坐标中误差 σ_φ ，点位方向误差曲线的总体形状与以 E 、F 为长短半轴的椭圆很相似，椭圆的长短半轴与曲线的重合，表示 p 点的两个极值方向的坐标中误差。椭圆中的其他方向的向径不是该方向的坐标中误差，但很近似。工程测量中常用误差椭圆来可视化地描述该点的坐标精度。有关误差椭圆和误差曲线的数学关系可以查阅其他文献。

第7章　平差系统的假设检验

前面几章所讲述的平差方法是在最小二乘原则下进行的，得到的平差值和参数估值均为最优线性无偏估计量，其前提是假定观测值仅含有偶然误差，函数模型和随机模型正确。因此，要想获得参数的最优估值，除了采用最优估计方法（最小二乘法），还要保证观测数据正确性（无系统误差和粗差影响）和平差数学模型的合理性及准确性。本章结合测量平差系统实际，应用和拓展统计检验方法，对观测数据和平差模型进行假设检验，以保证平差成果的可靠性和最优性。

7.1　统计假设检验原理

7.1.1　统计假设检验

在数理统计中，把所研究的随机变量可能取值的集合称为母体，把组成母体的每个元素称为个体。从母体中随机取得 n 个个体构成一个子样。取样的过程称为抽样。构成子样的个体数量 n 称为子样的容量。例如，在测量工作中，某项观测所有可能取得的观测值的全体就构成一个母体，如果我们只测量了 n 个观测值，它就是一个子样，观测值的个数 n 就是子样的容量，观测就是抽样。

所谓统计假设检验，就是根据子样的信息，用数理统计的方法来判断母体分布是否具有指定的特征。统计假设分为参数假设和非参数假设。所谓参数假设就是对母体分布中的参数所作的假设；非参数假设就是对母体分布函数所作的假设。假设提出之后，就要判断它是否成立，以决定接受假设还是拒绝接受假设，这个过程就是假设检验的过程。相应于统计假设的划分，统计假设检验也分为参数假设检验和非参数假设检验。

假设检验的判断依据是小概率推断原理。所谓小概率推断原理就是：概率很小的事件在一次试验中实际上是不可能出现的。如果小概率事件在一次试验中出现了，我们就有理由拒绝它。

假设检验的前提是先作一个假设，称为原假设（或零假设），记为 H_0。然后，构造一个适当的且其分布为已知的统计量，从而确定该统计量经常出现的区间，使统计量落入此区间的概率接近于1。如果由观测量所算出的统计量数值落入这一经常出现的区间内，那就表示这些观测量可以被接受，反之，如果统计量没有落入这个区间，就说明小概率事件发生了，则拒绝原假设 H_0。当 H_0 遭到拒绝，实际上就相当于接受了另一个假设，这另一个假设称为备选假设，记为 H_1。因此，假设检验实际上就是要在原假设 H_0 与备选假设 H_1 之间作出选择。

统计假设检验的思想是：给定一个临界概率 α，如果在假设 H_0 成立的条件下，出现观测到的事件的概率小于等于 α，就作出拒绝假设 H_0 的决定，否则，作出接受假设 H_0 的决定。习惯上，将临界概率 α 称为显著水平，或简称水平。

例如，如果从母体 $N(\mu, \sigma^2)$ 中抽取容量为 n 的子样，设母体方差 σ^2 为已知，那么母体均值 μ 是否等于某一已知的数值 μ_0？为了回答这一问题，先作一个原假设 $\mu = \mu_0$，一个备选假设 $\mu \neq \mu_0$。为了验证哪个假设成立，需要根据观测值计算出子样均值 $\bar{x}$，从而算出标准化随机变量的数值：

$$u = \frac{\bar{x} - \mu_0}{\sigma / \sqrt{n}} \sim N(0, 1) \tag{7-1-1}$$

如果能使下式成立：

$$P\left\{ -z_{\frac{\alpha}{2}} < \frac{\bar{x} - \mu_0}{\sigma / \sqrt{n}} < z_{\frac{\alpha}{2}} \right\} = P\{ -k < u_0 < k \} = 1 - \alpha \tag{7-1-2}$$

那么，就表示 u 是落在区间 $(-k, k)$ 中，其中 $k = z_{\frac{\alpha}{2}}$。在这种情况下，我们就认为可以接受原假设，也就是说原假设是正确的。通常把区间 $(-k, k)$ 称为接受域。而当 $u < -k$ 或 $u > k$，即 u 落入了区间 $(-\infty, -k)$，或落入了区间 $(k, +\infty)$，这时就不能接受原假设 H_0，即拒绝原假设 H_0，通常把拒绝接受假设 H_0 的区域称为检验的拒绝域，本例区间 $(-\infty, -k)$ 和区间 $(k, +\infty)$ 均为拒绝域，如图 7-1 所示。

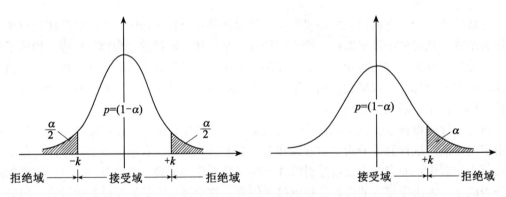

图 7-1　检验接受域和拒绝域

由上述假设检验的思想可知，假设检验是以小概率事件在一次实验中实际上是不可能发生的这一前提为依据的。但是，小概率事件虽然其出现的概率很小，但这并不是说这种事件就完全不可能发生。事实上，如果我们重复抽取容量为 n 的许多组子样，由于抽样的随机性，子样均值 $\bar{x}$ 不可能完全相同，因而由此算得的统计量的数值也具有随机性。若检验的显著水平定为 $\alpha = 0.05$，那么，即使原假设 H_0 是正确的（真的），其中仍约有 5% 的数值将会落入拒绝域中。由此可见，进行任何假设检验总是有作出不正确判断的可能性，换言之，不可能绝对不犯错误。只不过犯错误的可能性很小而已。

弃真错误：当 H_0 为真而被拒绝的错误称为弃真错误，犯弃真错误的概率就是 α，如图 7-2 所示。

纳伪错误：当 H_0 为不真时而被接受的错误称为纳伪错误，犯纳伪错误的概率为 β，

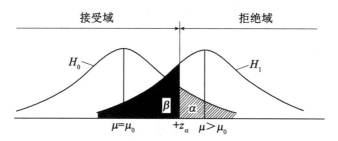

图 7-2 弃真和纳伪的概率

如图 7-2 所示。显然，当子样容量 n 确定后，犯这两类错误的概率不可能同时减小。当 α 增大，β 则减小；当 α 减小，则 β 增大。

概括起来说，进行假设检验的步骤是：

(1)根据实际需要提出原假设 H_0 和备选假设 H_1；

(2)选取适当的显著水平 α；

(3)确定检验用的统计量，其分布应是已知的；

(4)根据选取的显著水平 α，求出拒绝域的界限值，如被检验的数值落入拒绝域，则拒绝 H_0(接受 H_1)。否则，接受 H_0(拒绝 H_1)。

7.1.2 常用的参数假设检验方法

由于正态分布是母体中最常见的分布，所抽取的子样也服从正态分布，由此类子样构成的统计量是进行假设检验时最常用的统计量，以下的几种参数假设检验方法均是此类统计量。

1. u 检验法

如果母体服从正态分布 $N(\mu, \sigma^2)$，设母体方差 σ^2 已知。可利用式(7-1-1)的统计量 u 对母体均值 μ 进行假设检验。

将这种服从标准正态分布的统计量称为 u 变量，利用 u 统计量所进行的检验方法称为 u 检验法。u 检验法可检验下列几种情况：

(1)双尾检验。

假设 $H_0: \mu = \mu_0$；$H_1: \mu \neq \mu_0$，此时

$$P\left\{ -z_{\frac{\alpha}{2}} < \frac{\bar{x} - \mu_0}{\sigma / \sqrt{n}} < z_{\frac{\alpha}{2}} \right\} = P\left\{ -z_{\frac{\alpha}{2}} \frac{\sigma}{\sqrt{n}} < \bar{x} - \mu_0 < z_{\frac{\alpha}{2}} \frac{\sigma}{\sqrt{n}} \right\} = 1 - \alpha \qquad (7\text{-}1\text{-}3)$$

令

$$k = z_{\frac{\alpha}{2}} \left(\frac{\sigma}{\sqrt{n}} \right)$$

式中，$z_{\frac{\alpha}{2}}$ 为标准正态分布的双侧 100α 百分位点，称为双尾检验的分位值，以下简称分位值。

则由(7-1-3)式可得

$$P\left\{ |\bar{x} - \mu_0| < k \right\} = 1 - \alpha \qquad (7\text{-}1\text{-}4)$$

当 $|\bar{x} - \mu_0| < k$ 时，接受 H_0，拒绝 H_1；反之，拒绝 H_0，接受 H_1。

（2）左尾检验。

假设：H_0：$\mu = \mu_0$；H_1：$\mu < \mu_0$，此时

$$P\left\{\frac{\bar{x} - \mu_0}{\sigma/\sqrt{n}} > -z_\alpha\right\} = P\left\{\bar{x} - \mu_0 > k\right\} = 1 - \alpha \tag{7-1-5}$$

式中，$k = -z_\alpha\left(\dfrac{\sigma}{\sqrt{n}}\right)$，当 $(\bar{x} - \mu_0) > k$ 时，接受 H_0，拒绝 H_1；反之，拒绝 H_0，接受 H_1。

（3）右尾检验。

假设：H_0：$\mu = \mu_0$；H_1：$\mu > \mu_0$，此时

$$P\left\{\frac{\bar{x} - \mu_0}{\sigma/\sqrt{n}} < +z_\alpha\right\} = P\left\{\bar{x} - \mu_0 < k\right\} = 1 - \alpha \tag{7-1-6}$$

式中，$k = +z_\alpha\left(\dfrac{\sigma}{\sqrt{n}}\right)$，当 $(\bar{x} - \mu_0) < k$ 时，接受 H_0，拒绝 H_1；反之，拒绝 H_0，接受 H_1。

【例 7-1】 已知基线长 $L_0 = 5080.219\text{m}$，认为无误差。现对某光电测距仪进行鉴定，用该仪器对该基线施测了 34 个测回，得平均值 $\bar{x} = 5080.253\text{m}$，已知 $\sigma_0 = 0.08\text{m}$，问该仪器测量的长度是否有显著的系统误差（取 $\alpha = 0.05$）。

解：设原假设 H_0：$\mu = L_0 = 5080.219\text{m}$，备选假设 H_1：$\mu \neq L_0$

采用双尾检验 $(\bar{x} - L_0) = 5080.253 - 5080.219 = 0.034\text{m}$

$$k = z_{\frac{\alpha}{2}}\left(\frac{\sigma}{\sqrt{n}}\right) = 1.96 \times \frac{0.08}{\sqrt{34}} = 0.027\text{m}$$

由于 $|x - L_0| > k$，故拒绝 H_0，即认为在 $\alpha = 0.05$ 的显著水平下，该仪器测量的长度存在系统误差。

u 检验法不仅可以检验单个正态母体参数，还可以在两个正态母体方差 σ_1^2、σ_2^2 已知的条件下，对两个母体均值是否存在显著性差异进行检验。

设两个正态随机变量 $X \sim N(\mu_1, \sigma_1^2)$ 和 $Y \sim N(\mu_2, \sigma_2^2)$，从两母体中独立抽取的两组子样为 $x_1, x_2, \cdots, x_{n_1}$ 和 $y_1, y_2, \cdots, y_{n_2}$。子样均值分别为 $\bar{x}$ 和 $\bar{y}$，则两个均值之差构成的统计量也是正态随机变量，即

$$(\bar{x} - \bar{y}) \sim N\left(\mu_1 - \mu_2, \frac{\sigma_1^2}{n_1} + \frac{\sigma_2^2}{n_2}\right) \tag{7-1-7}$$

标准化得

$$\frac{(\bar{x} - \bar{y}) - (\mu_1 - \mu_2)}{\sqrt{\dfrac{\sigma_1^2}{n_1} + \dfrac{\sigma_2^2}{n_2}}} \sim N(0, 1) \tag{7-1-8}$$

如果两母体方差相等，设为 $\sigma_1^2 = \sigma_2^2$，则上式为

$$\frac{(\bar{x} - \bar{y}) - (\mu_1 - \mu_2)}{\sigma\sqrt{\dfrac{1}{n_1} + \dfrac{1}{n_2}}} \sim N(0, 1) \tag{7-1-9}$$

【例 7-2】　根据两个测量技术员用某种经纬仪观测水平角的长期观测资料统计，观测服从正态分布，一个测回中误差均为 $\sigma_0 = \pm 0.62''$。现两人对同一角度进行观测，甲观测了 14 个测回，得平均值 $\bar{x} = 34°20'3.50''$，乙观测了 10 个测回，得平均值 $\bar{y} = 34°20'3.24''$。问两人观测结果的差异是否显著（取 $\alpha_0 = 0.05$）？

解：设：原假设 $H_0 : \mu_1 = \mu_2$；备选假设 $H_1 : \mu_1 \neq \mu_2$

当 H_0 成立时，$(\bar{x} - \bar{y}) - (\mu_1 - \mu_2) = (\bar{x} - \bar{y}) = 0.26''$

$$k = z_{\frac{\alpha}{2}} \sqrt{\frac{\sigma_1^2}{n_1} + \frac{\sigma_2^2}{n_2}} = 1.96 \times 0.62 \sqrt{\frac{1}{14} + \frac{1}{10}} = 0.503''$$

因为 $\left| (\bar{x} - \bar{y}) - (\mu_1 - \mu_2) \right| < k$，故接受 H_0，即认为在 $\alpha_0 = 0.05$ 的显著水平下，两人观测的结果无显著差异。

在实际测量工作中，真正的 σ 经常是未知的，一般是利用实测结果计算的估值代替，数理统计中已说明，这种代替，当子样容量 $n > 200$，则可认为是严密的，当一般 $n > 30$，用 $\hat{\sigma}(m)$ 代 σ 进行 u 检验则认为是近似可用的。当母体方差未知，检验问题又是小子样时，u 检验法便不能应用。须用以下的 t 检验法对母体均值 μ 进行检验。

2. t 检验法

设母体服从正态分布 $N(\mu, \sigma^2)$，母体方差 σ^2 未知。从母体中随机抽取容量为 n 的子样，可求得子样均值 $\bar{x}$ 和子样方差 $\hat{\sigma}^2$，利用子样均值 $\bar{x}$ 和子样方差 $\hat{\sigma}^2$ 对母体均值 μ 进行假设检验，则可利用统计量 $t = \dfrac{\bar{x} - \mu}{\hat{\sigma}/\sqrt{n}}$，但统计量 t 已不服从正态分布，而是服从自由度为 $n - 1$ 的 t 分布。即

$$t = \frac{\bar{x} - \mu}{\hat{\sigma}/\sqrt{n}} \sim t(n - 1) \tag{7-1-10}$$

用统计量 t 检验正态母体数学期望的方法，称为 t 检验法。

根据检验问题的不同，利用 t 检验法对母体均值 μ 进行检验时，也可选用双尾检验法、单尾检验法。

(1) 双尾检验。

假设：$H_0 : \mu = \mu_0$；$H_1 : \mu \neq \mu_0$；

双尾检验法，满足

$$P \left\{ -t_{\frac{\alpha}{2}}(n - 1) < \frac{\bar{x} - \mu_0}{\hat{\sigma}/\sqrt{n}} < +t_{\frac{\alpha}{2}}(n - 1) \right\} = P \left\{ |\bar{x} - \mu_0| < k \right\} = 1 - \alpha \tag{7-1-11}$$

式中，$k = t_{\frac{\alpha}{2}}(n - 1) \left(\dfrac{\hat{\sigma}}{\sqrt{n}} \right)$，$t_{\frac{\alpha}{2}}(n - 1)$ 为 t 分布的分位值。

当 $|\bar{x} - \mu_0| < k$ 时，接受 H_0，拒绝 H_1；反之，拒绝 H_0，接受 H_1。

(2) 左尾检验。

假设：$H_0 : \mu = \mu_0$；$H_1 : \mu < \mu_0$。

左尾检验法，满足

$$P \left\{ \frac{\bar{x} - \mu_0}{\hat{\sigma}/\sqrt{n}} > -t_{\alpha}(n - 1) \right\} = P \left\{ \bar{x} - \mu_0 > k \right\} = 1 - \alpha \tag{7-1-12}$$

式中, $k = -t_\alpha(n-1)\left(\dfrac{\hat{\sigma}}{\sqrt{n}}\right)$, $t_\alpha(n-1)$ 为 t 分布的上 100α 百分位点。

当 $(\bar{x} - \mu_0) > k$ 时, 接受 H_0, 拒绝 H_1; 反之, 拒绝 H_0, 接受 H_1。

(3)右尾检验。

假设: H_0: $\mu = \mu_0$; H_1: $\mu > \mu_0$。

右尾检验法, 满足

$$P\left\{\frac{\bar{x} - \mu_0}{\hat{\sigma}/\sqrt{n}} < + t_\alpha(n-1)\right\} = P\{\bar{x} - \mu_0 < k\} = 1 - \alpha \qquad (7\text{-}1\text{-}13)$$

式中, $k = t_\alpha(n-1)\left(\dfrac{\hat{\sigma}}{\sqrt{n}}\right)$;

当 $(\bar{x} - \mu_0) < k$ 时, 接受 H_0, 拒绝 H_1; 反之, 拒绝 H_0, 接受 H_1。

【例 7-3】 为了测定经纬仪视距常数是否正确, 设置了一条基线, 其长为 100m, 与视距精度相比可视为无误差, 用该仪器进行视距测量, 量得长度为:

$$100.3, \ 99.5, \ 99.7, \ 100.2, \ 100.4, \ 100.0$$
$$99.8, \ 99.4, \ 99.9, \ 99.7, \ 100.3, \ 100.2$$

试检验该仪器视距常数是否正确。

解: $n = 12$

$$\bar{x} = \frac{1}{n}\sum_{i=1}^{12} x_i = \frac{1}{12}(100.3 + 99.5 + 99.7 + 100.2 + 100.4 + 100.0 +$$
$$+ 99.8 + 99.4 + 99.9 + 99.7 + 100.3 + 100.2) = 99.95$$

$$\hat{\sigma} = \sqrt{\frac{\sum_{i=1}^{n}(x_i - \bar{x})^2}{n-1}} = 0.37$$

假设 H_0: $\mu = 100$; H_1: $\mu \neq 100$。

选定 $\alpha = 0.05$, 以自由度 $n-1 = 11$, $\alpha = 0.05$, 查 t 分布表得 $t_{0.025}(11) = 2.2$, 计算 $k = t_{\frac{\alpha}{2}}(n-1)\left(\dfrac{\hat{\sigma}}{\sqrt{n}}\right) = 2.2 \times \dfrac{0.37}{\sqrt{12}} = 0.235$, $|\bar{x} - \mu| = 0.05$, 由于 $|\bar{x} - \mu| < k$, 所以接受 H_0, 认为视距常数为 100m 是正确的。

同样, t 检验法不仅可以检验单个正态母体参数, 还可以对两个母体均值是否存在显著性差异进行检验。

设两个正态随机变量 $X \sim N(\mu_1, \sigma_1^2)$ 和 $Y \sim N(\mu_2, \sigma_2^2)$, σ_1^2, σ_2^2 未知, 但已知 $\sigma_1^2 = \sigma_2^2$, 设为 $\sigma_1^2 = \sigma_2^2 = \sigma^2$。

从两母体中独立抽取的两组子样为 $x_1, x_2, \cdots, x_{n_1}$ 和 $y_1, y_2, \cdots, y_{n_2}$。子样均值分别为 $\bar{x}$ 和 $\bar{y}$, 子样方差分别为 $\hat{\sigma}_1^2$、$\hat{\sigma}_2^2$, 则两个均值之差构成如下服从 t 分布的统计量, 即

$$t = \frac{\dfrac{(\bar{x} - \bar{y}) - (\mu_1 - \mu_2)}{\sqrt{\dfrac{1}{n_1} + \dfrac{1}{n_2}}}}{\sqrt{\dfrac{(n_1-1)\hat{\sigma}_1^2 + (n_2-1)\hat{\sigma}_2^2}{n_1 + n_2 - 2}}} \sim t(n_1 + n_2 - 2) \qquad (7\text{-}1\text{-}14)$$

【例 7-4】 为了了解白天和夜晚对观测角度的影响，用同一架光学经纬仪在白天观测了 9 个测回，夜晚观测了 8 个测回，其结果如下：

白天观测成果：$\bar{x} = 46°28'30.2''$，$\hat{\sigma}_1^2 = 0.49$ 秒^2

夜晚观测成果：$\bar{y} = 46°28'28.7''$，$\hat{\sigma}_1^2 = 0.53$ 秒^2

问日夜观测结果有无显著的差异（取 $\alpha_0 = 0.05$）。

解：(1) $H_0 : \mu_1 = \mu_2$；$H_1 : \mu_1 \neq \mu_2$

(2) 当 H_0 成立时，统计量值计算

$$t = \dfrac{\dfrac{(\bar{x} - \bar{y}) - (\mu_1 - \mu_2)}{\sqrt{\dfrac{1}{n_1} + \dfrac{1}{n_2}}}}{\sqrt{\dfrac{(n_1 - 1)\hat{\sigma}_1^2 + (n_2 - 1)\hat{\sigma}_2^2}{n_1 + n_2 - 2}}} = \dfrac{\dfrac{(46°28'30.2'' - 46°28'28.7'')}{\sqrt{\dfrac{1}{9} + \dfrac{1}{8}}}}{\sqrt{\dfrac{(9 - 1) \times 0.49 + (8 - 1) \times 0.53}{9 + 8 - 2}}} = 4.3283$$

(3) 查表得 $t_{\frac{\alpha}{2}} = t_{0.025} = 2.1315$

因为 $t = 4.3283 > t_{\frac{\alpha}{2}} = 2.1315$，故拒绝 H_0，即认为在 $\alpha_0 = 0.05$ 的显著水平下，日夜观测结果有显著的差异。

顺便指出，当 t 的自由度 $n - 1 > 30$ 时，t 检验法与 u 检验法的检验结果实际相同。t 检验法也可用来检验两个正态母体的数学期望是否相等。

3. χ^2 检验法

从方差设 σ^2 为未知的正态母体 $N(\mu, \sigma^2)$ 中随机抽取容量为 n 的一组子样，则可利用服从分布 χ^2 分布的统计量对 σ^2 进行各种假设检验。

χ^2 分布的统计量为

$$\chi^2 = \dfrac{(n - 1)\hat{\sigma}^2}{\sigma^2} \sim \chi^2(n - 1) \tag{7-1-15}$$

根据检验问题的不同，利用 χ^2 检验法对母体方差进行检验时，可选用双尾检验法、单尾检验法（左尾检验或右尾检验，一般采用右尾检验）。

(1) 双尾检验。

假设：$H_0 : \sigma^2 = \sigma_0^2$；$H_1 : \sigma^2 \neq \sigma_0^2$；

双尾检验法，满足

$$P\left\{\chi^2_{1-\frac{\alpha}{2}} < \dfrac{(n - 1)\hat{\sigma}^2}{\sigma_0^2} < \chi^2_{\frac{\alpha}{2}}\right\} = P\left\{k_1 < \hat{\sigma}^2 < k_2\right\} = 1 - \alpha \tag{7-1-16}$$

式中，$k_1 = \dfrac{\chi^2_{1-\frac{\alpha}{2}}(n - 1)\sigma_0^2}{n - 1}$，$k_2 = \dfrac{\chi^2_{\frac{\alpha}{2}}(n - 1)\sigma_0^2}{n - 1}$。当 $k_1 < \hat{\sigma}^2 < k_2$ 时，接受 H_0，拒绝 H_1；反之，拒绝 H_0，接受 H_1。

(2) 左尾检验。

假设：$H_0 : \sigma^2 = \sigma_0^2$；$H_1 : \sigma^2 < \sigma_0^2$；

左尾检验法，满足

$$P\left\{\dfrac{(n - 1)\hat{\sigma}^2}{\sigma_0^2} > \chi^2_{1-\alpha}(n - 1)\right\} = P\left\{\hat{\sigma}^2 > k_1\right\} = 1 - \alpha \tag{7-1-17}$$

式中，$k_1 = \dfrac{\chi^2_{1-\alpha}(n-1)\sigma_0^2}{n-1}$。当 $\hat{\sigma}^2 > k_1$ 时，接受 H_0，拒绝 H_1；反之，拒绝 H_0，接受 H_1。

（3）右尾检验。

假设：H_0：$\sigma^2 = \sigma_0^2$；H_1：$\sigma^2 > \sigma_0^2$

右尾检验法，满足

$$P\left\{\frac{(n-1)\hat{\sigma}^2}{\sigma_0^2} < \chi^2_{1-\alpha}(n-1)\right\} = P\left\{\hat{\sigma}^2 < k_2\right\} = 1-\alpha \tag{7-1-18}$$

式中，$k_2 = \dfrac{\chi^2_{\alpha}(n-1)\sigma_0^2}{n-1}$。当 $\hat{\sigma}^2 < k_2$ 时，接受 H_0，拒绝 H_1；反之，拒绝 H_0，接受 H_1。

【例 7-5】 用某种类型的光学经纬仪观测水平角，由长期观测资料统计该类仪器一个测回的测角中误差为 $\sigma_0 = \pm1.80''$。今用试制的同类仪器对某一个角观测了 10 个测回，求得一个测回的测角中误差为 $\hat{\sigma}_0 = \pm1.70''$。问新旧两种仪器的测角精度是否相同（取 $\alpha_0 = 0.05$）。

解： 设 H_0：$\sigma^2 = \sigma_0^2 = 1.80^2$；$H_0$：$\sigma^2 \neq \sigma_0^2 \neq 1.80^2$

查表得：$\chi^2_{0.975}(9) = 2.700$，$\chi^2_{0.025}(9) = 19.023$，计算

$$\hat{\sigma}_0^2 = 2.89$$

$$k_1 = \frac{\chi^2_{0.975}(n-1)\sigma_0^2}{n-1} = \frac{2.7 \times 1.8^2}{9} = 0.972$$

$$k_2 = \frac{\chi^2_{0.025}(n-1)\sigma_0^2}{n-1} = \frac{19.023 \times 1.8^2}{9} = 6.848$$

因为 $\hat{\sigma}_0^2 = 2.89$ 落在了 $(0.972, 6.848)$ 区间，故接受 H_0，即认为在 $\alpha_0 = 0.05$ 的显著水平下，新旧两种仪器的测角精度相同。

4. F 检验法

F 检验法是利用服从 F 分布的统计量对两个母体方差未知的正态母体 $N(\mu_1, \sigma_1^2)$ 和 $N(\mu_2, \sigma_2^2)$ 的方差比进行检验。从两个母体中随机抽取容量为 n_1 和 n_2 的两组子样，求得两组子样的子样方差 $\hat{\sigma}_1^2$ 和 $\hat{\sigma}_2^2$，则可利用统计量

$$F = \frac{\sigma_2^2}{\sigma_1^2}\frac{\hat{\sigma}_1^2}{\hat{\sigma}_2^2} \sim F(n_1-1, n_2-1) \tag{7-1-19}$$

对方差比进行如下假设检验：

（1）双尾检验。

假设：H_0：$\sigma_1^2 = \sigma_2^2$；H_1：$\sigma_1^2 \neq \sigma_2^2$；取置信水平 α，通过查表或计算获得 $F_{\frac{\alpha}{2}}(n_1-1, n_2-1)$，而通过下式计算

$$F_{1-\frac{\alpha}{2}}(n_1-1, n_2-1) = \frac{1}{F_{\frac{\alpha}{2}}(n_2-1, n_1-1)} \tag{7-1-20}$$

双尾检验，满足

$$P\left\{F_{1-\frac{\alpha}{2}}(n_1-1, n_2-1) < \frac{\hat{\sigma}_1^2}{\hat{\sigma}_2^2} < F_{\frac{\alpha}{2}}(n_1-1, n_2-1)\right\} = 1-\alpha \tag{7-1-21}$$

故当 $\dfrac{\hat{\sigma}_1^2}{\hat{\sigma}_2^2} > F_{1-\frac{\alpha}{2}}(n_1 - 1,\ n_2 - 1)$ 或 $\dfrac{\hat{\sigma}_1^2}{\hat{\sigma}_2^2} < F_{\frac{\alpha}{2}}(n_1 - 1,\ n_2 - 1)$ 时，接受 H_0，拒绝 H_1；否则，接受 H_1，拒绝 H_0。

在实际检验时，我们总是可以将其中较大的一个子样方差作为 $\hat{\sigma}_1^2$，另一个作为 $\hat{\sigma}_2^2$，这样就可以使 $\dfrac{\hat{\sigma}_1^2}{\hat{\sigma}_2^2}$ 永远大于 1。因为在 F 分布表中的所有表列值都大于 1，即(7-1-21)式右端中的分母 $F_{\frac{\alpha}{2}}(n_2 - 1,\ n_1 - 1)$ 大于 1，故 $F_{1-\frac{\alpha}{2}}(n_1 - 1,\ n_2 - 1)$ 必小于 1，而此时必然 $\dfrac{\hat{\sigma}_1^2}{\hat{\sigma}_2^2} > 1$，所以不可能有 $\dfrac{\hat{\sigma}_1^2}{\hat{\sigma}_2^2} < F_{1-\frac{\alpha}{2}}(n_1 - 1,\ n_2 - 1)$ 的情况发生，这样，就只需考察 $\dfrac{\hat{\sigma}_1^2}{\hat{\sigma}_2^2}$ 是否落入右尾的拒绝域就可以了，不必再去考虑左尾的拒绝域。在这种情况下，可写成

$$P\left\{ \frac{\hat{\sigma}_1^2}{\hat{\sigma}_2^2} < F_{\frac{\alpha}{2}}(n_1 - 1,\ n_2 - 1) \right\} = 1 - \alpha \tag{7-1-22}$$

(2)右尾检验。

假设：$H_0:\sigma_1^2 = \sigma_2^2$；$H_1:\sigma_1^2 > \sigma_2^2$

右尾检验法，满足

$$P\left\{ \frac{\hat{\sigma}_1^2}{\hat{\sigma}_2^2} < F_{\alpha}(n_1 - 1,\ n_2 - 1) \right\} = 1 - \alpha \tag{7-1-23}$$

故当 $\dfrac{\hat{\sigma}_1^2}{\hat{\sigma}_2^2} < F_{\alpha}(n_1 - 1,\ n_2 - 1)$ 时，接受 H_0，拒绝 H_1；否则，拒绝 H_0，接受 H_1。

【例 7-6】 给出两台测距仪测定某一距离的测回数和计算的测距方差为

$$n_1 = 8,\ \hat{\sigma}_1^2 = 0.10\text{cm}^2$$
$$n_2 = 12,\ \hat{\sigma}_2^2 = 0.07\text{cm}^2$$

试在显著水平 $\alpha = 0.05$ 下，检验两台仪器测距精度有否显著差别。

解： 假设 $H_0:\sigma_1^2 = \sigma_2^2$；$H_1:\sigma_1^2 \neq \sigma_2^2$

查得 $F_{\frac{\alpha}{2}}(n_1 - 1,\ n_2 - 1) = F_{0.025}(7,\ 11) = 3.76$；计算统计量

$$F = \frac{\hat{\sigma}_1^2}{\hat{\sigma}_2^2} = \frac{0.10}{0.07} = 1.43$$

现 $F < F_{0.025}$，故接受 H_0。

如果上例问乙测距仪测距精度是否比甲低，此时的 $\hat{\sigma}_1^2 = 0.07\text{cm}^2$，$\hat{\sigma}_2^2 = 0.10\text{cm}^2$，原假设和备选假设为

$$H_0:\sigma_1^2 = \sigma_2^2;\ H_1:\sigma_1^2 > \sigma_2^2$$

统计量为

$$F = \frac{\hat{\sigma}_1^2}{\hat{\sigma}_2^2} = \frac{0.07}{0.10} = 0.7$$

在 F 分布表查得 $F_{0.05}(11,\ 7) = 3.7$，$F < F_{\alpha}$，H_0 成立，乙测距仪的测距精度不比甲差。因在 F 分布表中的值均大于 1，发现 F 值小于 1，H_0 必成立。

7.2 误差分布的假设检验

在许多实际问题中，母体服从何种分布并不知道，这就需要对母体的分布先做某种假设，然后用样本(观测值)来检验此项假设是否成立，这种检验就是分布假设检验。

进行分布假设检验的常用方法是χ^2检验法，χ^2检验法是在母体X分布未知时，根据它的n个观测值x_1，x_2，$\cdots$，x_n来检验关于母体是否服从某种分布的假设，即

$$H_0: \text{母体分布函数为 } F(x) = F_0(x)$$

式中，$F_0(x)$是我们事先假设的某一已知的分布函数。分布函数$F(x)$不限定是正态分布，也可以是其他类型的分布。

7.2.1 χ^2检验法的步骤

(1)分组并求频数。

先将n个观测值x_1，x_2，$\cdots$，x_n按其大小用一定的组距分成k组，并统计子样值落入各组内的实际频(个)数$f_i(i = 1,~2,~\cdots,~k)$。

(2)估计$F_0(x)$中的参数。

在假设H_0下，$F_0(x)$的形式及其参数都是已知的。例如，如果所假设的$F_0(x)$是正态分布函数，那么其中的两个参数μ和σ应该是已知的。但实际上参数值往往是未知的，这时可根据子样值估计原假设中分布函数$F_0(x)$中的参数，从而确定该分布函数的具体形式。

(3)求各分组概率。

当$F_0(x)$确定后，就可以在假设H_0下，计算出子样值落入上述各组中的概率p_1，p_2，$\cdots$，p_k(即理论频率)，以及将p_i与子样容量n的乘积算出理论频数np_1，np_2，$\cdots$，np_k。

(4)检验的统计量组成。

由于子样总是带有随机性，因而落入各组中的实际频数f_i不会和理论频数np_i完全相等。可是当H_0为真，f_i与np_i的差异应不显著；若H_0为假，这种差异就显著。因此，应该找出一个能够描述它们之间偏离程度的一个统计量，从而通过此统计量的大小来判断它们之间的差异是由于子样随机性引起的，还是由于$F_0(x) \neq F(x)$所引起的。于是，皮尔逊(K. Pearson)提出用下面的统计量来衡量它们的差异程度

$$\sum_{i=1}^{k} \frac{(f_i - np_i)^2}{np_i} \tag{7-2-1}$$

这个统计量称为皮尔逊统计量。

从理论上可以证明，不论母体是服从什么分布，当子样容量充分大($n \geqslant 50$)时，则皮尔逊统计量近似地服从自由度为$k - r - 1$的χ^2分布，即

$$\chi^2 = \sum_{i=1}^{k} \frac{(f_i - np_i)^2}{np_i} \sim \chi^2(k - r - 1) \tag{7-2-2}$$

其中r是在假设的某种理论分布中的参数个数。

(5)右尾检验。

进行检验时，对于事先给定的显著水平 α ，在 H_0 成立时，应有

$$P(\chi^2 < \chi_\alpha^2) = 1 - \alpha \tag{7-2-3}$$

成立。即当 $\chi^2 < \chi_\alpha^2$ 时，接受 H_0 ，否则，拒绝 H_0 。

7.2.2 χ^2 检验法的示例

【例 7-7】 某地震形变台站在两个固定点之间进行重复水准测量，测得 100 个高差观测值，取显著水平 $\alpha = 0.05$ ，试检验该列观测高差是否服从正态分布。

解：

（1）分组并求频数。

为了简化计算，将 100 个高差观测值按等间隔分组，根据经验，当观测值个数多于 50 个时，分成 10~25 组为宜。现按 0.01dm 的间隔（或称组距）将其分成 10 组，（此例 $k = 10$）并求出各组的频数，见表 7-1。

表 7-1   **分组观测个数和频率**

高差分组（dm）	频 数 f_i	频 率 f/n	累计频率
6.881~6.890	1	0.01	0.0l
6.890~6.900	4	0.04	0.05
6.900~6.910	7	0.07	0.12
6.910~6.920	22	0.22	0.34
6.920~6.930	23	0.23	0.57
6.930~6.940	25	0.25	0.82
6.940~6.950	10	0.10	0.92
6.950~6.960	6	0.06	0.98
6.960~6.970	1	0.01	0.99
6.970~6.980	1	0.01	1.00
$\sum$	$n = 100$	1.00	

（2）估计 $F_0(x)$ 中的参数。

因为要检验观测高差是否服从正态分布，即 $F_0(x) \sim N(\hat{\mu}, \hat{\sigma}^2)$ ，要先根据观测值计算参数 $\hat{\mu}$ ，$\hat{\sigma}^2$ ，计算得 $\bar{x} = \hat{\mu} = \dfrac{1}{n} \sum\limits_{i=1}^{n} h_i = 6.927$ ，$\hat{\sigma} = \sqrt{\dfrac{1}{n} \sum\limits_{i=1}^{n} (h_i - \hat{\mu})^2} = 0.016\text{dm}$ ，因此，我们求出，$F_0(x) \sim N(6.927, 0.016^2)$ 。

（3）求各分组概率。

原假设为

$$H_0 : X \sim N(6.927, 0.016^2)$$

有了这个具体的正态分布函数，我们就可以计算某一个区间的概率，为了便于计算 np_i ，可先将其标准化，以便查取标准正态分布表，标准化变量

$$y = \frac{x - \hat{\mu}}{\sqrt{\hat{\sigma}^2}} = \frac{(x - 6.927)}{0.016}$$

根据表 7-1 中各组的组限(其中第一组下限应为 $-\infty$,末组上限应为 $+\infty$,),同时根据正态分布表算得 p,其计算结果列于表 7-2 中。

表 7-2 χ^2 分布统计量计算

y 的组限	f_i	np_i	$f_i - np_i$	$(f_i - np_i)^2$	$\dfrac{(f_i - np_i)^2}{np_i}$
$-\infty \sim -2.31$	1	1.04			
$-2.31 \sim -1.69$	4	3.5l1	-2.46	6.0516	0.4185
$-1.69 \sim -1.06$	7	9.91			
$-1.06 \sim -0.44$	22	18.54	3.46	11.9716	0.6457
$-0.44 \sim +0.19$	23	24.53	-1.53	2.3409	0.0954
$+0.19 \sim 0.8l$	25	21.57	3.43	11.7649	0.5454
$0.81 \sim 1.44$	10	13.41	-3.41	11.6281	0.8671
$1.44 \sim 2.06$	6	5.52			
$2.06 \sim 2.69$	1	1.61	0.51	0.2601	0.0347
$2.69 \sim +\infty$	1	0.36			
$\sum$	100				2.6068

(4)检验的统计量计算。

由表 7-2 计算结果知,统计量的值为

$$\chi^2 = \sum_{i=1}^{k} \frac{(f_i - np_i)^2}{np_i} = 2.6068$$

(5)右尾检验。

由于表 7-2 中前三组和末三组的频数太少,故分别将三组并成一组。这样可知,$k = 6$,$r = 2$,自由度 $k - r - 1 = 3$。由 χ^2 分布表可查得

$$\chi^2_{0.05}(3) = 7.815$$

$$\chi^2_{0.05}(3) = 7.815 > \chi^2 = 2.6068$$

因此,应接受 H_0,即认为观测高差服从正态分布。

7.3   平差参数的显著性检验

7.3.1   概述

测量平差的主要任务是在最小二乘准则下求出平差参数和观测值的最优估值。但是在一些测量问题中,还需要对所求的参数显著性和正确性进行检验。

例如,用测距仪测定两点间距离,所测的距离值与测量时的温度 t 是否有关系,是否受大气折光的影响等,也可以通过平差后对所求参数进行假设检验,如果影响显著,说明受到温度或大气折光的影响,测量时必须认真对待,加以考虑;反之,可以忽略其对测量

成果的影响。

7.3.2 平差参数显著性检验

1. 平差模型

设平差时采用间接平差模型，误差方程和观测值的权阵为

$$V = B\hat{x} - l \qquad P = Q^{-1} \tag{7-3-1}$$

参数的最小二乘解为

$$\hat{x} = N_{bb}^{-1}B^{\mathrm{T}}Pl = (B^{\mathrm{T}}PB)^{-1}B^{\mathrm{T}}Pl \tag{7-3-2}$$

参数协因数阵为

$$Q_{\hat{x}\hat{x}} = N_{bb}^{-1} = (B^{\mathrm{T}}PB)^{-1} \tag{7-3-3}$$

参数协方差阵为

$$D_{\hat{x}\hat{x}} = \sigma_0^2 Q_{\hat{x}\hat{x}} = \sigma_0^2(B^{\mathrm{T}}PB)^{-1} \text{ 或 } D_{\hat{x}\hat{x}} = \hat{\sigma}_0^2 Q_{\hat{x}\hat{x}} = \hat{\sigma}_0^2(B^{\mathrm{T}}PB)^{-1} \tag{7-3-4}$$

其中

$$\hat{\sigma}_0^2 = \frac{V^{\mathrm{T}}PV}{n-t} = \frac{V^{\mathrm{T}}PV}{r} \tag{7-3-5}$$

2. 参数显著性检验常用的方法

设要检验平差后的某个参数 $\hat{x}_i \sim N(E(\hat{x}_i), \sigma_{\hat{x}_i}^2)$ 与已知值 W_i 的差异是否显著，则可作原假设和备选假设为

$$H_0: E(\hat{x}_i) = W_i; \quad H_1: E(\hat{x}_i) \neq W_i$$

当 σ_0^2 已知时，可采用 u 检验法。使用如下统计量

$$u = \frac{\hat{x}_i - W_i}{\sigma_{\hat{x}_i}} = \frac{\hat{x}_i - W_i}{\sigma_0\sqrt{Q_{\hat{x}_i\hat{x}_i}}} \sim N(0, 1) \tag{7-3-6}$$

给定置信水平 α，查正态分布表，可得 $z_{\frac{\alpha}{2}}$。

如果 $|u| < z_{\frac{\alpha}{2}}$，则接受 H_0，拒绝 H_1；否则拒绝 H_0，接受 H_1。

当 σ_0^2 未知时，用 t 检验法。使用如下统计量

$$t = \frac{\hat{x}_i - W_i}{\hat{\sigma}_{\hat{x}_i}} = \frac{\hat{x}_i - W_i}{\hat{\sigma}_0\sqrt{Q_{\hat{x}_i\hat{x}_i}}} \sim t(n-t) \tag{7-3-7}$$

其中，$n-t$ 是自由度，即多余观测个数。以 α 和自由度 $n-t$ 查 t 分布表，可得 $t_{\frac{\alpha}{2}}$。

如果 $|t| < t_{\frac{\alpha}{2}}$，则接受 H_0，拒绝 H_1；否则拒绝 H_0。

【例 7-8】 为了考察经纬仪视距乘常数 C 在测量时随温度变化的影响，选择 10 段不同的距离进行了试验。测得 10 组平均 C 值和平均气温 t，结果列于表 7-3。设 C 与 t 呈线性关系，试在 $\alpha = 0.05$ 下检验平差参数的显著性。

表 7-3 观测数据

t	11.9	11.5	14.5	15.2	15.9	16.3	14.6	12.9	15.8	14.1
C	96.84	96.84	97.14	97.03	97.05	97.13	97.04	96.96	96.95	96.98

解：设函数模型(回归方程)为

$$\hat{C}_i = \hat{b}_0 + \hat{b}_1 t_i, \quad i = (1, 2, \cdots, 10)$$

其误差方程为

$$V_i = \hat{b}_0 + \hat{b}_1 t_i - C_i$$

组成法方程解得

$$\hat{b}_0 = 96.31, \quad \hat{b}_1 = 0.048$$

计算得到

$$Q_{\hat{x}\hat{x}} = N_{bb}^{-1} = \begin{bmatrix} Q_{b_0 b_0} & Q_{b_0 b_1} \\ Q_{b_1 b_0} & Q_{b_1 b_1} \end{bmatrix} = \begin{bmatrix} 8.16 & -0.56 \\ -0.56 & 0.039 \end{bmatrix}$$

$$\hat{\sigma}_0 = \sqrt{\frac{[v_{c_i} v_{c_i}]}{n-2}} = \sqrt{\frac{0.0377}{8}} = 0.068$$

现要检验：

$$H_0 : \hat{b}_1 = 0; \quad H_1 : \hat{b}_1 \neq 0$$

因 σ 未知，采用 t 检验法。作统计量

$$t = \frac{\hat{b}_1 - 0}{\hat{\sigma}_0 \sqrt{Q_{b_1 b_1}}} = \frac{0.048}{0.0134} = 3.58$$

以 α 和自由度 $n - t = 10 - 2 = 8$，查 t 分布表，得 $t_{0.025}(8) = 2.31$。因 $|t| > t_{0.025}(8)$，故拒绝 H_0，接受 H_1，即 $\hat{b}_1 \neq 0$，说明参数 $\hat{b}_1$ 显著，回归模型有效，说明此例视距常数与温度有关，由此可得 C 与 t 的回归方程为

$$C = 96.31 + 0.048t \,。$$

7.3.3 平差参数显著性的线性假设检验法

如果将线性假设 H_0 看做参数之间应满足的条件式，则与误差方程一起可看做是带有限制条件的间接平差函数模型：

$$\begin{aligned} \underset{n,1}{V} &= \underset{n,t}{B} \underset{t,1}{\hat{x}} - \underset{n,1}{l} \\ \underset{c,t}{H} \underset{t,1}{\hat{x}} &= \underset{c,1}{W} \end{aligned} \tag{7-3-8}$$

式中后一式就是原假设的一般形式，即 $H_0 : E\left(\underset{c,t}{H} \underset{t,1}{\hat{x}}\right) = \underset{c,1}{W}$。按此模型进行平差，求得的单位权方差估值与单独平差求得的单位权方差估值相比较，如果两者无显著差别，则可认为原假设 H_0 成立，否则 H_0 不成立。

单独用第一式进行平差，得参数的解为

$$\hat{x} = N_{bb}^{-1} B^{\mathrm{T}} P l = Q_{\hat{x}\hat{x}} B^{\mathrm{T}} P l \tag{7-3-9}$$

改正数平方和为

$$\Omega = V^{\mathrm{T}} P V = (B\hat{x} - l)^{\mathrm{T}} P (B\hat{x} - l) \tag{7-3-10}$$

按模型(7-3-8)整体进行平差，是附有条件的间接平差问题，得参数的解为

$$\hat{x}_c = N_{bb}^{-1}B^{\mathrm{T}}Pl - N_{bb}^{-1}H^{\mathrm{T}}(HN_{bb}^{-1}H^{\mathrm{T}})^{-1}(HN_{bb}^{-1}B^{\mathrm{T}}Pl - W) \tag{7-3-11}$$

将(7-3-9)式代入，得

$$\hat{x}_c = \hat{x} - N_{bb}^{-1}H^{\mathrm{T}}(HN_{bb}^{-1}H^{\mathrm{T}})^{-1}(H\hat{x} - W) \tag{7-3-12}$$

根据协因数传播律，可得 $\hat{x}_c$ 的协因数为

$$Q_{\hat{x}_c\hat{x}_c} = N_{bb}^{-1} - N_{bb}^{-1}H^{\mathrm{T}}(HN_{bb}^{-1}H^{\mathrm{T}})^{-1}HN_{bb}^{-1} \tag{7-3-13}$$

按(7-3-8)式平差后求得的改正数记为 V_H，其平方和记为 Ω_H，则有

$$\begin{aligned}
\Omega_H &= V_H^{\mathrm{T}}PV_H = (B\hat{x}_c - l)^{\mathrm{T}}P(B\hat{x}_c - l) \\
&= [B\hat{x}_c - l - B(\hat{x} - \hat{x}_c)]^{\mathrm{T}}P[B\hat{x}_c - l - B(\hat{x} - \hat{x}_c)] \\
&= V^{\mathrm{T}}PV + (\hat{x} - \hat{x}_c)^{\mathrm{T}}B^{\mathrm{T}}PB(\hat{x} - \hat{x}_c) \tag{7-3-14}
\end{aligned}$$

式中顾及了

$$V = B\hat{x} - l; \quad V_H = B\hat{x}_c - l$$
$$(B\hat{x} - l)^{\mathrm{T}}PB(\hat{x} - \hat{x}_c) = V^{\mathrm{T}}PB(\hat{x} - \hat{x}_c) = 0$$

令 $R = (\hat{x} - \hat{x}_c)^{\mathrm{T}}B^{\mathrm{T}}PB(\hat{x} - \hat{x}_c)$，顾及(7-3-12)式，化简得

$$\begin{aligned}
R &= [N_{bb}^{-1}H^{\mathrm{T}}(HN_{bb}^{-1}H^{\mathrm{T}})^{-1}(H\hat{x} - W)]^{\mathrm{T}}N_{bb}[N_{bb}^{-1}H^{\mathrm{T}}(HN_{bb}^{-1}H^{\mathrm{T}})^{-1}(H\hat{x} - W)] \\
&= (H\hat{x} - W)^{\mathrm{T}}(HN_{bb}^{-1}H^{\mathrm{T}})^{-1}(H\hat{x} - W) \tag{7-3-15}
\end{aligned}$$

由此，(7-3-14)式可简记成

$$\Omega_H = \Omega + R \tag{7-3-16}$$

从上式可以看出，附有条件间接平差的改正数平方和，是不带条件的改正数平方和 Ω 与向量 $(H\hat{x} - W)$ 的一个二次型 R 之和，R 是考虑假设 H_0 作为条件方程后对 Ω 的影响项。

可以证明：Ω/σ_0^2 是服从自由度为 $n-t$ 的 χ^2 变量，R/σ_0^2 是服从自由度为 c（条件方程的个数）的 χ^2 变量，并且 R 与 Ω 独立，于是可采用 F 检验法。

作 F 统计量

$$F = \frac{R/c}{\Omega/(n-t)} \tag{7-3-17}$$

选显著水平 α，以分子的自由度 c，分母自由度 $n-t$，由 α 查得 F_α。如果 $F > F_\alpha$，则表示由 R/c 估计的单位权方差与平差问题本身的单位权方差 $\hat{\sigma}_0^2 = \Omega/(n-t)$ 有显著差别，线性假设 $\underset{c,t}{H}\underset{t,1}{\hat{x}} = \underset{c,1}{W}$ 不成立。反之 $F < F_\alpha$，则接受 H_0。

以上导出的线性假设检验法由 Koch（1980）提出，已广泛用于测量平差中。

7.4　平差模型正确性的统计检验

测量平差的数学模型包含函数模型和随机模型，平差是在给定的函数模型和随机模型下求参数的最小二乘估值。如果给定的数学模型不完善，就不能保证平差结果的最优性质，因此对于每个平差问题必须进行模型正确性的统计检验。

许多因素都可能造成函数模型的不完善，例如，函数的线性化所取近似值与其真值相差过大，舍掉的高此项不是高阶无穷小；平差时起算数据误差较大，造成平差成果精度降低；观测数据有明显的系统误差或粗差，在平差前或平差过程中没有有效地消除，等等。

随机模型的模型误差主要是所定观测值间的权比不正确所造成的。实际上，多数平差问题都或大或小地存在着模型误差，当模型误差对平差结果造成的影响小于偶然误差的影响时，则认为平差模型是正确的；否则，平差结果不能认为最优，甚至是歪曲的结果。在这种情况下，必须查明造成模型误差的原因，改进和完善平差模型，重新进行平差，以保证平差结果的准确性和最优性。

平差模型正确性检验是一种对平差模型的总体检验方法，以平差后计算的单位权方差估值(也称为后验方差) $\hat{\sigma}_0^2$ 为统计量，以定权时采用单位权方差 σ_0^2 为先验值，两者应该统计一致。即应在一定显著水平下 α 下，满足 $E(\hat{\sigma}_0^2) = \sigma_0^2$ 的原假设。如果原假设不能被满足，说明所求的 $\hat{\sigma}_0^2$ 并非 σ_0^2 的无偏估计，这是平差模型不正确所致。平差成果值得怀疑，平差模型可能有缺陷。

平差模型正确性检验的假设是

$$H_0: E(\hat{\sigma}_0^2) = \sigma_0^2; \; H_1: E(\hat{\sigma}_0^2) \neq \sigma_0^2 \tag{7-4-1}$$

平差的误差方程和单位权方差估值为

$$V = B\hat{x} - l \tag{7-4-2}$$

$$\hat{\sigma}_0^2 = \frac{V^\mathrm{T}PV}{r} \tag{7-4-3}$$

统计量为

$$\chi_{(r)}^2 = \frac{V^\mathrm{T}PV}{\sigma_0^2} = r \frac{\hat{\sigma}_0^2}{\sigma_0^2} \tag{7-4-4}$$

服从自由度为 $r = n - t$ (多余观测)的 χ^2 分布，故采用 χ^2 检验法。给定显著水平 α，查得 $\chi_{\frac{\alpha}{2}}^2$ 和 $\chi_{1-\frac{\alpha}{2}}^2$，得区间

$$\left(\chi_{1-\frac{\alpha}{2}}^2, \; \chi_{\frac{\alpha}{2}}^2 \right)$$

如果统计量 $\chi_{(r)}^2$ 在此区间内，则接受 H_0，认为平差模型正确；否则拒绝 H_0，接受 H_1，认为平差模型不正确。只有在通过检验后才能使用平差成果，因此平差模型的检验是平差中一个组成部分，不应省略，但在实际工作中，往往被忽略，这是不应该的。

【例 7-9】 某一矿区三等平面控制网多余观测数为 9，平差求得的测角中误差为 $\hat{\sigma}_\beta = 2.0''$，试检验平差模型是否正确(取 $\alpha = 0.05$)。

解： 规程规定三等网的测角中误差为 $\sigma_0 = 1.8''$，因此，取原假设和备选假设为

$$H_0: E(\hat{\sigma}_\beta^2) = 1.8^2; \; H_1: E(\hat{\sigma}_\beta^2) \neq 1.8^2$$

$$\chi^2 = \frac{9 \times 2^2}{1.8^2} = 11.11$$

以 $f = 9$，$\alpha = 0.05$ 查表得：$\chi_{0.975}^2 = 2.70$，$\chi_{0.025}^2 = 19.0$。

因为 $\chi_{0.975}^2 < \chi^2 < \chi_{0.025}^2$，所以接受 H_0，说明平差模型无显著问题。

7.5 粗差检验方法

粗差也是一种误差来源，在现代化的测量数据采集、传输和自动化处理过程中都可能产生粗差。在平差系统中，如果存在没有被及时处理的粗差，平差结果会受到严重污染。

因此，对粗差的检验尤为重要。荷兰 Baarda 在 1968 年提出测量可靠性理论和数据探测法，奠定了粗差理论研究的基础。

7.5.1　多余观测分量

设测量平差系统的观测向量为 L，其真误差向量为 Δ，改正数向量为 V，参数向量为 X，其真值为 $\tilde{X}$，近似值为 X_0，近似值的改正数的真值为 $\tilde{x}$，平差值为 $\hat{x}$。观测方程为

$$L = B\tilde{X} + d + \Delta \tag{7-5-1}$$

式中，d 是常数向量。

误差方程为

$$V = B\hat{x} - l \tag{7-5-2}$$

$$V = B(\hat{x} - \tilde{x}) - (l - B\tilde{x}) = B\hat{x} - \Delta - B\tilde{x}$$

组成法方程，求解得

$$\hat{x} = N_{bb}^{-1} B^{\mathrm{T}} Pl \tag{7-5-3}$$

$$V = B N_{bb}^{-1} B^{\mathrm{T}} Pl - \Delta - B N_{bb}^{-1} B^{\mathrm{T}} PB\tilde{x}$$

$$= B N_{bb}^{-1} B^{\mathrm{T}} P(l - B\tilde{x}) - \Delta$$

$$= -(Q - B N_{bb}^{-1} B^{\mathrm{T}})P\Delta$$

$$= -Q_{VV}P\Delta$$

$$= -R\Delta \tag{7-5-4}$$

式中

$$R = Q_{VV}P \tag{7-5-5}$$

上式是研究粗差探测和可靠性理论的重要关系式，R 矩阵只与误差方程系数阵 B 和观测值的权阵 P 有关，与观测值 L 无关。令

$$R = \begin{bmatrix} r_{11} & r_{12} & \cdots & r_{1n} \\ r_{21} & r_{22} & \cdots & r_{2n} \\ \vdots & \vdots & & \vdots \\ r_{n1} & r_{n2} & \cdots & r_{nn} \end{bmatrix} \tag{7-5-6}$$

R 的性质：

1. R 矩阵是幂等矩阵，即 $R^2 = R$

证明：

$$R^2 = Q_{VV}PQ_{VV}P$$

$$= (I - B N_{bb}^{-1} B^{\mathrm{T}} P)(I - B N_{bb}^{-1} B^{\mathrm{T}} P)$$

$$= I - B N_{bb}^{-1} B^{\mathrm{T}} P$$

$$= R$$

幂等矩阵具有下列特性：

（1）特征值为 0 或 1；

（2）幂等矩阵的秩等于其迹；如 $R(R) = \mathrm{tr}(R)$；

（3）若 A 为幂等矩阵，则 $(I - A)$ 也为幂等矩阵。

2. R 矩阵的迹就是平差系统的多余观测数 r

证明：

$$\text{tr}(R) = \text{tr}(I_n - BN_{bb}^{-1}B^{\mathrm{T}}P) = n - t = r \tag{7-5-7}$$

由于幂等矩阵的秩等于其迹，所以 R 矩阵是降秩矩阵，因此不能用（7-5-4）式反解真误差。

3. R 矩阵的第 i 个对角线元素称为第 i 个观测值的多余观测分量

$$r_i = r_{ii} \qquad r = \sum_{i=1}^{n} r_i \tag{7-5-8}$$

它代表该观测值在总的多余观测中所占的份额。

当权阵为对角阵时（观测值不相关），有 $0 \leqslant r_i \leqslant 1$。$r_i = 0$ 的观测值是必要观测值，$r_i = 1$ 的观测值是完全多余观测值；第 i 个观测值的真误差对该观测值改正数的影响为

$$V_i^* = -r_i\Delta_i \tag{7-5-9}$$

上式说明多余观测分量代表观测误差 Δ_i 反映在改正数 V_i 中的比例。一般来说，观测误差只能部分地反映在它的改正数中。当多余观测分量 $r_i = 0$，观测误差不能在改正数中反映出来；当多余观测分量 $r_i = 1$，观测误差 Δ_i 才能在改正数 V_i 中全部反映出来。

4. 用 R 矩阵计算改正数的中误差

$$\sigma_{V_i}^2 = (Q_{VV})_{ii}\sigma_0^2 = (Q_{VV}PQ)_{ii}\sigma_0^2 = (RQ\sigma_0^2)_{ii}$$

当 Q 为对角阵时（观测值不相关）时

$$\sigma_{V_i}^2 = r_i \frac{\sigma_0^2}{P_i}$$

或写成

$$\sigma_{V_i} = \sqrt{r_i}\,\sigma_{l_i} \tag{7-5-10}$$

上式表明改正数 V_i 服从正态分布，即 $V_i \sim N(0,\ \sigma_{V_i}^2)$。

7.5.2　Baarda 数据探测法

数据探测法的前提是在一个平差系统中只存在一个粗差，且已知观测值的单位权方差 σ_0^2 和权矩阵为对角阵，用统计假设检验探测该粗差，从而剔除被探测的粗差。

数据探测法的原假设和备选假设为

$$H_0\colon E(V_i) = 0; \qquad H_1\colon E(V_i) \neq 0$$

统计量为

$$\omega_i = \frac{V_i}{\sigma_{V_i}} = \frac{V_i}{\sqrt{r_i}\,\sigma_{l_i}} \tag{7-5-11}$$

若观测值不存在粗差，则 $\omega_i \sim N(0,1)$，给定显著水平 α，则可由正态分布表得到检验的临界值 z_α。如果 $\omega_i \leqslant z_\alpha$，则可认为该观测值是正常观测值；反之，当 $\omega_i > z_\alpha$，则认为该观测值可能含有粗差。这就是 Baarda 数据探测法。

利用数据探测法，一次只能发现一个粗差，当要发现另外一个粗差时，就要先剔除所发现的粗差，重新平差，计算统计量。逐个不断进行，直至不再发现粗差。

第8章 秩亏自由网平差

在实际应用中，经常会遇到以待定点坐标为参数的控制网，但网中却没有已知坐标作为起算数据，这样的控制网称为秩亏控制网。本章阐述秩亏自由网原理，导出广泛应用于工程变形和地壳形变测量的拟稳平差法。

8.1 概　述

由第4章可知，只具有必要起算数据的控制网是一种自由网。自由网若按间接平差，其未知数个数等于必要观测个数，误差方程的系数阵 $\underset{n,t}{B}$ 是一个列满秩阵，即系数阵 B 的秩 $R(B)=t=u$；由 B 组成的法方程系数阵 N 是一个满秩方阵，即 N 的秩 $R(N)=t=u$，则 N 有唯一的逆阵 N^{-1}。因此，法方程有唯一解，这种平差方法称为满秩平差。凡是控制网具有必要的起算数据，都属于满秩平差，这也是第5、6章所阐述的经典平差问题。

在经典自由网平差中，控制网具备足够的起算数据，从而能够根据观测数据依最小二乘原理得到待定参数的最佳估值。这些起算数据称为平差问题的"基准"，基准是确定控制网平差问题的不可缺少的因素。当一个控制网不具有起算数据或必要起算数据不足，即基准不足或网中没有定义基准，此时按经典自由网平差是不能获得未知点坐标参数的估计。这时，误差方程的系数阵 B 就不再是列满秩阵，法方程系数阵 N 也不再是满秩方阵，而是奇异阵。这种基准不足的控制网称之为秩亏自由网。

【例 8-1】　如图 8-1 所示的水准网中，没有已知高程点，h_1、h_2、h_3、h_4 为高差观测值，为了便于解算，设各点之间的水准路线等长。平差时设 X_1、X_2、X_3 分别为未知点高程，列出误差方程

$$\begin{bmatrix} v_1 \\ v_2 \\ v_3 \\ v_4 \end{bmatrix} = \begin{bmatrix} -1 & 1 & 0 \\ 0 & -1 & 1 \\ 1 & 0 & -1 \\ 0 & 1 & -1 \end{bmatrix} \begin{bmatrix} \hat{x}_1 \\ \hat{x}_2 \\ \hat{x}_3 \end{bmatrix} - \begin{bmatrix} l_1 \\ l_2 \\ l_3 \\ l_4 \end{bmatrix}$$

式中系数阵 B 的行列式值为

$$|B| = \begin{vmatrix} -1 & 1 & 0 \\ 0 & -1 & 1 \\ 1 & 0 & -1 \end{vmatrix} = 0 \quad 而 \quad \begin{vmatrix} 1 & 0 \\ -1 & 1 \end{vmatrix} = 1 \neq 0$$

故 $R(B)=t=2$，即 B 不是列满秩阵。
相应法方程的系数阵为

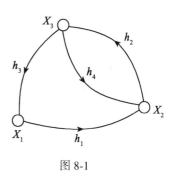

图 8-1

$$N = B^{\mathrm{T}}B = \begin{bmatrix} 2 & -1 & -1 \\ -1 & 3 & -2 \\ -1 & -2 & 3 \end{bmatrix}$$

因

$$|N| = \begin{vmatrix} 2 & -1 & -1 \\ -1 & 3 & -2 \\ -1 & -2 & 3 \end{vmatrix} = 0$$

$$\begin{vmatrix} 2 & -1 \\ -1 & 3 \end{vmatrix} = 5 \neq 0$$

故 $R(N) = t = 2$。

当 N 为满秩方阵时，其秩等于它的阶数；当 N 为奇异阵时，它的阶数 u 与其秩 t 之差称为 N 的秩亏数，简称秩亏并用 d 表示，即 $d = u - t$；显然，上例中 $d = 3 - 2 = 1$，即秩亏为 1。此时，参数个数比经典自由网平差多了 d 个，即 $d = u - R(B)$；d 为秩亏数，也是相应平差问题的必要起算数据个数和基准数。

在平差中，产生秩亏的主要原因是没有必要的起算数据，故秩亏 d 就是控制网中必要的起算数据个数，由前所述可知，水准网的秩亏 $d = 1$；测边网或边角网的秩亏 $d = 3$；三角网的秩亏 $d = 4$ 等。因此对于控制网的平差而言，当 $d = 0$ 时，就是经典的满秩平差，相应的法方程称为满秩法方程。当 $d \neq 0$ 时，就是秩亏自由网平差，相应的法方程称为秩亏法方程。

秩亏自由网平差中，因为法方程系数阵 N 是奇异阵，故方程的解不唯一，或者说仅按最小二乘准则

$$V^{\mathrm{T}}PV = \min$$

是无法求得未知数的唯一解，为求唯一解，需要增加约束条件。有很多种方法，一种常用方法是要求未知数向量 $\hat{X}$ 的范数

$$\| \hat{X} \| = \sqrt{(\hat{X}^{\mathrm{T}}\hat{X})} = \sqrt{\hat{x}_1^2 + \hat{x}_2^2 + \cdots + \hat{x}_u^2} \qquad (8\text{-}1\text{-}1)$$

为最小，即要求

$$\| \hat{X} \| = \min$$

或

$$X^{\mathrm{T}}X = \min \qquad (8\text{-}1\text{-}2)$$

称为附加最小范数条件。另一种常用方法是为了弥补基准的不足而附加基准条件的方法，称为附加条件法。本章只讨论后一种方法。

8.2　秩亏自由网平差模型和准则

秩亏自由网的函数模型为

$$L_{n,\,1} = B_{n,\,u}\hat{X}_{u,\,1} + \Delta_{n,\,1} \qquad R(B) = t < u \qquad (8\text{-}2\text{-}1)$$

B 的列亏数为 $d = u - t$。

随机模型为

$$D = \sigma_0^2 Q = \sigma_0^2 P^{-1} \qquad (8\text{-}2\text{-}2)$$

模型(8-2-1)的误差方程为

$$V = B\hat{x} - l \qquad (8\text{-}2\text{-}3)$$

按最小二乘原理 $V^{\mathrm{T}}PV = \min$ 组成法方程

$$N\hat{x} - B^{\mathrm{T}}Pl = 0 \qquad (8\text{-}2\text{-}4)$$

由于系数阵 B 列亏，故法方程式(8-2-4)系数阵 N 也为秩亏阵，因 N 的秩

$$R(N) = R(A^{\mathrm{T}}PA) = R(A) = t \qquad (8\text{-}2\text{-}5)$$

故(8-2-4)式中 u 个方程线性相关，其中只有 t 个互相独立的方程，而方程个数为 $u >$ t 。其参数解不可能唯一而有多组解，满足上述法方程的任何一组解都是最小二乘解，因为它们都由最小二乘原理导出，这是与具有满秩的间接平差问题所不同的。究其原因是网中缺乏必要的起算数据所致，为了求出其唯一的最佳估值，应该对这个参数增加约束条件。这个条件可采用给定基准(起算数据)的方法建立，称为附加条件法。这个基准条件是

$$\underset{d,t\;\;t,1}{S^{\mathrm{T}}}\;\hat{x} = 0 \qquad (8\text{-}2\text{-}6)$$

基准约束条件中的系数阵 S^{T} ，其秩必须是 d ，即 $R(S^{\mathrm{T}}) = d$ ，为行满秩阵，表示附加了 d 个互相独立的基准约束，此外 d 个基准约束也必须与 n 个误差方程是互相独立的，为此必须满足下列条件：

$$\underset{n,u\;\;u,d}{B\;\;S} = 0 \qquad (8\text{-}2\text{-}7)$$

对上式左乘 $B^{\mathrm{T}}P$ ，则有

$$B^{\mathrm{T}}PBS = 0 \qquad (8\text{-}2\text{-}8)$$

或

$$NS = 0 \qquad (8\text{-}2\text{-}9)$$

增加了基准约束(8-2-6)、(8-2-7)和(8-2-9)两种方程，从而解决了因基准不足而引起的秩亏问题，使秩亏模型转化为满秩平差模型，用最小二乘准则就可求得参数的唯一解。采用不同的基准约束(8-2-6)方程可以得到不同的参数最小二乘解。这种平差方法称为附加条件法。

下面列出秩亏自由网平差按附加条件平差法的平差模型。

函数模型：

$$V = B\hat{x} - l$$

$$\underset{d,\;u}{S^{\mathrm{T}}}\;\underset{u,\;1}{\hat{x}} = 0$$

随机模型：

$$D = \sigma_0^2 Q = \sigma_0^2 P^{-1}$$

平差准则：

$$V^{\mathrm{T}}PV = \min$$

8.3 秩亏自由网平差的附加条件法

8.3.1 平差原理

附加条件法的函数模型是

$$V_{n,1} = B_{n,u}\hat{x}_{u,1} - l_{n,1} \tag{8-3-1}$$

$$S_{d,u}^{\mathrm{T}}\hat{x}_{u,1} = 0 \tag{8-3-2}$$

按最小二乘准则组成函数,

$$\varphi = V^{\mathrm{T}}PV + 2K_S^{\mathrm{T}}(S^{\mathrm{T}}\hat{x}) = \min \tag{8-3-3}$$

取其一阶导数为零, 得

$$\frac{\partial \varphi}{\partial \hat{x}} = 2V^{\mathrm{T}}PB + 2K_S^{\mathrm{T}}S^{\mathrm{T}} = 0 \tag{8-3-4}$$

或

$$B^{\mathrm{T}}PV + SK_S = 0 \tag{8-3-5}$$

将误差方程(8-3-1)代入上式, 并联合(8-3-2)式组成法方程

$$\begin{pmatrix} N & S \\ S^{\mathrm{T}} & 0 \end{pmatrix}\begin{pmatrix} \hat{x} \\ K_S \end{pmatrix} - \begin{pmatrix} W \\ 0 \end{pmatrix} = 0 \tag{8-3-6}$$

式中, $N = B^{\mathrm{T}}PB$, $W = B^{\mathrm{T}}Pl$, 且 $R(N) = R(B^{\mathrm{T}}PB) = R(B) = t < u$; 但上述法方程的系数阵就是满秩阵。所以参数 $\hat{x}$ 和 K_S 可得唯一解。

对(8-3-6)式中第一式右乘 S^{T} 并顾及(8-2-9)式 $S^{\mathrm{T}}N = 0$ 可得

$$S^{\mathrm{T}}SK_S = 0 \tag{8-3-7}$$

二次型 $S^{\mathrm{T}}S$ 不能等于零, 上式必须满足

$$K_S = 0 \tag{8-3-8}$$

将法方程(8-3-6)中第二式左乘 S 与第一式相加, 并顾及 $K_S = 0$, 可得参数估计公式为

$$\hat{x} = (N + SS^{\mathrm{T}})^{-1}w = (N + SS^{\mathrm{T}})^{-1}B^{\mathrm{T}}Pl = \bar{N}^{-1}BPl \tag{8-3-9}$$

式中令 $\bar{N} = N + SS^{\mathrm{T}}$。

由于上述解是通过增加未知参数间满足的 d 个附加条件, 按照附有条件的间接平差法来实现的, 因此此法称做附加条件法。但它又不同于经典的附有条件的间接平差法, 其主要特征为: 当限制条件系数 S 满足 $BS = 0$ 时 $K_S = 0$。

秩亏自由网中各点坐标平差值为 $\hat{X} = X^0 + \hat{x}$, 需要注意的是, 秩亏自由网的坐标解 $\hat{X}$ 取决于平差前所选定的坐标近似值系统。不同的 X^0 取值, 所求的 $\hat{X}$ 也不相同。由于 $K_S = 0$, 由(8-3-3)式可知, 最小二乘原则与所选基准约束无关, 即满足(8-2-7)和 $R(S^{\mathrm{T}}) = d$ 的情况下, 不论取何种基准约束其 $V^{\mathrm{T}}PV = \min$ 不变, 也即观测改正数 V 都相同, 平差值 $\hat{L} = L + V$ 也相同。

8.3.2　精度评定

单位权中误差估值的计算：

$$\hat{\sigma}_0 = \sqrt{\frac{V^{\mathrm{T}}PV}{n-t}} = \sqrt{\frac{V^{\mathrm{T}}PV}{n-R(B)}} \tag{8-3-10}$$

式中，$V^{\mathrm{T}}PV$ 可以直接计算，也可以按下式求得：

$$V^{\mathrm{T}}PV = l^{\mathrm{T}}Pl - W^{\mathrm{T}}\hat{x} \tag{8-3-11}$$

未知参数的协因数阵为：

$$\begin{aligned}
Q_{\hat{X}\hat{X}} &= \bar{N}^{-1}B^{\mathrm{T}}PQ\,(\bar{N}^{-1}B^{\mathrm{T}}P)^{\mathrm{T}} = \bar{N}^{-1}B^{\mathrm{T}}PQPB\bar{N}^{-1} = \bar{N}^{-1}N\bar{N}^{-1} \\
&= \bar{N}^{-1}(\bar{N} - SS^{\mathrm{T}})\,\bar{N}^{-1} = \bar{N}^{-1}(I - SS^{\mathrm{T}}\bar{N}^{-1}) \\
&= \bar{N}^{-1} - \bar{N}^{-1}SS^{\mathrm{T}}\bar{N}^{-1} \tag{8-3-12}
\end{aligned}$$

8.3.3　基准约束系数阵的确定

前已说明，基准约束系数阵 S^{T} 必须满足两个条件，即

$$R(S^{\mathrm{T}}) = d,\ BS = 0\ (\ NS = 0\ ) \tag{8-3-13}$$

满足这两个条件的 S^{T} 阵并不唯一，下面给出的相似变换矩阵是平差中采用的 S^{T} 阵，设控制网共有 m 个点，则坐标参数为：

水准网（一维网）：$\hat{x} = (\hat{x}_1,\ \hat{x}_2,\ \cdots,\ \hat{x}_u)^{\mathrm{T}}$

平面网（二维网）：$\hat{x}_{u,1} = (\hat{x}_1\hat{y}_1,\ \hat{x}_2\hat{y}_2,\ \cdots,\ \hat{x}_u\hat{y}_u)^{\mathrm{T}}$　　$(u = 2m)$

相应的 S^{T} 为

水准网（$d = 1$）

$$S_{u,1}^{\mathrm{T}} = (1\quad 1\quad \cdots\quad 1) \tag{8-3-14}$$

测边网、边角网

$$S_{3,2m}^{\mathrm{T}} = \begin{pmatrix} 1 & 0 & 1 & 0 & \cdots & 1 & 0 \\ 0 & 1 & 0 & 1 & \cdots & 0 & 1 \\ -y_1^0 & x_1^0 & -y_2^0 & x_2^0 & \cdots & -y_m^0 & x_m^0 \end{pmatrix} \tag{8-3-15}$$

式中，x_i^0、y_i^0 为点 i 的近似坐标。

测角网（$d = 4$）

$$S_{4,2m}^{\mathrm{T}} = \begin{pmatrix} 1 & 0 & 1 & 0 & 1 & 0 & 1 \\ 0 & 1 & 0 & 1 & 0 & 1 & 0 \\ -y_1^0 & x_1^0 & -y_2^0 & x_2^0 & \cdots & -y_m^0 & x_m^0 \\ x_1^0 & y_1^0 & x_2^0 & y_2^0 & \cdots & x_m^0 & y_m^0 \end{pmatrix} \tag{8-3-16}$$

以上给出的 S^{T} 阵可以验证满足上述两个条件(8-3-13)。

【例 8-2】　如图 8-1 所示的水准路线中，设四段高差观测值为：

$$h_1 = 12.345\mathrm{m},\ h_2 = 3.478\mathrm{m},\ h_3 = -15.817\mathrm{m},\ h_4 = -3.486\,\mathrm{m}$$

试按附加条件法平差法求平差后各点高程及其协因数阵。

解：(1)设各点平差后高程 $\hat{H}_1$，$\hat{H}_2$ 和 $\hat{H}_3$ 的近似值为

$$H_1^0 = 0\text{m}, \quad H_2^0 = 12.345\text{m}, \quad H_3^0 = 15.823\text{m}。$$

(2)误差方程：

$$\begin{bmatrix} v_1 \\ v_2 \\ v_3 \\ v_4 \end{bmatrix} = \begin{bmatrix} -1 & 1 & 0 \\ 0 & -1 & 1 \\ 1 & 0 & -1 \\ 0 & 1 & -1 \end{bmatrix} \begin{bmatrix} \hat{x}_1 \\ \hat{x}_2 \\ \hat{x}_3 \end{bmatrix} - \begin{bmatrix} 0 \\ 0 \\ 6 \\ -8 \end{bmatrix}$$

$$N = \begin{bmatrix} 2 & -1 & -1 \\ -1 & 3 & -2 \\ -1 & -2 & 3 \end{bmatrix}$$

(3)附加条件方程 $S^{\mathrm{T}}\hat{x} = 0$：

$$\begin{bmatrix} 1 & 1 & 1 \end{bmatrix} \begin{bmatrix} \hat{x}_1 \\ \hat{x}_2 \\ \hat{x}_3 \end{bmatrix} = 0$$

(4)计算 $\hat{x}$ 和 $Q_{\hat{x}\hat{x}}$：

$$\bar{N}^{-1} = \left(N + SS^{\mathrm{T}}\right)^{-1} = \left(\begin{bmatrix} 2 & -1 & -1 \\ -1 & 3 & -2 \\ -1 & -2 & 3 \end{bmatrix} + \begin{bmatrix} 1 & 1 & 1 \\ 1 & 1 & 1 \\ 1 & 1 & 1 \end{bmatrix}\right)^{-1} = \frac{1}{15}\begin{bmatrix} 5 & 0 & 0 \\ 0 & 4 & 1 \\ 0 & 1 & 4 \end{bmatrix},$$

由(8-3-9)式得

$$\hat{x} = \bar{N}^{-1}B^{\mathrm{T}}l = \begin{bmatrix} 2 & -2 & 0 \end{bmatrix}^{\mathrm{T}}(\text{mm})$$

由(8-3-12)式得

$$Q_{\hat{x}\hat{x}} = \bar{N}^{-1}N\bar{N}^{-1} = \frac{1}{45}\begin{bmatrix} 10 & -5 & -5 \\ -5 & 7 & -2 \\ -5 & -2 & 7 \end{bmatrix}$$

8.4 自由网拟稳平差

拟稳平差是秩亏自由网的一种平差方法，它把未知数分成两类：一类是非稳定点未知数，一类是稳定点(相对于不稳定点而言)未知数或称拟稳点未知数。这种方法普遍应用于工程变形和地壳形变监测数据处理中。

8.4.1 拟稳平差原理

设 X_1 和 X_2 分别为非稳定点和稳定点的未知数，则误差方程为

$$V_{n,1} = B_{n,u}\hat{x}_{u,1} - l_{n,1} = \begin{pmatrix} B_1 & B_2 \\ {\scriptstyle n,u_1} & {\scriptstyle n,u_2} \end{pmatrix}\begin{pmatrix} \hat{x}_1 \\ {\scriptstyle u_1,1} \\ \hat{x}_2 \\ {\scriptstyle u_2,1} \end{pmatrix} - l_{n,1} \tag{8-4-1}$$

式中, $u = u_1 + u_2$, u_1 和 u_2 分别表示非稳定点未知数和稳定点未知数的个数。$R(B) = t < u$, $d = u - t$。要求 $R(B_1) = u_1$, 即 B_1 为列满秩阵, 且 $u_2 > d$。对于水准网、测边网和测角网分别要求 $u_2 > 1$, $u_2 > 3$ 和 $u_2 > 4$。

拟稳平差的数学模型为

$$\left.\begin{array}{l} V = B\hat{x} - l \\ S_2^{\mathrm{T}}\hat{x}_2 = 0 \\ D = \sigma_0^2 Q = \sigma_0^2 P^{-1} \end{array}\right\} \tag{8-4-2}$$

其中 $\underset{d,u}{S^{\mathrm{T}}} = \left(\underset{d,u_1}{S_1^{\mathrm{T}}} \quad \underset{d,u_2}{S_2^{\mathrm{T}}}\right)$, $u = u_1 + u_2$, 此模型与上一节模型不同之处是基准约束仅对部分参数 $\hat{x}_2$ 进行, 而不是全部参数。为了推导方便, 与上一节一致, 令

$$\underset{u,u}{P_x} = \begin{bmatrix} 0 & 0 \\ 0 & I \end{bmatrix}_{u,u} \tag{8-4-3}$$

I 为单位阵, 则(8-4-2)式为

$$S^{\mathrm{T}} P_x \hat{x} = 0 \tag{8-4-4}$$

可见, 当 $P_x = I$ 时, 上式即为上一节秩亏自由网平差的约束条件。

仿上节推导, 按最小二乘准则可得法方程

$$\begin{pmatrix} N & P_x S \\ S^{\mathrm{T}} P_x & 0 \end{pmatrix}\begin{pmatrix} \hat{x} \\ K_p \end{pmatrix} - \begin{pmatrix} w \\ 0 \end{pmatrix} = 0 \tag{8-4-5}$$

对上式中第一式左乘 S^{T}, 顾及 $S^{\mathrm{T}} N = 0$, 得

$$S^{\mathrm{T}} P_x S K_p = 0 \tag{8-4-6}$$

故有 $K_p = 0$, 将上式中的第二式左乘 $P_x S$ 后与第一式相加得

$$(N + P_x S S^{\mathrm{T}} P_x)\hat{x} = w \tag{8-4-7}$$

将(8-4-3)代入得

$$\underset{u,1}{\hat{x}} = \left(\underset{u,u}{N} + \underset{u,d}{S_s} \underset{d,u}{S_s^{\mathrm{T}}}\right)^{-1} \underset{u,1}{w} = (N + S_s S_s^{\mathrm{T}})^{-1} B^{\mathrm{T}} P l \tag{8-4-8}$$

式中

$$\underset{d,u}{S_s^{\mathrm{T}}} = \underset{d,u}{S^{\mathrm{T}}} \underset{u,u}{P_x} = \left(\underset{d,u_1}{0} \quad \underset{d,u_2}{S_2^{\mathrm{T}}}\right) \tag{8-4-9}$$

因为 $S^{\mathrm{T}} = (S_1^{\mathrm{T}} \quad S_2^{\mathrm{T}})$, 故 S_2^{T} 可直接从相似变换矩阵 S 中确定, 例如水准网($d = 1$)、测边网($d = 3$)、测角网($d = 4$)则可分别在式(8-3-14)、式(8-3-15)、式(8-3-16)中属于 $\hat{x}_2$ 的系数部分得到。

8.4.2　精度评定

单位权中误差估值的计算:

$$\hat{\sigma}_0 = \sqrt{\frac{V^{\mathrm{T}} P V}{n - t}} = \sqrt{\frac{V^{\mathrm{T}} P V}{n - R(B)}} \tag{8-4-10}$$

未知参数的协因数阵为:

误差理论与测量平差

$$Q_{\hat{X}\hat{X}} = (N + S_s S_s^T)^{-1} N (N + S_s S_s^T)^{-1} \qquad (8\text{-}4\text{-}11)$$

【例8-3】 题同例【8-2】。设 x_1 为非稳定点未知数，x_2 和 x_3 为稳定点未知数，试对该水准网作拟稳平差。

解：(1)误差方程为

$$\begin{bmatrix} v_1 \\ v_2 \\ v_3 \\ v_4 \end{bmatrix} = \begin{bmatrix} -1 & 1 & 0 \\ 0 & -1 & 1 \\ 1 & 0 & -1 \\ 0 & 1 & -1 \end{bmatrix} \begin{bmatrix} \hat{x}_1 \\ \hat{x}_2 \\ \hat{x}_3 \end{bmatrix} - \begin{bmatrix} 0 \\ 0 \\ 6 \\ -8 \end{bmatrix}$$

则

$$B_1 = \begin{bmatrix} -1 \\ 0 \\ 1 \\ 0 \end{bmatrix}, \quad B_2 = \begin{bmatrix} 1 & 0 \\ -1 & 1 \\ 0 & -1 \\ 1 & -1 \end{bmatrix}, \quad \hat{X}_1 = \begin{bmatrix} \hat{x}_1 \end{bmatrix}, \quad \hat{X}_2 = \begin{bmatrix} \hat{x}_2 \\ \hat{x}_3 \end{bmatrix}$$

可知

$$u_1 = 1, \ u_2 = 2, \ u = 3, \ d = 1, \ P_x = \begin{bmatrix} 0 & 0 & 0 \\ 0 & 1 & 0 \\ 0 & 0 & 1 \end{bmatrix}$$

(2)计算以下矩阵：

$$P_x S = \begin{bmatrix} 0 & 0 & 0 \\ 0 & 1 & 0 \\ 0 & 0 & 1 \end{bmatrix} \begin{bmatrix} 1 \\ 1 \\ 1 \end{bmatrix} = \begin{bmatrix} 0 \\ 1 \\ 1 \end{bmatrix}$$

$$P_x S S^T P_x = \begin{bmatrix} 0 \\ 1 \\ 1 \end{bmatrix} \begin{bmatrix} 0 & 1 & 1 \end{bmatrix} = \begin{bmatrix} 0 & 0 & 0 \\ 0 & 1 & 1 \\ 0 & 1 & 1 \end{bmatrix}$$

$$N + P_x S S^T P_x = \begin{bmatrix} 2 & -1 & -1 \\ -1 & 3 & -2 \\ -1 & -2 & 3 \end{bmatrix} + \begin{bmatrix} 0 & 0 & 0 \\ 0 & 1 & 1 \\ 0 & 1 & 1 \end{bmatrix} = \begin{bmatrix} 2 & -1 & -1 \\ -1 & 4 & -1 \\ -1 & -1 & 4 \end{bmatrix}$$

(3)求各点高程平差值改正数：

$$\hat{x} = (N + P_x S S^T P_x)^{-1} W$$

$$= \begin{bmatrix} 2 & -1 & -1 \\ -1 & 4 & -1 \\ -1 & -1 & 4 \end{bmatrix}^{-1} \begin{bmatrix} 6 \\ -8 \\ 2 \end{bmatrix} = \frac{1}{20} \begin{bmatrix} 15 & 5 & 5 \\ 5 & 7 & 3 \\ 5 & 3 & 7 \end{bmatrix} \begin{bmatrix} 6 \\ -8 \\ 2 \end{bmatrix} = \begin{bmatrix} 3 \\ -1 \\ 1 \end{bmatrix} (\text{mm})$$

(4)求观测值改正数：

$$\begin{bmatrix} v_1 \\ v_2 \\ v_3 \\ v_4 \end{bmatrix} = \begin{bmatrix} -1 & 1 & 0 \\ 0 & -1 & 1 \\ 1 & 0 & -1 \\ 0 & 1 & -1 \end{bmatrix} \begin{bmatrix} \hat{x}_1 \\ \hat{x}_2 \\ \hat{x}_3 \end{bmatrix} - \begin{bmatrix} 0 \\ 0 \\ 6 \\ -8 \end{bmatrix} = \begin{bmatrix} -1 & 1 & 0 \\ 0 & -1 & 1 \\ 1 & 0 & -1 \\ 0 & 1 & -1 \end{bmatrix} \begin{bmatrix} 3 \\ -1 \\ 1 \end{bmatrix} - \begin{bmatrix} 0 \\ 0 \\ 6 \\ -8 \end{bmatrix} = \begin{bmatrix} -4 \\ 2 \\ -4 \\ 6 \end{bmatrix} (\text{mm})$$

(5)求 $Q_{\hat{X}\hat{X}}$：

$$Q_{\hat{X}\hat{X}} = (N + S_s S_s^T)^{-1} N (N + S_s S_s^T)^{-1} = \frac{1}{10} \begin{bmatrix} 5 & 0 & 0 \\ 0 & 1 & -1 \\ 0 & -1 & 1 \end{bmatrix}$$

（6）求估值：

$$H_1^0 = 0\text{m}, \quad H_2^0 = 12.345\text{m}, \quad H_3^0 = 15.823\text{m}$$

$$\hat{H}_1 = H_1^0 + \hat{x}_1 = 0.003\text{m}, \qquad \hat{h}_1 = h_1 + v_1 = 12.341\text{m}$$

$$\hat{H}_2 = H_2^0 + \hat{x}_2 = 12.344\text{m}, \qquad \hat{h}_2 = h_2 + v_2 = 3.480\text{m}$$

$$\hat{H}_3 = H_3^0 + \hat{x}_3 = 15.824\text{m}, \qquad \hat{h}_3 = h_3 + v_3 = -15.821\text{m}$$

$$\hat{h}_4 = h_4 + v_4 = -3.480\text{m}$$

8.5　自由网平差基准的变换

经典自由网平差、秩亏自由网平差和拟稳平差虽然具有各自不同的基准条件，但都遵循最小二乘原则 $V^T P V = \min$，所以得到的观测值改正数 V 不会因为所选取的不同基准而异；所得到的参数估值随所选基准不同而不同，但都是最小二乘解，它们都满足法方程 $N\hat{x} - B^T P l = 0$。

因为自由网平差时对坐标参数必须选取充分近似值，故其平差坐标改正数是微小量，若要将某一基准的坐标 X 变换为另一基准的 $\tilde{X}$，称为基准变换。在坐标近似值不变的情况下，考虑到不同基准的观测值改正数不变，故可通过微分相似原理将 X 变换为 $\tilde{X}$。已知相似变换公式为：

$$\tilde{X} - X = SD \tag{8-5-1}$$

设二维平面自由网中共有 m 个点其坐标 $(x_i \quad y_i)$，$(i = 1, 2, \cdots, m)$，式中：

$$\underset{2m,1}{\tilde{X}} = \begin{pmatrix} \tilde{x}_1 & \tilde{y}_1 & \tilde{x}_2 & \tilde{y}_2 & \cdots & \tilde{x}_m & \tilde{y}_m \end{pmatrix}^T$$

$$\underset{2m,1}{X} = \begin{pmatrix} x_1 & y_1 & x_2 & y_2 & \cdots & x_m & y_m \end{pmatrix}^T$$

$$\underset{4,1}{D} = \begin{pmatrix} \delta x & \delta y & \delta \alpha & \delta k \end{pmatrix}^T$$

$$\underset{2m,4}{S} = \begin{pmatrix} 1 & 0 & -y_1 & x_1 \\ 0 & 1 & x_1 & y_1 \\ \vdots & \vdots & \vdots & \vdots \\ 1 & 0 & -y_m & x_m \\ 0 & 1 & x_m & y_m \end{pmatrix} \tag{8-5-2}$$

式中，S 为相似变换矩阵，D 为变换因子向量，δx　δy　$\delta \alpha$　δk 分别为坐标平移因子、旋转因子和尺度缩放因子。

当自由网为一维网时，例如水准网，则有

$$\left.\begin{array}{l} \tilde{X}_{m,1} = \begin{pmatrix} \tilde{x}_1 & \tilde{x}_2 & \cdots & \tilde{x}_m \end{pmatrix}^{\mathrm{T}} \\ X_{m,1} = \begin{pmatrix} x_1 & x_2 & \cdots & x_m \end{pmatrix}^{\mathrm{T}} \\ D = \delta x \\ S_{1,m}^{\mathrm{T}} = \begin{pmatrix} 1 & 1 & \cdots & 1 \end{pmatrix} \end{array}\right\} \tag{8-5-3}$$

对于测边网，不存在尺度因子 δk，S 为 $2m \times 3$ 矩阵，可将式(8-5-2)右边最后一列除去即得。

对于 GPS 网，不存在旋转和缩放尺度改正，一般只考虑平移，故有

$$\left.\begin{array}{l} \tilde{X}_{3m,1} = \begin{pmatrix} \tilde{x}_1 & \tilde{y}_1 & \tilde{z}_1 & \cdots & \tilde{x}_m & \tilde{y}_m & \tilde{z}_m \end{pmatrix}^{\mathrm{T}} \\ X_{3m,1} = \begin{pmatrix} x_1 & y_1 & z_1 & \cdots & x_m & y_m & z_m \end{pmatrix}^{\mathrm{T}} \\ D = \begin{pmatrix} \delta x & \delta y & \delta z \end{pmatrix} \\ S_{3m,3}^{\mathrm{T}} = \begin{pmatrix} 1 & 0 & 0 & 1 & 0 & 0 & \cdots & 1 & 0 & 0 \\ 0 & 1 & 0 & 0 & 1 & 0 & \cdots & 0 & 1 & 0 \\ 0 & 0 & 1 & 0 & 0 & 1 & \cdots & 0 & 0 & 1 \end{pmatrix} \end{array}\right\} \tag{8-5-4}$$

自由网平差在变形监测分析中应用广泛，对于变形分析需要引入基准概念。经典自由网平差中的起始坐标，在变形分析中是不动点，以不动点监测动点称为固定基准；拟稳平差中的拟稳点坐标，视为网中相对稳定点，以此监测动点，称为拟稳基准；秩亏自由网平差中点动与不动的概率视为相似，相互监测，称为重心基准。所谓基准变换就是在同一自由网中，已知任意基准的平差坐标值(最小二乘解)可变换至另一基准的平差坐标(最小二乘解)。由于采用了微分相似变换公式，平差坐标指的是近似值的改正数。

设 δx 为某类自由网平差坐标(如秩亏自由网解)，现要变换为另一类自由网平差坐标(如拟稳平差结果)，由相似变换公式(8-5-1)，即

$$\tilde{X} = X + SD \tag{8-5-5}$$

式中，X 和 S 已知，求 D 或 $\tilde{X}$。设需求的 $\tilde{X}$ 属于 $\tilde{X}^{\mathrm{T}} P_X \tilde{X} = \min$ 的基准；例如，拟稳基准 $\tilde{X}_2^{\mathrm{T}} \tilde{X}_2 = \min$，即

$$\tilde{X}_2^{\mathrm{T}} \tilde{X}_2 = \begin{pmatrix} \tilde{X}_1^{\mathrm{T}} & \tilde{X}_2^{\mathrm{T}} \end{pmatrix} \begin{pmatrix} 0 & 0 \\ 0 & I \end{pmatrix} \begin{pmatrix} \tilde{X}_1 \\ \tilde{X}_2 \end{pmatrix} = \min \tag{8-5-6}$$

此时，$P_X = \begin{pmatrix} 0 & 0 \\ 0 & I \end{pmatrix}$；$P_X$ 的取值可按具体问题来确定。

为满足式(8-5-6)的要求，可将式(8-5-5)对 D 求导并令其为零，即

$$\frac{\partial (\tilde{X}^{\mathrm{T}} P_X \tilde{X})}{\partial D} = 2\tilde{X}^{\mathrm{T}} P_X \frac{\partial \tilde{X}}{\partial D} = 2\tilde{X}^{\mathrm{T}} P_X S = 0 \tag{8-5-7}$$

即

$$S^{\mathrm{T}} P_X \tilde{X} = 0 \tag{8-5-8}$$

将式(8-5-5)代入式(8-5-8)，得

$$S^{\mathrm{T}} P_X (X + SD) = 0$$

或

$$D = - \left(S^{\mathrm{T}} P_X S \right)^{-1} S^{\mathrm{T}} P_X X \tag{8-5-9}$$

最后由式(8-5-5)求得的变换结果为

$$\tilde{X} = \left(I - S \left(S^{\mathrm{T}} P_X S \right)^{-1} S^{\mathrm{T}} P_X \right) X = HX \tag{8-5-10}$$

式中，H 为变换矩阵。$\tilde{X}$ 的协因数阵为

$$Q_{\tilde{X}\tilde{X}} = H Q_{XX} H^{\mathrm{T}} \tag{8-5-11}$$

式(8-5-10)和式(8-5-11)为自由网基准变换的一般公式。

【例 8-4】　数据同例【8-2】。先将以 x_1 为固定点的经典平差结果变换到以 x_2，x_3 为拟稳点的拟稳平差结果，再将拟稳平差结果转换为自由网平差结果。

解：(1)经典平差：已知 x_1 的高程为 0m，x_2 和 x_3 的近似高程 $H_2^0 = 12.345\mathrm{m}$，$H_3^0 = 15.823\mathrm{m}$；按间接平差法进行计算，得到如下平差结果：

$$\hat{x}_{经典} = \begin{bmatrix} \hat{x}_1 & \hat{x}_2 & \hat{x}_3 \end{bmatrix}^{\mathrm{T}} = \begin{bmatrix} 0 & -4 & -2 \end{bmatrix}^{\mathrm{T}} (\mathrm{mm})$$

$$V = \begin{bmatrix} v_1 & v_2 & v_3 & v_4 \end{bmatrix}^{\mathrm{T}} = \begin{bmatrix} -4 & 2 & -4 & 6 \end{bmatrix}^{\mathrm{T}} (\mathrm{mm})$$

$$Q_{\hat{X}\hat{X}} = \begin{bmatrix} Q_{\hat{x}_1\hat{x}_1} & Q_{\hat{x}_1\hat{x}_2} & Q_{\hat{x}_1\hat{x}_3} \\ Q_{\hat{x}_2\hat{x}_1} & Q_{\hat{x}_2\hat{x}_2} & Q_{\hat{x}_2\hat{x}_3} \\ Q_{\hat{x}_3\hat{x}_1} & Q_{\hat{x}_3\hat{x}_2} & Q_{\hat{x}_3\hat{x}_3} \end{bmatrix} = \frac{1}{5}\begin{bmatrix} 0 & 0 & 0 \\ 0 & 3 & 2 \\ 0 & 2 & 3 \end{bmatrix}$$

(2)经典平差结果转换为拟稳平差。

以 x_2，x_3 为拟稳点，将经典平差结果转换为拟稳平差，近似值与经典平差中的近似值相同，即 $H_1^0 = 0\mathrm{m}$，$H_2^0 = 12.345\mathrm{m}$，$H_3^0 = 15.823\mathrm{m}$。水准网平差的相似变换矩阵 S 和参数的权阵分别为

$$S = (1 \quad 1 \quad 1)^{\mathrm{T}}$$

$$P_X = \begin{pmatrix} 0 & 0 & 0 \\ 0 & 1 & 0 \\ 0 & 0 & 1 \end{pmatrix}$$

则有：

$$H = I - S \left(S^{\mathrm{T}} P_X S \right)^{-1} S^{\mathrm{T}} P_X = \begin{pmatrix} 1 & -\dfrac{1}{2} & -\dfrac{1}{2} \\ 0 & \dfrac{1}{2} & -\dfrac{1}{2} \\ 0 & -\dfrac{1}{2} & \dfrac{1}{2} \end{pmatrix}$$

$$\hat{x}_{拟稳} = H\hat{x}_{经典} = \frac{1}{2}\begin{bmatrix} 2 & -1 & -1 \\ 0 & 1 & -1 \\ 0 & -1 & 1 \end{bmatrix}\begin{bmatrix} 0 \\ -4 \\ -2 \end{bmatrix} = \begin{bmatrix} 3 \\ -1 \\ 1 \end{bmatrix}(\mathrm{mm})$$

设经典平差时的 $Q_{\hat{x}\hat{x}} = Q'_{\hat{x}\hat{x}}$，即

$$Q'_{\hat{x}\hat{x}} = \frac{1}{5}\begin{bmatrix} 0 & 0 & 0 \\ 0 & 3 & 2 \\ 0 & 2 & 3 \end{bmatrix}$$

$$Q_{\hat{x}\hat{x}} = HQ'_{\hat{x}\hat{x}}H^{\mathrm{T}} = \frac{1}{20}\begin{bmatrix} 2 & 0 & 0 \\ -1 & 1 & -1 \\ -1 & -1 & 1 \end{bmatrix}\begin{bmatrix} 0 & 0 & 0 \\ 0 & 3 & 2 \\ 0 & 2 & 3 \end{bmatrix}\begin{bmatrix} 2 & 0 & 0 \\ -1 & 1 & -1 \\ -1 & -1 & 1 \end{bmatrix} = \frac{1}{10}\begin{bmatrix} 5 & 0 & 0 \\ 0 & 1 & -1 \\ 0 & -1 & 1 \end{bmatrix}$$

（3）拟稳平差结果转换为自由网平差。

将拟稳平差结果变换至最小二乘最小范数自由网平差结果，近似高程取值与上述相同。此时，

$$\hat{x}_{拟稳} = H\hat{x}_{经典} = \begin{bmatrix} 3 & -1 & 1 \end{bmatrix}(\mathrm{mm}), \quad S = \begin{pmatrix} 1 & 1 & 1 \end{pmatrix}^{\mathrm{T}}$$

$$P_X = \begin{pmatrix} 1 & 0 & 0 \\ 0 & 1 & 0 \\ 0 & 0 & 1 \end{pmatrix} = I$$

则有

$$H = I - S\left(S^{\mathrm{T}}P_X S\right)^{-1}S^{\mathrm{T}}P_X = \begin{pmatrix} \dfrac{2}{3} & -\dfrac{1}{3} & -\dfrac{1}{3} \\ -\dfrac{1}{3} & \dfrac{2}{3} & -\dfrac{1}{3} \\ -\dfrac{1}{3} & -\dfrac{1}{3} & \dfrac{2}{3} \end{pmatrix}$$

$$\hat{x}_{范数} = H\hat{x}_{拟稳} = \frac{1}{3}\begin{bmatrix} 2 & -1 & -1 \\ -1 & 2 & -1 \\ -1 & -1 & 2 \end{bmatrix}\begin{bmatrix} 3 \\ -1 \\ 1 \end{bmatrix} = \begin{bmatrix} 2 \\ -2 \\ 0 \end{bmatrix}(\mathrm{mm})$$

设拟稳平差时的 $Q_{\hat{x}\hat{x}} = Q'_{\hat{x}\hat{x}}$，即

$$Q'_{\hat{x}\hat{x}} = \frac{1}{10}\begin{bmatrix} 5 & 0 & 0 \\ 0 & 1 & -1 \\ 0 & -1 & 1 \end{bmatrix}$$

$$Q_{\hat{x}\hat{x}} = HQ'_{\hat{x}\hat{x}}H^{\mathrm{T}} = \frac{1}{90}\begin{bmatrix} 2 & -1 & -1 \\ -1 & 2 & -1 \\ -1 & -1 & 2 \end{bmatrix}\begin{bmatrix} 5 & 0 & 0 \\ 0 & 1 & -1 \\ 0 & -1 & 1 \end{bmatrix}\begin{bmatrix} 2 & -1 & -1 \\ -1 & 2 & -1 \\ -1 & -1 & 2 \end{bmatrix}$$

$$= \frac{1}{45}\begin{bmatrix} 10 & -5 & -5 \\ -5 & 7 & -2 \\ -5 & -2 & 7 \end{bmatrix}$$

可见，计算结果同例【8-2】。

第9章 系统误差与粗差的平差处理

在现代测量数据处理中，系统误差和粗差实际上也是不可避免的误差。本章阐述削弱或消除这些误差的平差处理方法，主要是附加系统参数平差法、数据探测法和稳健(抗差)估计法。

9.1 概 述

观测误差 Δ 按其性质可以分为：偶然误差 Δ_α 、系统误差 Δ_s 和粗差 Δ_g ，即

$$\Delta = \Delta_g + \Delta_s + \Delta_\alpha \tag{9-1-1}$$

在前面给出的平差模型中，通常假定观测值中仅含偶然误差 Δ_α ，即 $\Delta_g = 0, \Delta_s = 0$ ，而 $\Delta = \Delta_\alpha$ 。但事实上，在平差前完全消除系统误差的影响和剔除粗差是不可能的。随着测量精度的不断提高，对平差结果的精度要求也愈来愈高，于是出现了通过平差过程消除系统误差影响和剔除粗差的平差方法。

1. 消除系统误差影响的平差方法

前面的平差方法中，总是假设观测值中仅含偶然误差，不含系统误差。但事实上，尽管在观测前对仪器进行检验校正，在观测过程中采用各种措施降低系统误差的影响以及改正等，但观测值中含有残余的系统误差仍不可避免。消除或减弱这种残余系统误差有多种方法，其中常用的方法是通过平差过程来消除系统误差对平差结果的影响，例如在航空摄影测量中称为自检校平差。这种平差方法的基本思想是，在仅含偶然误差函数模型的基础上，加入一些附加参数用以抵偿在观测数据中存在的系统误差对平差结果的影响。函数模型为

$$V = A\hat{X} + B\hat{S} - L \tag{9-1-2}$$

附加参数 S 的选择分为两种情况。一种是顾及系统误差特点的附加参数，如三角高程网平差中的折光未知数，测边网平差中的尺度比未知数，卫星多普勒定位中的频偏、时延等未知数。另一种是多项式型的附加参数，例如一般多项式，正形多项式，球谐函数中的系数作为附加参数。根据实际情况，可以把附加参数看作是非随机参数，按通常的参数平差方法将 $\hat{X}, \hat{S}$ 一并解出。也可以把附加参数看做是随机畸变，按最小二乘配置法一并解出 $\hat{X}, \hat{S}$ 。

2. 剔除粗差的平差方法

当观测值中仅包含偶然误差时，按最小二乘准则估计平差模型中的参数，具有最优的统计性质，即估计参数为最优线性无偏估计。然而，观测值中有时出现粗差是难以避免的，当观测值中包含了粗差，由于粗差会对参数的估值产生较大的影响，若仍采用最小二

乘估计，必将严重影响成果的质量。

传统上剔除观测值中的粗差，通常在平差之前进行，例如采取避免粗差的观测程序，增加多余观测，以及用几何条件闭合差等方法。尽管采取这些措施，有些粗差仍然是难以避免的。因此又提出平差后检验粗差的方法，即用数理统计中假设检验的方法。1968 年，巴尔达(W. Baarda)在他的名著《大地网的检验方法》中，首先用数理统计方法阐述了测量系统的数据探测法和可靠性理论，为在测量平差过程中自动剔除粗差提供了理论基础。

在现代测量平差理论中，对粗差的处理目前主要有两种途径，一是将粗差归入函数模型处理，另一种就是将粗差归入随机模型处理。

若将粗差归入函数模型，则粗差表现为观测量误差绝对值较大且偏离群体。其处理的基本思想是在进行最小二乘平差前探测和定位粗差，剔除含有粗差的观测值，从而得到一组比较净化的观测值。然后用这组净化的观测值进行最小二乘平差。数据探测法就属于这种方法。

若将粗差归入随机模型处理，则粗差表现为先验随机模型和实际随机模型的差异过大，可解释为方差膨胀模型。其处理的基本思想是根据逐次迭代平差的结果来不断地改变观测值的权或方差，最终使粗差观测值的权趋于零或方差趋于无穷大，这种方法可以确保估计的参数少受模型误差，特别是粗差的影响。稳健估计(Robust)就是这种途径的一种有效方法。

稳健估计，在测量中也称为抗差估计，是针对最小二乘估计不具备抗干扰性这一缺陷提出的，其目的在于构造某种估计方法，使其对粗差具有一定的抗干扰能力，即具有以下特点：

(1)在假定模型正确时，估计的参数具有良好的性质，是最优的或接近最优的。

(2)当假定的模型与实际理论模型有较小差异时，估计的参数变化较小。

(3)当假定的模型与实际理论模型有较大偏离时，估计的参数不会变得太差。

可见，所谓稳健估计，就是保证所估计的参数不受或少受模型误差特别是少受粗差影响的一种参数估计方法。这种估计方法在测量平差中主要用来处理粗差，由于具有抗干扰性，故取名为稳健估计。

9.2　附加系统参数的平差

附加系统参数的平差法是在仅含偶然误差平差模型的基础上，附加系统参数，用以补偿系统误差对平差结果的影响。由于系统误差可以分为不变的系统误差和可变的系统误差。不变的系统误差，即在整个测量过程中，误差符号和大小固定不变的系统误差，可变的系统误差又有线性变化的系统误差和非线性变化的系统误差之分。而非线性变化的系统误差又有多项式变化、周期性变化和按复杂规律变化的系统误差等。由于不变的系统误差是线性变化的系统误差的特殊情况，而非线性又可以用线性近似，为此，本节仅讨论附加线性系统参数的平差方法。

9.2.1　附加系统参数的平差模型

为了论述的便利，且与前面平差中的符号对应，这里仍采用符号 Δ 表示观测误差，Δ_s

表示系统误差, Δ_α 表示偶然误差。

经典的高斯-马尔柯夫模型为

$$
\left.\begin{array}{c}
L + \Delta = B\tilde{X} \\
D_{LL} = D_{\Delta\Delta} = \sigma_0^2 Q = \sigma_0^2 P^{-1}
\end{array}\right\}
\tag{9-2-1}
$$

假定观测值仅含偶然误差, 则 $E(\Delta) = 0$。当观测值中除了偶然误差外, 还含有系统误差时, 显然, $E(\Delta) \neq 0$。在这种情况下, 需要对高斯-马尔柯夫模型进行扩充。

设观测误差 Δ 包含偶然误差 Δ_α 和系统误差 Δ_s, 即

$$
\Delta = \Delta_\alpha + \Delta_s
$$

由于常系统误差是线性系统误差的特殊情况, 而非线性又可以用线性近似, 为此, 考虑附加线性系统参数, 即设 $\Delta_s = A\tilde{S}$, 于是有

$$
\Delta = \Delta_\alpha + A\tilde{S}
\tag{9-2-2}
$$

显然, $E(\Delta) = A\tilde{S}$。

将式(9-2-2)代入式(9-2-1), 即得附加系统参数的平差函数模型为:

$$
L + \Delta = B\tilde{X} + A\tilde{S}
\tag{9-2-3}
$$
$$
D_{LL} = D_{\Delta\Delta} = \sigma_0^2 Q = \sigma_0^2 P^{-1}
$$

式中, Δ_α 仍用 Δ 表示, 将上式改写为误差方程形式, 即

$$
\underset{n,1}{V} = \underset{n,t}{B}\,\underset{t,1}{\hat{x}} + \underset{n,m}{A}\,\underset{m,1}{\hat{S}} - \underset{n,1}{l}
\tag{9-2-4}
$$

式中, $\hat{S}$ 为系统参数 $\tilde{S}$ 的平差值, $A\hat{S}$ 为系统误差的影响项, 即对平差模型的补偿项。A, B 为系数矩阵, 且 $R(B) = t$, $R(A) = m$, 即 A, B 均为列满秩阵。进一步假设 $\hat{x}$ 与 $\hat{S}$ 之间相互独立。

9.2.2 平差原理

将式(9-2-4)进一步写成

$$
V = (B \quad A)\begin{pmatrix}\hat{x} \\ \hat{S}\end{pmatrix} - l
\tag{9-2-5}
$$

根据最小二乘准则, 按间接平差法可得其法方程的系数和常数项为

$$
N = \begin{pmatrix}B^T \\ A^T\end{pmatrix} P (B \quad A) = \begin{pmatrix}B^TPB & B^TPA \\ A^TPB & A^TPA\end{pmatrix}; \quad U = \begin{pmatrix}B^T \\ A^T\end{pmatrix} Pl = \begin{pmatrix}B^TPl \\ A^TPl\end{pmatrix}
$$

因此, 其法方程为

$$
\begin{pmatrix}B^TPB & B^TPA \\ A^TPB & A^TPA\end{pmatrix}\begin{pmatrix}\hat{x} \\ \hat{S}\end{pmatrix} = \begin{pmatrix}B^TPl \\ A^TPl\end{pmatrix}
\tag{9-2-6}
$$

记: $N_{11} = B^TPB$, $N_{12} = B^TPA = N_{21}^T$, $N = A^TPA$。则上式可简写为

$$
\begin{pmatrix}N_{11} & N_{12} \\ N_{21} & N_{22}\end{pmatrix}\begin{pmatrix}\hat{x} \\ \hat{S}\end{pmatrix} = \begin{pmatrix}B^TPl \\ A^TPl\end{pmatrix}
\tag{9-2-7}
$$

157

根据分块矩阵求逆公式，得

$$\begin{pmatrix} \hat{x} \\ \hat{S} \end{pmatrix} = \begin{pmatrix} N_{11}^{-1} + N_{11}^{-1}N_{12}M^{-1}N_{21}N_{11}^{-1} & -N_{11}^{-1}N_{12}M^{-1} \\ -M^{-1}N_{21}N_{11}^{-1} & M^{-1} \end{pmatrix}\begin{pmatrix} B^{\mathrm{T}}Pl \\ A^{\mathrm{T}}Pl \end{pmatrix} \tag{9-2-8}$$

式中，$M = N_{22} - N_{21}N_{11}^{-1}N_{12}$

如果平差模型中不含有系统误差，即 $\tilde{S} = 0$，则有

$$\hat{x}_1 = N_{11}^{-1}B^{\mathrm{T}}Pl = (B^{\mathrm{T}}PB)^{-1}B^{\mathrm{T}}Pl \tag{9-2-9}$$

那么，由式(9-2-8)可以得到

$$\hat{x} = \hat{x}_1 - N_{11}^{-1}N_{12}M^{-1}(A^{\mathrm{T}}Pl - N_{21}\hat{x}_1) \tag{9-2-10}$$

$$\hat{S} = M^{-1}(A^{\mathrm{T}}Pl - N_{21}\hat{x}_1) \tag{9-2-11}$$

由间接平差知，平差参数估值的协因数阵就是法方程系数阵的逆阵，因此，

$$\begin{pmatrix} Q_{\hat{x}\hat{x}} & Q_{\hat{x}\hat{s}} \\ Q_{\hat{s}\hat{x}} & Q_{\hat{s}\hat{s}} \end{pmatrix} = N^{-1} = \begin{pmatrix} N_{11}^{-1} + N_{11}^{-1}N_{12}M^{-1}N_{21}N_{11}^{-1} & -N_{11}^{-1}N_{12}M^{-1} \\ -M^{-1}N_{21}N_{11}^{-1} & M^{-1} \end{pmatrix}$$

即 $\hat{x}$ 和 $\hat{S}$ 的协因数阵为

$$Q_{\hat{x}\hat{x}} = N_{11}^{-1} + N_{11}^{-1}N_{12}M^{-1}N_{21}N_{11}^{-1} \tag{9-2-12}$$

$$Q_{\hat{s}\hat{s}} = M^{-1} \tag{9-2-13}$$

其单位权估值为

$$\hat{\sigma}_0 = \sqrt{\frac{V^{\mathrm{T}}PV}{r}} = \sqrt{\frac{V^{\mathrm{T}}PV}{n-(t+m)}} \tag{9-2-14}$$

利用附加系统参数的平差方法可以有效补偿观测数据中的系统误差，但是如何选择和处理附加参数，在实际问题中还需要考虑一些问题。为了尽可能补偿系统误差，人们总希望用全面、包含大量附加参数的系统误差模型来扩展平差的函数模型。但这样做的结果，往往会造成参数过度化，使得附加参数间或附加参数与基本参数之间存在近似的线性关系，从而导致法方程系数阵病态，即其系数阵接近奇异，最终导致最小二乘平差求得的参数估值变坏。为此，必须采取一些有效地措施来避免此类情况的发生。

9.3　附加系统参数的统计假设检验

附加系统参数的引入，改变了原平差模型。为了保证平差模型的正确性，需要对附加系统参数的显著性进行检验。如果系统参数不存在，或者系统参数存在但与列入模型的项 $A\hat{S}$ 不符，而仍采用模型(9-2-4)式进行平差，必将影响平差结果的正确性，所以附加系统参数的平差必须对加入项 $A\hat{S}$ 的显著性等进行检验。

9.3.1　附加系统参数的必要性检验

附加系统参数的平差模型为

$$V = \begin{pmatrix} B & A \end{pmatrix}\begin{pmatrix} \hat{x} \\ \hat{S} \end{pmatrix} - l \tag{9-3-1}$$

下面采用线性假设检验法。(见 7.3.3 小节)

$$原假设\ H_0:\ S = 0\ ,\ 或\ (0\quad I)\begin{pmatrix} \hat{x} \\ \hat{S} \end{pmatrix} = 0 \qquad (9\text{-}3\text{-}2)$$

根据线性假设检验的基本思想,即按附有条件的间接平差函数模型

$$V = (B\quad A)\begin{pmatrix} \hat{x} \\ \hat{S} \end{pmatrix} - l \qquad (9\text{-}3\text{-}3)$$

$$(0\quad I)\begin{pmatrix} \hat{x} \\ \hat{S} \end{pmatrix} = 0 \qquad (9\text{-}3\text{-}4)$$

进行平差,求得的单位权方差估值与单独平差(9-3-3)式求得的单位权方差估值相比较,如果两者无显著差别,则可认为原假设 H_0 成立,否则 H_0 不成立。

单独平差(9-3-3)式求得的改正数的平方和为

$$\Omega = V^{\mathrm{T}}PV = (B\hat{x} + A\hat{S} - l)^{\mathrm{T}}P(B\hat{x} + A\hat{S} - l) \qquad (9\text{-}3\text{-}5)$$

附加限制条件(9-3-4)后平差求得的改正数平方和为

$$\Omega_H = V_H^{\mathrm{T}}PV_H = (B\hat{x} - l)^{\mathrm{T}}P(B\hat{x} - l) \qquad (9\text{-}3\text{-}6)$$

由于附有条件的间接平差的改正数平方和 Ω_H,是不带条件的改正数平方和 Ω 与向量 $(0\quad I)\begin{pmatrix} \hat{x} \\ \hat{S} \end{pmatrix}$ 的二次型 R 之和,R 是考虑假设 H_0 作为条件方程后对 Ω 的影响项。即

$$\Omega_H = \Omega + R \qquad (9\text{-}3\text{-}7)$$

式中 R 的计算见(7-3-15)式:

$$\begin{aligned} R &= \left((0\quad I)\begin{pmatrix} \hat{x} \\ \hat{S} \end{pmatrix}\right)^{\mathrm{T}} \left[(0\quad I)\begin{pmatrix} N_{11} & N_{12} \\ N_{21} & N_{22} \end{pmatrix}^{-1}\begin{pmatrix} 0 \\ I \end{pmatrix}\right]^{-1} \left((0\quad I)\begin{pmatrix} \hat{x} \\ \hat{S} \end{pmatrix}\right) \\ &= \hat{S}^{\mathrm{T}}\left[(0\quad I)\begin{pmatrix} Q_{\hat{x}\hat{x}} & Q_{\hat{x}\hat{S}} \\ Q_{\hat{S}\hat{x}} & Q_{\hat{S}\hat{S}} \end{pmatrix}\begin{pmatrix} 0 \\ I \end{pmatrix}\right]^{-1}\hat{S} \\ &= \hat{S}^{\mathrm{T}}Q_{\hat{S}\hat{S}}^{-1}\hat{S} = \hat{S}^{\mathrm{T}}M\hat{S} \end{aligned} \qquad (9\text{-}3\text{-}8)$$

这里考虑了 $Q_{\hat{S}\hat{S}}^{-1} = M$ 。

按线性假设检验法构成检验统计量 F (7-3-16)式,即

$$F = \frac{R/m}{\Omega/(n-t-m)} \qquad (9\text{-}3\text{-}9)$$

采用 F 检验法,选定显著水平 α ,以分子的自由度 m ,分母自由度 $n-(t+m)$,由 α 查得 F_α 。如果 $F > F_\alpha$,表明线性假设不成立;即 $S \neq 0$,表明系统参数显著,可将其作为参数列入函数模型。反之,若 $F < F_\alpha$,则接受 H_0,$H_0: S = 0$,表示 S 不应作为参数纳入模型中。

9.3.2　附加系统参数的显著性检验

下面仅介绍单个系统参数的显著性检验。

若仅检验其中一个系统参数，则原假设为 $H_0: S_i = 0$

此时，由式(9-3-9)得

$$R = \hat{S}_i^2 Q_{\hat{S}_i\hat{S}_i}^{-1} = \frac{\hat{S}_i^2}{Q_{\hat{S}_i\hat{S}}} \tag{9-3-10}$$

所以检验统计量为

$$F = \frac{\hat{S}_i^2}{\hat{\sigma}_0^2 Q_{\hat{S}_i\hat{S}_i}} = \frac{\hat{S}_i^2}{\hat{\sigma}_{\hat{S}_i}^2} \tag{9-3-11}$$

或

$$t_i = \frac{\hat{S}_i}{\hat{\sigma}_{\hat{S}_i}} \tag{9-3-12}$$

即构成 t 分布统计量，用 t 检验法对参数 $\hat{S}_i$ 进行检验。当给定显著水平 α 后，由 t 分布表查得临界值 t_α，若 $t < t_\alpha$，则接受 H_0，表明该系统参数不显著，应该剔除；反之，应该保留。

9.4　粗差处理的数据探测法

1968 年，荷兰巴尔达(Baarda)教授在他的著作《大地网的检验方法》中，首先用数理统计方法提出了测量可靠性理论和数据探测法，为在测量平差过程中自动剔除粗差提供了理论基础。其中，可靠性理论包括：

(1)在理论上研究平差系统的可靠性。通常称平差系统发现观测值粗差的能力为内可靠性，而称不可发现的粗差对平差结果的影响大小为外可靠性。可靠性指标通常应用于大地网优化设计中；

(2)在实用上研究在平差过程中自动剔除粗差的方法，是将粗差归入函数模型的数据探测法。

本节主要介绍粗差处理的数据探测法，而粗差处理的稳健估计法将在下节详细阐述。而巴尔达提出的数据探测法，前提是一个平差系统只存在一个粗差，用统计假设检验探测粗差，从而剔除粗差。

在第 7 章平差系统假设检验中已给出了数据探测法的原理。其检验步骤为

(1)原假设 $H_0: E(v_i) = 0$，即观测值 L_i 中不存在粗差。

(2)考虑 $v_i \sim N(0, \sigma_0^2 Q_{v_iv_i})$，标准正态分布统计量

$$u = \frac{v_i}{\sigma_0\sqrt{Q_{v_iv_i}}} = \frac{v_i}{\sigma_{v_i}} \tag{9-4-1}$$

(3)作 u 检验，当给定显著水平 α 后，查得临界值 $u_{\alpha/2}$，若 $|u| < u_{\alpha/2}$，则接受 H_0，表明该观测值不含粗差；反之，如果 $|u| > u_{\alpha/2}$，则否定 H_0，也即 $E(v_i) \neq 0$，则观测值 L_i 中可能存在粗差。

利用数据探测法，一次只能发现一个粗差，当要再次发现另一个粗差时，需要先剔除

所发现的粗差，重新平差，计算统计量。逐次进行，直至不再发现粗差。数据探测法的优点是计算方便，但由于每次只考虑一个粗差，并未顾及各改正数之间的相关性，检验粗差的可靠性受到一定的限制。尽管如此，在测量平差实际中此法得到广泛应用。

这里需要指出，数据探测法适用与任何平差方法。在(9-4-11)式中，σ_0 在平差前已经给出，是已知常量。注意不能用其估值 $\hat{\sigma}_0$ 代替，v_i 为该平差方法求出的观测改正数，而(9-4-1)式中的协因数 $Q_{v_i v_i}$ 也必须由采用的平差方法求得。例如条件平差，Q_{vv} 计算式可由表 5-1 查到，则有

$$Q_{v_i v_i} = (Q_{vv})_{ii} = (QA^{\mathrm{T}}N_{aa}^{-1}AQ)_{ii} \tag{9-4-2}$$

若采用间接平差，Q_{vv} 计算式可由表 6-1 查到，则有

$$Q_{v_i v_i} = (Q_{vv})_{ii} = (Q - BN_{BB}B^{\mathrm{T}})_{ii} \tag{9-4-3}$$

其他附有参数的条件平差、附有限制条件的间接平差、最小二乘滤波、秩亏自由网平差等方法，与上述类似，都可用数据探测法进行粗差检验。

9.5　粗差处理的稳健(抗差)估计

上节给出了将粗差纳入函数模型处理的数据探测法，本节介绍将粗差纳入随机模型处理的稳健估计法，在测量中常称为抗差估计。稳健估计的基本思想是：在粗差不可避免的情况下，选择适当的估计方法，使参数的估值尽可能避免粗差的影响，得到有效的最佳估值。稳健估计方法很多，在测量中通常采用选权迭代法。

9.5.1　稳健估计的基本原理

M 估计又称为极大似然估计，是测量平差中最主要的抗差准则，下面首先对 M 估计加以讨论。

设观测值为 L_1，L_2，$\cdots$，L_n，待估参数为 $\hat{X}$，观测值 L_i 的分布密度为 $f(L_i, \hat{X})$，根据极大似然估计准则

$$\sum_{i=1}^{n} \ln f(L_i, \hat{X}) = \max \tag{9-5-1}$$

若以 $\rho(.)$ 代替 $\ln f(.)$，则极大似然估计准则改写为

$$\sum_{i=1}^{n} \rho(L_i, \hat{X}) = \min \tag{9-5-2}$$

对上式求导，得

$$\sum_{i=1}^{n} \varphi(L_i, \hat{X}) = 0 \tag{9-5-3}$$

式中，$\varphi(L_i, \hat{X}) = \dfrac{\partial \rho(L_i, \hat{X})}{\partial \hat{X}}$。

由此可见，有一个 ρ（或 φ）函数，就定义了一个 M 估计，所以 M 估计是指由(9-5-1)

式或(9-5-2)式定义的一大类估计。常用的 ρ 函数是对称、连续、严凸或者在正半轴上非降的函数，而且 φ 函数常取成满足上述条件的 ρ 函数的导函数。

采用 M 估计的关键是确定 ρ（或 φ）函数。作为一种稳健估计方法，ρ 函数的选取必须满足上述的稳健估计基本思想和稳健估计的三个目标。如果将 ρ 函数选为

$$\rho(L_i, \; \hat{X}) = (L_i - \mu_i)^2 \tag{9-5-4}$$

从而

$$\sum_{i=1}^{n} \rho(L_i, \; \hat{X}) = \sum_{i=1}^{n} v_i^2 \tag{9-5-5}$$

此即为最小二乘准则，它不具有抗差性，就不能认为是一种稳健的估计方法。

由于 M 估计的方法有许多种，在测量平差中应用最广泛、计算简单、算法类似于最小二乘平差、易于程序实现的是选权迭代法。下面重点论述选权迭代法。

9.5.2　粗差处理的选权迭代法

1. 等权独立观测值的选权迭代法

设有独立观测值 $\underset{n,1}{L}$，其权阵为 $P = I$，未知参数向量为 $\underset{t,1}{\hat{X}}$，误差方程为

$$V = \begin{pmatrix} b_{11} & b_{12} & \cdots & b_{1t} \\ b_{21} & b_{22} & \cdots & b_{2t} \\ \vdots & \vdots & & \vdots \\ b_{n1} & b_{n2} & \cdots & b_{nt} \end{pmatrix} \hat{X} - l = \begin{pmatrix} b_1 \\ b_2 \\ \vdots \\ b_n \end{pmatrix} \hat{X} - \begin{pmatrix} l_1 \\ l_2 \\ \vdots \\ l_n \end{pmatrix}, \tag{9-5-6}$$

即 $v_i = \underset{1,t}{b_i}\hat{X} - l_i$，式中，$b_i$ 为系数矩阵 B 的第 i 行向量。

现取 M 估计的函数为 $\rho(L_i, \; \hat{X}) = \rho(v_i)$，其估计准则为

$$\sum_{i=1}^{n} \rho(v_i) = \sum_{i=1}^{n} \rho(b_i\hat{X} - l_i) = \min \tag{9-5-7}$$

上式对 $\hat{X}$ 求导，并记 $\varphi(v_i) = \dfrac{\partial \rho}{\partial v_i}$，得

$$\sum_{i=1}^{n} \varphi(v_i) b_i = 0 \tag{9-5-8}$$

对上式进行转置，得

$$\sum_{i=1}^{n} b_i^{\mathrm{T}} \varphi(v_i) = 0 , \quad 即 \sum_{i=1}^{n} b_i^{\mathrm{T}} \frac{\varphi(v_i)}{v_i} v_i = 0 \tag{9-5-9}$$

令 $w_i = \dfrac{\varphi(v_i)}{v_i}$，将式(9-5-9)写成矩阵形式，即得

$$B^{\mathrm{T}} W V = 0 \tag{9-5-10}$$

式中

$$W = \begin{pmatrix} w_1 & & & \\ & w_2 & & \\ & & \ddots & \\ & & & w_n \end{pmatrix} = \begin{pmatrix} \dfrac{\varphi(v_1)}{v_1} & & & \\ & \dfrac{\varphi(v_2)}{v_2} & & \\ & & \ddots & \\ & & & \dfrac{\varphi(v_n)}{v_n} \end{pmatrix} \qquad (9\text{-}5\text{-}11)$$

将误差方程(9-5-6)代入式(9-5-10)，得法方程式为

$$B^{\mathrm{T}}WB\hat{X} - B^{\mathrm{T}}Wl = 0 \qquad (9\text{-}5\text{-}12)$$

当选定 ρ 函数后，稳健权阵 W 可以确定，但权因子 w_i 是 v_i 的函数，故稳健估计需要对权进行迭代求解。

2. 不等权独立观测值的选权迭代法

设有不等权独立观测值 $L_{n,1}$，未知参数向量为 $\hat{X}_{t,1}$，误差方程及权阵为

$$V = B\hat{X} - l = \begin{pmatrix} b_1 \\ b_2 \\ \vdots \\ b_n \end{pmatrix} \hat{X} - \begin{pmatrix} l_1 \\ l_2 \\ \vdots \\ l_n \end{pmatrix}, \quad P = \begin{pmatrix} p_1 & & & \\ & p_2 & & \\ & & \ddots & \\ & & & p_n \end{pmatrix} \qquad (9\text{-}5\text{-}13)$$

不等权独立观测情况下，M 估计准则为

$$\sum_{i=1}^{n} p_i\rho(v_i) = \sum_{i=1}^{n} p_i\rho(b_i\hat{X} - l_i) = \min \qquad (9\text{-}5\text{-}14)$$

同上，将上式对 $\hat{X}$ 求导，并记 $\varphi(v_i) = \dfrac{\partial\rho}{\partial v_i}$，得

$$\sum_{i=1}^{n} p_i \frac{\varphi(v_i)}{v_i}v_i b_i = 0 \qquad (9\text{-}5\text{-}15)$$

将上式进行转置，并令 $\bar{p}_i = p_i w_i$，$w_i = \dfrac{\varphi(v_i)}{v_i}$，则有

$$\sum_{i=1}^{n} b_i^{\mathrm{T}}\bar{p}_i v_i = 0，\ 或\ B^{\mathrm{T}}\bar{P}V = 0 \qquad (9\text{-}5\text{-}16)$$

将误差方程代入式(9-5-16)，得法方程为

$$B^{\mathrm{T}}\bar{P}B\hat{X} - B^{\mathrm{T}}\bar{P}l = 0 \qquad (9\text{-}5\text{-}17)$$

其中，$\bar{P}$ 为等价权阵(等价权阵由周江文教授提出)，$\bar{p}_i$ 为等价权元素，是观测值权 p_i 与权因子 w_i 之积。即

$$\bar{P} = PW = \begin{pmatrix} \bar{p}_1 & & & \\ & \bar{p}_2 & & \\ & & \ddots & \\ & & & \bar{p}_n \end{pmatrix} = \begin{pmatrix} p_1 w_1 & & & \\ & p_2 w_2 & & \\ & & \ddots & \\ & & & p_n w_n \end{pmatrix}$$

当 $p_1 = p_2 = \cdots = p_n = 1$ 时，则 $\overline{P} = W$，准则(9-5-14)就是(9-5-7)式，可见后者是前者的特殊情况。

上式与最小二乘估计中的法方程形式完全一致，仅用权函数矩阵 $\overline{P}$ 代替观测权阵 P。由于权函数矩阵 $\overline{P}$ 是残差 V 的函数，只能通过给其赋予一定的初值，采用迭代方法估计参数 $\hat{X}$。由此得参数的稳健估计值为：

$$\hat{X} = (B^{\mathrm{T}} \overline{P} B)^{-1} B^{\mathrm{T}} \overline{P} l \tag{9-5-18}$$

3. 选权迭代法的计算过程

根据上述讨论，选权迭代法的计算过程归结如下：

(1)列立误差方程，令各权因子初值均为 1，即令 $w_1 = w_2 = \cdots = w_n = 1$，$W = I$，则 $\overline{P}^{(0)} = P$，P 为观测权阵。

(2)解算方程(9-5-18)，得出参数 $\hat{X}$ 和残差 V 的第一次估值：

$$\hat{X}^{(1)} = (B^{\mathrm{T}} P B)^{-1} B^{\mathrm{T}} P l \ ; \ V^{(1)} = B\hat{X}^{(1)} - l$$

(3)由 $V^{(1)}$ 按 $w_i = \dfrac{\varphi(v_i)}{v_i}$ 确定各观测值新的权因子，按 $\bar{p}_i = p_i w_i$ 构造新的等价权 $\overline{P}^{(1)}$，再解算方程(9-5-18)，得出参数 $\hat{X}$ 和残差 V 的第二次估值：

$$\hat{X}^{(2)} = (B^{\mathrm{T}} \overline{P}^{(1)} B)^{-1} B^{\mathrm{T}} \overline{P}^{(1)} l \ ; \ V^{(2)} = B\hat{X}^{(2)} - l$$

(4)由 $V^{(2)}$ 构造新的等价权 $\overline{P}^{(2)}$，再解算方程(9-5-18)，直至前后两次解的差值符合限差要求为止。

(5)最后结果为

$$\hat{X}^{(k)} = (B^{\mathrm{T}} \overline{P}^{(k-1)} B)^{-1} B^{\mathrm{T}} \overline{P}^{(k-1)} l \ ; \ V^{(k)} = B\hat{X}^{(k)} - l$$

由于 $\bar{p}_i = p_i w_i$，而 $w_i = \varphi(v_i)/v_i$，$\varphi(v_i) = \partial\rho/\partial v_i$。故随着 ρ 函数的选取不同，构成了权函数的多种不同形式，但权函数总是一个在平差过程中随改正数变化的量，其中 w_i 与 v_i 的大小成反比，v_i 愈大，w_i、$\bar{p}_i$ 就愈小。因此经过多次迭代，从而使含有粗差的观测值的权函数为零(或接近为零)，使其在平差中不起作用，而相应的观测值残差在很大程度上反映了其粗差值。这种通过在平差过程中变权实现参数估计的稳健估计的方法，称之为选权迭代法。

9.5.3　粗差处理的一次范数最小法

设有独立观测值 $\underset{n,1}{L}$，其权阵为 P，未知参数向量为 $\underset{t,1}{\hat{X}}$，误差方程同上。

取 ρ 函数为 $\rho(v) = |v|$，则估计准则为

$$\sum_{i=1}^{n} p_i \rho(v_i) = \sum_{i=1}^{n} p_i |v_i| = \min \tag{9-5-19}$$

上式对 $\hat{X}$ 求导，得

$$\frac{\partial}{\partial \hat{X}} \sum_{i=1}^{n} p_i \, |v_i| = \frac{\partial}{\partial \hat{X}} \sum_{i=1}^{n} p_i \sqrt{v_i^2} = \sum_{i=1}^{n} p_i (v_i^2)^{-\frac{1}{2}} v_i \frac{\partial v_i}{\partial \hat{X}} = 0 \qquad (9\text{-}5\text{-}20)$$

即

$$\sum_{i=1}^{n} p_i \frac{1}{|v_i|} v_i b_i = 0 \qquad (9\text{-}5\text{-}21)$$

将上式转置，并记 $w_i = \dfrac{1}{|v_i|}$ ，$\bar{p}_i = p_i w_i$ ，则有

$$\sum_{i=1}^{n} b_i^{\mathrm{T}} \bar{p}_i v_i = 0 \ , \quad 或 \quad B^{\mathrm{T}} P V = 0 \qquad (9\text{-}5\text{-}22)$$

将误差方程代入式(9-5-22)，得法方程为

$$B^{\mathrm{T}} \bar{P} B \hat{X} - B^{\mathrm{T}} \bar{P} l = 0 \qquad (9\text{-}5\text{-}23)$$

于是得

$$\hat{X} = (B^{\mathrm{T}} \bar{P} B)^{-1} B^{\mathrm{T}} \bar{P} l \qquad (9\text{-}5\text{-}24)$$

其计算过程同上面给出的选权迭代法的计算过程。

第 10 章　最小二乘滤波

本章针对具有随机参数的平差模型，给出了参数估计方法，包括最小二乘滤波、最小二乘推估以及最小二乘配置等，最后阐述了在计算中常用的序贯平差原理和计算方法。

10.1　概　　述

前面给出的最小二乘平差实际上是将平差模型中的全部待估参数均作为非随机参数，或不考虑参数的随机性质，按照最小二乘原理求定其最佳估值。然而，在一些实际问题中，需要求定最佳估值的参数是随机参数，具有先验统计性质，且在估计这些参数时必须考虑这些统计性质。这类附有随机参数的平差问题就是下面介绍的滤波、推估和配置。

在测量平差中，滤波就是利用含有误差(噪声)的观测值，求定参数最佳估值的方法。显然，滤波与最小二乘平差的主要区别在于：最小二乘平差是仅确定非随机参数的估值方法，而滤波则是把全部待估参数均作为随机参数，且已知其先验统计性质，按照极大验后估计或广义最小二乘原理求定参数的最佳估值。

滤波的函数模型用如下观测方程表示

$$L = AY - \Delta \tag{10-1-1}$$

式中，L 和 Δ 表示观测值向量和观测误差向量，Y 为随机参数。Y 又分为两种情况，一是与观测值之间有函数关系的已测点参数，称之为滤波信号，用向量 $\underset{m_1,1}{S}$ 表示，另一种是与观测值之间没有函数关系的未测点参数，称之为推估信号，用向量 $\underset{m_2,1}{S'}$ 表示，且 $\underset{m_2,1}{S'}$ 与 $\underset{m_1,1}{S}$ 统计相关。即

$$A = A[A_1 \quad 0], \quad Y = \begin{bmatrix} S \\ S' \end{bmatrix}$$

通过滤波可以求得 S 和 S' 的最佳估值 $\hat{S}$ 和 $\hat{S}'$。通常将求定滤波信号 S 的最佳估值 $\hat{S}$ 的过程称为滤波，而将求定推估信号 S' 的最佳估值 $\hat{S}'$ 的过程称为推估。

配置也称为拟合推估，最初是组合各种资料研究地球形状与重力场的一种数学方法。配置的普遍形式是在其函数模型中，既有非随机参数部分，又有随机参数部分。将高斯-马尔柯夫模型加以扩展，得最小二乘配置的函数模型为

$$L = B\tilde{X} + AY - \Delta \tag{10-1-2}$$

式中，L 为观测向量，$\tilde{X}$ 为非随机参数，Y 为随机参数。同上，Y 又分为两种情况，一是与观测值之间有函数关系的已测点参数，另一种是与观测值之间没有函数关系的未测点参数。显然最小二乘配置的函数模型是一个既包含非随机参数，又含有随机参数的模型。

当 $A = 0$，或 $Y = 0$ 时，模型变为 $L = B\tilde{X} - \Delta$，即为高斯-马尔柯夫模型。

当 $B = 0$，或 $\tilde{X} = 0$ 时，模型变为 $L = AY - \Delta$，这是无系统参数 $\tilde{X}$ 的配置模型，又称为滤波和推估模型。

当 $S' = 0$ 时，模型变为 $L = A_1 S + \Delta$，称为滤波模型。

可见，最小二乘配置模型包括了平差、滤波和推估模型。最小二乘配置模型的应用范围比较广泛。

10.2　最小二乘滤波和推估

10.2.1　函数模型和随机模型

滤波的函数模型为

$$L = AY - \Delta \tag{10-2-1}$$

式中，L 为观测向量，Y 为随机参数。且

$$A = \begin{bmatrix} A_1 & 0 \end{bmatrix}, \quad Y = \begin{bmatrix} S \\ S' \end{bmatrix}$$

由 Y 与 Δ 的已知先验信息构成的随机模型为（令 $\sigma_0^2 = 1$）

$$\left. \begin{aligned} &E(\Delta) = 0, \quad D(\Delta) = D_\Delta = P_\Delta^{-1} \\ &E(Y) = \begin{bmatrix} E(S) \\ E(S') \end{bmatrix} = \begin{bmatrix} \mu_S \\ \mu_{S'} \end{bmatrix}, \quad D(Y) = D_Y = \begin{bmatrix} D_S & D_{SS'} \\ D_{S'S} & D_{S'} \end{bmatrix} \\ &D_{\Delta S} = 0, \quad D_{\Delta S'} = 0 \\ &D(L) = P_L^{-1} = D_\Delta + AD_Y A^T = D_\Delta + \begin{bmatrix} A_1 & 0 \end{bmatrix} \begin{bmatrix} D_S & D_{SS'} \\ D_{S'S} & D_{S'} \end{bmatrix} \begin{pmatrix} A_1^T \\ 0 \end{pmatrix} \\ &\qquad\qquad = D_\Delta + A_1 D_S A_1^T \end{aligned} \right\} \tag{10-2-2}$$

这里仅讨论 Δ 与 S 和 S' 相互独立的情况。

10.2.2　最小二乘滤波的误差方程

将 $E(Y)$ 作为虚拟观测值，其权为 P_Y，方差为 $D_Y = P_Y^{-1}$，同样令 $\sigma_0^2 = 1$。

令

$$L_Y = \begin{bmatrix} L_S \\ L_{S'} \end{bmatrix} = E(Y) = \begin{bmatrix} \mu_S \\ \mu_{S'} \end{bmatrix}, \quad \text{其权为 } P_Y = D_Y^{-1} = \begin{bmatrix} D_S & D_{SS'} \\ D_{S'S} & D_{S'} \end{bmatrix}^{-1} \tag{10-2-3}$$

则虚拟观测方程为

$$L_Y = Y - \Delta_Y = \begin{bmatrix} S \\ S' \end{bmatrix} - \begin{bmatrix} \Delta_S \\ \Delta_{S'} \end{bmatrix} \tag{10-2-4}$$

式中，$\Delta_Y = \begin{bmatrix} \Delta_S \\ \Delta_{S'} \end{bmatrix}$ 为与 L_Y 对应的观测误差。于是，与 L_Y 对应的误差方程为

$$V_Y = \hat{Y} - L_Y = \begin{bmatrix} \hat{S} \\ \hat{S}' \end{bmatrix} - \begin{bmatrix} L_S \\ L_{S'} \end{bmatrix} \tag{10-2-5}$$

这时，随机参数 Y 已转化为非随机参数，可以按以往非随机参数的处理方式进行处理。

将式(10-2-1)也写成误差方程的形式，即

$$V = A\hat{Y} - L \tag{10-2-6}$$

式中，$A = \begin{bmatrix} A_1 & 0 \end{bmatrix}$，$\hat{Y} = \begin{bmatrix} \hat{S} \\ \hat{S}' \end{bmatrix}$。

由式(10-2-5)和式(10-2-6)就构成最小二乘滤波的总误差方程，即

$$\left. \begin{aligned} V &= A\hat{Y} - L \\ V_Y &= \hat{Y} - L_Y \end{aligned} \right\} \tag{10-2-7}$$

将上式改写为

$$\begin{pmatrix} V \\ V_Y \end{pmatrix} = \begin{pmatrix} A \\ I \end{pmatrix} \hat{Y} - \begin{pmatrix} L \\ L_Y \end{pmatrix}, \quad 即 \quad \bar{V} = \bar{B}\hat{Y} - \bar{L} \tag{10-2-8}$$

式中，$\bar{V} = \begin{pmatrix} V \\ V_Y \end{pmatrix}$，$\bar{B} = \begin{pmatrix} A \\ I \end{pmatrix}$，$\bar{L} = \begin{pmatrix} L \\ L_Y \end{pmatrix}$。显然，上述的最小二乘滤波问题已转化成一般的间接平差了。

10.2.3 最小二乘滤波和推估的计算公式

这里仅考虑 $D_{\Delta Y} = D_{Y\Delta} = 0$ 的情况。则根据最小二乘原理，即

$$\bar{V}^T \bar{P} \bar{V} = \begin{pmatrix} V^T & V_Y^T \end{pmatrix} \begin{pmatrix} P_\Delta & 0 \\ 0 & P_Y \end{pmatrix} \begin{pmatrix} V \\ V_Y \end{pmatrix} = V^T P_\Delta V + V_Y^T P_Y V_Y = \min \tag{10-2-9}$$

利用间接平差计算公式，得法方程为

$$(\bar{B}^T \bar{P} \bar{B}) \hat{Y} = \bar{B}^T \bar{P} \bar{L} \tag{10-2-10}$$

将 $\bar{B} = \begin{pmatrix} A \\ I \end{pmatrix}$，$\bar{L} = \begin{pmatrix} L \\ L_Y \end{pmatrix}$，$\bar{P} = \begin{pmatrix} P_\Delta & 0 \\ 0 & P_Y \end{pmatrix}$ 代入上式，得

$$(A^T P_\Delta A + P_Y) \hat{Y} = A^T P_\Delta L + P_Y L_Y \tag{10-2-11}$$

解得

$$\hat{Y} = (A^T P_\Delta A + P_Y)^{-1} (A^T P_\Delta L + P_Y L_Y) \tag{10-2-12}$$

取 $P_\Delta = D_\Delta^{-1}$，$P_Y = D_Y^{-1}$，则上式写成

$$\hat{Y} = (A^T D_\Delta^{-1} A + D_Y^{-1})^{-1} (A^T D_\Delta^{-1} L + D_Y^{-1} L_Y) \tag{10-2-13}$$

根据矩阵反演公式

$$\left. \begin{aligned} (A^T D_\Delta^{-1} A + D_Y^{-1})^{-1} &= D_Y - D_Y A^T (A D_Y A^T + D_\Delta)^{-1} A D_Y \\ (A^T D_\Delta^{-1} A + D_Y^{-1})^{-1} A^T D_\Delta^{-1} &= D_Y A^T (A D_Y A^T + D_\Delta)^{-1} \end{aligned} \right\} \tag{10-2-14}$$

由式(10-2-13)得

$$\begin{aligned}
\hat{Y} &= (A^{\mathrm{T}}D_\Delta^{-1}A + D_Y^{-1})^{-1}(A^{\mathrm{T}}D_\Delta^{-1}L + D_Y^{-1}L_Y) \\
&= (A^{\mathrm{T}}D_\Delta^{-1}A + D_Y^{-1})^{-1}A^{\mathrm{T}}D_\Delta^{-1}L + (A^{\mathrm{T}}D_\Delta^{-1}A + D_Y^{-1})^{-1}D_Y^{-1}L_Y \\
&= D_Y A^{\mathrm{T}}(AD_Y A^{\mathrm{T}} + D_\Delta)^{-1}L + (D_Y - D_Y A^{\mathrm{T}}(AD_Y A^{\mathrm{T}} + D_\Delta)^{-1}AD_Y)D_Y^{-1}L_Y \\
&= L_Y + D_Y A^{\mathrm{T}}(AD_Y A^{\mathrm{T}} + D_\Delta)^{-1}(L - AL_Y)
\end{aligned} \tag{10-2-15}$$

又由于

$$D_Y A^{\mathrm{T}} = \begin{pmatrix} D_S A_1^{\mathrm{T}} \\ D_{S'S} A_1^{\mathrm{T}} \end{pmatrix}, \quad AD_Y A^{\mathrm{T}} = A_1 D_S A_1^{\mathrm{T}}, \quad AL_Y = A_1 L_S \tag{10-2-16}$$

所以

$$\begin{aligned}
\hat{Y} &= L_Y + D_Y A^{\mathrm{T}}(AD_Y A^{\mathrm{T}} + D_\Delta)^{-1}(L - AL_Y) \\
&= \begin{bmatrix} L_S \\ L_{S'} \end{bmatrix} + \begin{pmatrix} D_S A_1^{\mathrm{T}} \\ D_{S'S} A_1^{\mathrm{T}} \end{pmatrix} (A_1 D_S A_1^{\mathrm{T}} + D_\Delta)^{-1}(L - A_1 L_S)
\end{aligned} \tag{10-2-17}$$

将上式展开，即得

$$\left. \begin{aligned}
\hat{S} &= L_S + D_S A_1^{\mathrm{T}}(A_1 D_S A_1^{\mathrm{T}} + D_\Delta)^{-1}(L - A_1 L_S) \\
\hat{S}' &= L_{S'} + D_{S'} A_1^{\mathrm{T}}(A_1 D_S A_1^{\mathrm{T}} + D_\Delta)^{-1}(L - A_1 L_S)
\end{aligned} \right\} \tag{10-2-18}$$

由间接平差知，参数的权逆阵即为法方程系数阵的逆阵，为此，当取 $\sigma_0^2 = 1$ 时，

$$D_{\hat{Y}} = (A^{\mathrm{T}}D_\Delta^{-1}A + D_Y^{-1})^{-1} \tag{10-2-19}$$

由矩阵反演公式(10-2-14)，得

$$D_{\hat{Y}} = (A^{\mathrm{T}}D_\Delta^{-1}A + D_Y^{-1})^{-1} = D_Y - D_Y A^{\mathrm{T}}(AD_Y A^{\mathrm{T}} + D_\Delta)^{-1}AD_Y \tag{10-2-20}$$

将式(10-2-16)代入上式，即得

$$\begin{aligned}
D_{\hat{Y}} &= D_Y - D_Y A^{\mathrm{T}}(AD_Y A^{\mathrm{T}} + D_\Delta)^{-1}AD_Y \\
&= \begin{bmatrix} D_S & D_{SS'} \\ D_{S'S} & D_{S'} \end{bmatrix} - \begin{pmatrix} D_S A_1^{\mathrm{T}} \\ D_{S'S} A_1^{\mathrm{T}} \end{pmatrix} (A_1 D_S A_1^{\mathrm{T}} + D_\Delta)^{-1} (A_1 D_S \quad A_1 D_{SS'})
\end{aligned} \tag{10-2-22}$$

即

$$\left. \begin{aligned}
D_{\hat{S}} &= D_S - D_S A_1^{\mathrm{T}}(A_1 D_S A_1^{\mathrm{T}} + D_\Delta)^{-1}A_1 D_S \\
D_{\hat{S}'} &= D_{S'} - D_{S'S} A_1^{\mathrm{T}}(A_1 D_S A_1^{\mathrm{T}} + D_\Delta)^{-1}A_1 D_{SS'} \\
D_{\hat{S}\hat{S}'} &= D_{SS'} - D_{S'S} A_1^{\mathrm{T}}(A_1 D_S A_1^{\mathrm{T}} + D_\Delta)^{-1}A_1 D_S
\end{aligned} \right\} \tag{10-2-22}$$

式(10-2-13)、式(10-2-19)、式(10-2-18)和式(10-2-22)就是滤波和推估求 S 和 S' 的估值 $\hat{S}$ 和 $\hat{S}'$ 以及其方差、协方差的公式。

【例 10-1】 滤波问题：设已知 $L = \begin{pmatrix} 1 \\ 1 \end{pmatrix}$，$\mu_X = 0$，$D_X = \begin{pmatrix} 2 & \\ & 2 \end{pmatrix}$，$E(\Delta) = 0$，$D_\Delta = \begin{pmatrix} 2 & \\ & 2 \end{pmatrix}$，$D_{X\Delta} = 0$。观测方程为 $L = BX + \Delta = \begin{pmatrix} -1 & -1 \\ -1 & 0 \end{pmatrix} \begin{pmatrix} x_1 \\ x_2 \end{pmatrix} + \begin{pmatrix} \Delta_1 \\ \Delta_2 \end{pmatrix}$。试求信号 X 的估值 $\hat{X}$ 及其误差方差 $D_{\Delta\hat{X}}$。

解：由题义可知：

$$\begin{pmatrix} v_{x1} \\ v_{x2} \\ v_1 \\ v_2 \end{pmatrix} = \begin{pmatrix} 1 & 0 \\ 0 & 1 \\ -1 & -1 \\ -1 & 0 \end{pmatrix} \begin{pmatrix} x_1 \\ x_2 \end{pmatrix} - \begin{pmatrix} 0 \\ 0 \\ 1 \\ 1 \end{pmatrix} , \quad \bar{D} = \begin{pmatrix} 2 & & & \\ & 2 & & \\ & & 2 & \\ & & & 2 \end{pmatrix}$$

记：$\bar{B} = \begin{pmatrix} 1 & 0 \\ 0 & 1 \\ -1 & -1 \\ -1 & 0 \end{pmatrix}$，$l = \begin{pmatrix} 0 \\ 0 \\ 1 \\ 1 \end{pmatrix}$。取 $\sigma_0 = 1$，则 $P = \bar{D}^{-1}$。

根据最小二乘原理可得法方程的系数阵和常数项分别为：

$$N = \bar{B}^{\mathrm{T}} P \bar{B} = \begin{pmatrix} \dfrac{3}{2} & \dfrac{1}{2} \\ \dfrac{1}{2} & 1 \end{pmatrix} , \quad W = \bar{B} P l = \begin{pmatrix} -1 \\ -\dfrac{1}{2} \end{pmatrix} , \quad \text{而且} \quad N^{-1} = \begin{pmatrix} \dfrac{4}{5} & -\dfrac{2}{5} \\ -\dfrac{2}{5} & \dfrac{6}{5} \end{pmatrix} ,$$

于是得：$X = N^{-1} W = \begin{pmatrix} -\dfrac{3}{5} \\ -\dfrac{1}{5} \end{pmatrix}$

所以，$\hat{x}_1 = -\dfrac{3}{5}$，$\hat{x}_2 = -\dfrac{1}{5}$，$D_{\Delta\hat{x}} = \begin{pmatrix} \dfrac{4}{5} & -\dfrac{2}{5} \\ -\dfrac{2}{5} & \dfrac{6}{5} \end{pmatrix}$。

以上是按(10-2-13)式和(10-2-19)式直接计算的。

10.3　最小二乘配置

10.3.1　函数模型和随机模型

最小二乘配置的函数模型为

$$L = B\tilde{X} + AY - \Delta \tag{10-3-1}$$

式中，L 为观测向量，$\tilde{X}$ 为非随机参数，Y 为随机参数。且

$$A = \begin{bmatrix} A_1 & 0 \end{bmatrix} , \quad Y = \begin{bmatrix} S \\ S' \end{bmatrix}$$

由 Y 与 Δ 的已知先验信息构成的随机模型为

$$E(\Delta) = 0 , \quad D(\Delta) = D_\Delta = P_\Delta^{-1}$$

$$E(Y) = \begin{bmatrix} E(S) \\ E(S') \end{bmatrix} = \begin{bmatrix} \mu_S \\ \mu_{S'} \end{bmatrix} , \quad D(Y) = D_Y = \begin{bmatrix} D_S & D_{SS'} \\ D_{S'S} & D_{S'} \end{bmatrix}$$

$$D_{\Delta S} = D_{\Delta S'} = 0 , \quad \text{即} \ \Delta \ \text{与} \ S \ \text{和} \ S' \ \text{相互独立}$$

$$D(L) = D_\Delta + A D_Y A^{\mathrm{T}} = D_\Delta + \begin{bmatrix} A_1 & 0 \end{bmatrix} \begin{bmatrix} D_S & D_{SS'} \\ D_{S'S} & D_{S'} \end{bmatrix} \begin{pmatrix} A_1^{\mathrm{T}} \\ 0 \end{pmatrix}$$

$$= D_\Delta + A_1 D_S A_1^{\mathrm{T}} \tag{10-3-2}$$

10.3.2 最小二乘配置的误差方程

将式(10-3-1)改写成误差方程形式,即

$$V = B\hat{X} + A\hat{Y} - L \tag{10-3-3}$$

式中,$A = \begin{bmatrix} A_1 & 0 \end{bmatrix}$,$\hat{Y} = \begin{bmatrix} \hat{S} \\ \hat{S}' \end{bmatrix}$。

现将 $E(Y)$ 作为虚拟观测值,其权为 P_Y,方差为 $D_Y = P_Y^{-1}$。令

$$L_Y = \begin{bmatrix} L_S \\ L_{S'} \end{bmatrix} = E(Y) = \begin{bmatrix} \mu_S \\ \mu_{S'} \end{bmatrix} , \quad \text{其权为 } P_Y = D_Y^{-1} = \begin{bmatrix} D_S & D_{SS'} \\ D_{S'S} & D_{S'} \end{bmatrix}^{-1} \tag{10-3-4}$$

则虚拟观测方程为

$$L_Y = Y - \Delta_Y = \begin{bmatrix} S \\ S' \end{bmatrix} - \begin{bmatrix} \Delta_S \\ \Delta_{S'} \end{bmatrix} \tag{10-3-5}$$

式中,$\Delta_Y = \begin{bmatrix} \Delta_S \\ \Delta_{S'} \end{bmatrix}$ 为与 L_Y 对应的观测误差。

相应地,与 L_Y 对应的误差方程为

$$V_Y = \hat{Y} - L_Y = \begin{bmatrix} \hat{S} \\ \hat{S}' \end{bmatrix} - \begin{bmatrix} L_S \\ L_{S'} \end{bmatrix} \tag{10-3-6}$$

从而,得到最小二乘配置的总误差方程为

$$\left. \begin{aligned} V &= B\hat{X} + A\hat{Y} - L \\ V_Y &= \hat{Y} - L_Y \end{aligned} \right\} \tag{10-3-7}$$

将上式改写为

$$\begin{pmatrix} V \\ V_Y \end{pmatrix} = \begin{pmatrix} B & A \\ 0 & I \end{pmatrix} \begin{pmatrix} \hat{X} \\ \hat{Y} \end{pmatrix} - \begin{pmatrix} L \\ L_Y \end{pmatrix} \tag{10-3-8}$$

即

$$\bar{V} = \bar{B}\, \bar{\hat{X}} - \bar{L} \tag{10-3-9}$$

式中,$\bar{V} = \begin{pmatrix} V \\ V_Y \end{pmatrix}$,$\bar{B} = \begin{pmatrix} B & A \\ 0 & I \end{pmatrix}$,$\bar{\hat{X}} = \begin{pmatrix} \hat{X} \\ \hat{Y} \end{pmatrix}$,$\bar{L} = \begin{pmatrix} L \\ L_Y \end{pmatrix}$。显然,上述的最小二乘配置已转化为一般的间接平差了。

10.3.3 最小二乘配置的计算公式

由于这里仅考虑 $D_{\Delta Y} = D_{Y\Delta} = 0$,所以,最小二乘的表达式为

$$\bar{V}^{\mathrm{T}}\bar{P}\bar{V} = \begin{pmatrix} V^{\mathrm{T}} & V_Y^{\mathrm{T}} \end{pmatrix}\begin{pmatrix} P_\Delta & 0 \\ 0 & P_Y \end{pmatrix}\begin{pmatrix} V \\ V_Y \end{pmatrix} = V^{\mathrm{T}}P_\Delta V + V_Y^{\mathrm{T}}P_Y V_Y = \min \tag{10-3-10}$$

根据间接平差计算公式，得法方程为

$$(\bar{B}^{\mathrm{T}}\bar{P}\bar{B})\,\hat{\bar{X}} = \bar{B}^{\mathrm{T}}\bar{P}\bar{L} \tag{10-3-11}$$

将 $\bar{B} = \begin{pmatrix} B & A \\ 0 & I \end{pmatrix}$，$\hat{\bar{X}} = \begin{pmatrix} \hat{X} \\ \hat{Y} \end{pmatrix}$，$\bar{L} = \begin{pmatrix} L \\ L_Y \end{pmatrix}$，$\bar{P} = \begin{pmatrix} P_\Delta & 0 \\ 0 & P_Y \end{pmatrix}$ 代入上式，得法方程具体表达式为

$$\begin{pmatrix} B^{\mathrm{T}}P_\Delta B & B^{\mathrm{T}}P_\Delta A \\ A^{\mathrm{T}}P_\Delta B & A^{\mathrm{T}}P_\Delta A + P_Y \end{pmatrix}\begin{pmatrix} \hat{X} \\ \hat{Y} \end{pmatrix} = \begin{pmatrix} B^{\mathrm{T}}P_\Delta L \\ A^{\mathrm{T}}P_\Delta L + P_Y L_Y \end{pmatrix} \tag{10-3-12}$$

解得

$$\begin{pmatrix} \hat{X} \\ \hat{Y} \end{pmatrix} = \begin{pmatrix} B^{\mathrm{T}}P_\Delta B & B^{\mathrm{T}}P_\Delta A \\ A^{\mathrm{T}}P_\Delta B & A^{\mathrm{T}}P_\Delta A + P_Y \end{pmatrix}^{-1}\begin{pmatrix} B^{\mathrm{T}}P_\Delta L \\ A^{\mathrm{T}}P_\Delta L + P_Y L_Y \end{pmatrix} \tag{10-3-13}$$

利用分块矩阵求逆和矩阵反演公式，可以求得最小二乘配置参数估计公式如下：

$$\left.\begin{aligned} \hat{X} &= [B^{\mathrm{T}}MB]^{-1}B^{\mathrm{T}}M(L - A_1 L_S) \\ \hat{S} &= L_S + D_S A_1^{\mathrm{T}}M(L - B\hat{X} - A_1 L_S) \\ \hat{S}' &= L_{S'} + D_{S'}A_1^{\mathrm{T}}M(L - B\hat{X} - A_1 L_S) \end{aligned}\right\} \tag{10-3-14}$$

式中，$M = (A_1 D_S A_1^{\mathrm{T}} + D_\Delta)^{-1}$。

又由间接平差知，参数的权逆阵即为法方程系数阵的逆阵。为此，记

$$\begin{pmatrix} D_{\hat{X}} & D_{\hat{X}\hat{Y}} \\ D_{\hat{Y}\hat{X}} & D_{\hat{Y}} \end{pmatrix} = \begin{pmatrix} B^{\mathrm{T}}P_\Delta B & B^{\mathrm{T}}P_\Delta A \\ A^{\mathrm{T}}P_\Delta B & A^{\mathrm{T}}P_\Delta A + P_Y \end{pmatrix}^{-1} \tag{10-3-15}$$

所以，利用分块矩阵求逆和矩阵反演公式，可以求得最小二乘配置参数估值 $\hat{X}$, $\hat{S}$, $\hat{S}'$ 的方差、协方差矩阵为：

$$\left.\begin{aligned} D_{\hat{X}} &= [B^{\mathrm{T}}MB]^{-1} \\ D_{\hat{S}} &= D_S - D_S A_1^{\mathrm{T}}M[I - BD_{\hat{X}}B^{\mathrm{T}}M]A_1 D_S \\ D_{\hat{S}'} &= D_{S'} - D_{S's}A_1^{\mathrm{T}}M[I - BD_{\hat{X}}B^{\mathrm{T}}M]A_1 D_{S's} \\ D_{\hat{S}\hat{X}} &= -D_S A_1^{\mathrm{T}}MBD_{\hat{X}} \\ D_{\hat{S}'\hat{X}} &= -D_{S's}A_1^{\mathrm{T}}MBD_{\hat{X}} \end{aligned}\right\} \tag{10-3-16}$$

式中，$M = (A_1 D_S A_1^{\mathrm{T}} + D_\Delta)^{-1}$。

显然，当配置的函数模型中不含非随机参数，即当 $B = 0$ 时，代入上面的参数估计公式和方差、协方差公式，即得滤波和推估模型的相应估计公式。当配置的函数模型中不含随机参数，即当 $A = 0$ 时，代入上面的参数估计公式和方差、协方差公式，即得高斯-马尔柯夫模型的相应估计公式。因此，最小二乘配置模型包括了平差、滤波和推估模型，其应

用范围比较广泛。

10.4　序贯平差

在实际测量工程中，当一个大型控制网已经完成平差计算，求出了参数估值 $\hat{X}$ 及其权逆阵 $Q_{\hat{X}\hat{X}}$ 为了工程实际需要，往往会在原有控制网基础上增加一些新的观测数据或一些新的参数，或在原控制网基础上进一步改扩建，以提高原有网未知参数的精度。处理这种问题有两种方法，一种是把新观测数据与原观测数据重新一起平差，这样处理显然没有发挥原网平差的作用，特别是当新观测数据比原观测数据相对有限时。另一种方法就是序贯平差的方法，即把已经平差的参数估值 $\hat{X}$ 作为观测数据与新观测数据一并平差。

序贯平差也称静态卡尔曼滤波，是近代出现的一种最小二乘分解法。由于序贯平差有一套规律性很强的递推公式，无论观测数据如何增加，无需解算高阶逆矩阵，能够不断对原平差参数进行改进，由于法方程阶数不高，因此解算时数值稳定性较好等优点，因此，其应用范围相当广泛。

10.4.1　序贯平差原理

下面以观测值分成两组，两组间不相关，且参数间不附加约束条件为例，推导序贯平差的递推公式。

设有一平差问题，其观测值向量为 $\underset{n,1}{L}$。现将其分为两组，记为 $\underset{n_1,1}{L_1}$，$\underset{n_2,1}{L_2}$，其权阵记为 $\underset{n_1,n_1}{P_1}$，$\underset{n_2,n_2}{P_2}$，这里 $n = n_1 + n_2$，$n_1 > t$，t 为必要观测数。由于假设两组观测值间不相关，显然有

$$\underset{n,1}{L} = \begin{bmatrix} \underset{n_1,1}{L_1} \\ \underset{n_2,1}{L_2} \end{bmatrix}, \quad \underset{n,n}{P} = \begin{bmatrix} \underset{n_1,n_1}{P_1} & 0 \\ 0 & \underset{n_2,n_2}{P_2} \end{bmatrix} = \begin{bmatrix} Q_{11}^{-1} & 0 \\ 0 & Q_{22}^{-1} \end{bmatrix} \tag{10-4-1}$$

其误差方程为

$$\left. \begin{aligned} V_1 &= B_1\hat{x} - l_1 \\ V_2 &= B_2\hat{x} - l_2 \end{aligned} \right\} \tag{10-4-2}$$

式中，参数 $\underset{t,1}{\hat{X}} = \underset{t,1}{X_0} + \underset{t,1}{\hat{x}}$，$l_i = B_iX_0 + d_i - L_i$（$i = 1，2$）。

1. 对第一组观测值单独平差

根据间接平差计算公式，得

$$\hat{x}_1 = (B_1^{\mathrm{T}}P_1B_1)^{-1}B_1^{\mathrm{T}}P_1l_1 = Q_{\hat{x}_1}B_1^{\mathrm{T}}P_1l_1 \tag{10-4-3}$$

式中，$\hat{x}_1$ 表示由第一组观测值单独平差求得的 $\hat{x}$，$Q_{\hat{x}_1} = (B_1^{\mathrm{T}}P_1B_1)^{-1}$ 或 $Q_{\hat{x}_1}^{-1} = B_1^{\mathrm{T}}P_1B_1$。

2. 两组观测值联合平差解算

误差方程可以写为

$$\begin{pmatrix} V_1 \\ V_2 \end{pmatrix} = \begin{pmatrix} B_1 \\ B_2 \end{pmatrix}\hat{x} - \begin{pmatrix} l_1 \\ l_2 \end{pmatrix} \tag{10-4-4}$$

按间接平差原理可得其法方程为

$$\begin{pmatrix} B_1 \\ B_2 \end{pmatrix}^{\mathrm{T}} \begin{pmatrix} P_1 & 0 \\ 0 & P_2 \end{pmatrix} \begin{pmatrix} B_1 \\ B_2 \end{pmatrix} \hat{x} - \begin{pmatrix} B_1 \\ B_2 \end{pmatrix}^{\mathrm{T}} \begin{pmatrix} P_1 & 0 \\ 0 & P_2 \end{pmatrix} \begin{pmatrix} l_1 \\ l_2 \end{pmatrix} = 0 \tag{10-4-5}$$

即

$$(B_1^{\mathrm{T}} P_1 B_1 + B_2^{\mathrm{T}} P_2 B_2) \hat{x} - (B_1^{\mathrm{T}} P_1 l_1 + B_2^{\mathrm{T}} P_2 l_2) = 0 \tag{10-4-6}$$

由上式可得

$$\hat{x} = (B_1^{\mathrm{T}} P_1 B_1 + B_2^{\mathrm{T}} P_2 B_2)^{-1} (B_1^{\mathrm{T}} P_1 l_1 + B_2^{\mathrm{T}} P_2 l_2)$$
$$= Q_{\hat{x}} B_1^{\mathrm{T}} P_1 l_1 + Q_{\hat{x}} B_2^{\mathrm{T}} P_2 l_2 \tag{10-4-7}$$

式中,$Q_{\hat{x}} = (B_1^{\mathrm{T}} P_1 B_1 + B_2^{\mathrm{T}} P_2 B_2)^{-1} = (Q_{\hat{x}_1}^{-1} + B_2^{\mathrm{T}} P_2 B_2)^{-1}$。

3. 联合平差与分组解算间关系的建立

由于

$$Q_{\hat{x}} = (Q_{\hat{x}_1}^{-1} + B_2^{\mathrm{T}} P_2 B_2)^{-1}$$

即

$$Q_{\hat{x}_1}^{-1} = Q_{\hat{x}}^{-1} - B_2^{\mathrm{T}} P_2 B_2 \tag{10-4-8}$$

又由于

$$\hat{x}_1 = Q_{\hat{x}_1} B_1^{\mathrm{T}} P_1 l_1$$

即

$$B_1^{\mathrm{T}} P_1 l_1 = Q_{\hat{x}_1}^{-1} \hat{x}_1 \tag{10-4-9}$$

根据式(10-4-8)和式(10-4-9),得

$$B_1^{\mathrm{T}} P_1 l_1 = Q_{\hat{x}}^{-1} \hat{x}_1 - B_2^{\mathrm{T}} P_2 B_2 \hat{x}_1 \tag{10-4-10}$$

将式(10-4-10)代入式(10-4-7),得

$$\hat{x} = Q_{\hat{x}} B_1^{\mathrm{T}} P_1 l_1 + Q_{\hat{x}} B_2^{\mathrm{T}} P_2 l_2 = \hat{x}_1 + Q_{\hat{x}} B_2^{\mathrm{T}} P_2 (l_2 - B_2 \hat{x}_1)$$
$$= \hat{x}_1 + J \overline{l}_2 \tag{10-4-11}$$

即

$$\left. \begin{aligned} \hat{x} &= \hat{x}_1 + J \overline{l}_2 \\ J &= Q_{\hat{x}} B_2^{\mathrm{T}} P_2 \\ \overline{l}_2 &= l_2 - B_2 \hat{x}_1 \end{aligned} \right\} \tag{10-4-12}$$

4. 序贯平差增益矩阵 J 的推导

将式(10-4-8)等式两边左乘 $Q_{\hat{x}}$,得

$$Q_{\hat{x}} Q_{\hat{x}_1}^{-1} = I - Q_{\hat{x}} B_2^{\mathrm{T}} P_2 B_2 = I - J B_2 \tag{10-4-13}$$

再对上式两边右乘 $Q_{\hat{x}_1}$,得

$$Q_{\hat{x}} = Q_{\hat{x}_1} - J B_2 Q_{\hat{x}_1} \tag{10-4-14}$$

根据矩阵反演公式

$$Q_{\hat{x}} = (Q_{\hat{x}_1}^{-1} + B_2^{\mathrm{T}} P_2 B_2)^{-1}$$
$$= Q_{\hat{x}_1} - Q_{\hat{x}_1} B_2^{\mathrm{T}} (P_2^{-1} + B_2 Q_{\hat{x}_1} B_2^{\mathrm{T}})^{-1} B_2 Q_{\hat{x}_1} \tag{10-4-15}$$

174

比较式(10-4-14)与式(10-4-15),得

$$J = Q_{\hat{x}_1} B_2^{\mathrm{T}} (P_2^{-1} + B_2 Q_{\hat{x}_1} B_2^{\mathrm{T}})^{-1} \tag{10-4-16}$$

这里,J 称为序贯平差的增益矩阵,或称为卡尔曼滤波增益矩阵。将式(10-4-16)代替式(10-4-12)中的增益矩阵 J,式(10-4-12)就是序贯平差计算的迭代式。

10.4.2 序贯平差精度评定

单位权方差估值:

$$\hat{\sigma}_0^2 = \frac{V^{\mathrm{T}} P V}{n - t} \tag{10-4-17}$$

关于 $V^{\mathrm{T}} P V$ 递推公式的详细推导过程可参阅相关文献,这里不再给出。下面仅给出其递推公式:

$$V^{\mathrm{T}} P V = \overline{V}_1^{\mathrm{T}} P_1 \overline{V}_1 + \hat{l}_2^{\mathrm{T}} (P_2^{-1} + B_2 Q_{\hat{x}_1} B_2^{\mathrm{T}})^{-1} \overline{l}_2 \tag{10-4-18}$$

式中,$\overline{V}_1 = B_1 \hat{x}_1 - l_1$,$\overline{l}_2 = l_2 - B_2 \hat{x}_1$。

参数的协因数阵的递推公式就是式(10-4-14),即

$$Q_{\hat{x}} = Q_{\hat{x}_1} - J B_2 Q_{\hat{x}_1} = (I - J B_2) Q_{\hat{x}_1} \tag{10-4-19}$$

当 $\sigma^2 = 1$ 时上式就是参数方差阵的递推公式。

10.4.3 序贯平差的计算过程与示例

综合上述讨论可知,按序贯平差法求解的计算过程可归纳如下:

(1)根据平差问题的具体情况,将观测值分成 m 组,其中第一组观测值的个数必须大于必要观测数 t。

(2)对第一组观测值进行平差,求出 $\hat{x}_1$,$Q_{\hat{x}_1}$ 和 $\overline{V}_1$。

(3)根据第 k 组观测值的系数阵 B_k、常数项 l_k 以及权阵 P_k,计算

$$J_k = Q_{\hat{x}_{k-1}} B_k^{\mathrm{T}} (P_k^{-1} + B_k Q_{\hat{x}_{k-1}} B_k^{\mathrm{T}})^{-1}, \quad \overline{l}_k = l_k - B_k \hat{x}_{k-1}$$

(4)根据公式计算

$$\hat{x}_k = \hat{x}_{k-1} + J_k \overline{l}_k, \quad Q_{\hat{x}_k} = (I - J_k B_k) Q_{\hat{x}_{k-1}}$$

$$V^{\mathrm{T}} P V = \overline{V}_{k-1}^{\mathrm{T}} P_{k-1} \overline{V}_{k-1} + \hat{l}_k^{\mathrm{T}} (P_k^{-1} + B_k Q_{\hat{x}_{k-1}} B_k^{\mathrm{T}})^{-1} \overline{l}_k$$

(5)反复进行第(3)、(4)步,直到全部观测数据处理结束为止。

由上述计算过程可见,每增加一个或几个观测数据,只需利用前 $k - 1$ 个观测数据求得的未知参数 $\hat{X}_{k-1}$ 和权逆阵 $Q_{\hat{x}_{k-1}}$,便可按递推公式求出平差结果 $\hat{X}$ 和权逆阵 $Q_{\hat{x}}$。因此,序贯平差可从第一个或第一组方程出发,依次求出新的估值,一直到全部观测数据处理结束为止,便可获得待估参数的平差结果及其权逆阵。

【例 10-2】 设两组误差方程为:

$$V_1 = \begin{pmatrix} 1 & -1 \\ 0 & 1 \\ -1 & 1 \end{pmatrix} \begin{pmatrix} \hat{x}_1 \\ \hat{x}_2 \end{pmatrix} - \begin{pmatrix} 1 \\ -2 \\ 1 \end{pmatrix} (\mathrm{mm}); \quad V_2 = \begin{pmatrix} -1 & 0 \\ 0 & 1 \end{pmatrix} \begin{pmatrix} \hat{x}_1 \\ \hat{x}_2 \end{pmatrix} - \begin{pmatrix} 3 \\ 1 \end{pmatrix} (\mathrm{mm})$$

其中，L_1 与 L_2 的权为 $P_1 = P_2 = I$ ，未知数的近似值为 $X^0 = (5.650 \quad 7.120)^{\mathrm{T}}(\mathrm{m})$ 。试按序贯平差法求 $\hat{X}$ 及 $Q_{\hat{x}}$ 。

解： 首先对第一组误差方程单独平差，得

$$N_1 = B_1^{\mathrm{T}} P_1 B_1 = \begin{pmatrix} 2 & -2 \\ -2 & 3 \end{pmatrix}, \quad N_1^{-1} = \frac{1}{2}\begin{pmatrix} 3 & 2 \\ 2 & 2 \end{pmatrix}, \quad W_1 = B_1^{\mathrm{T}} P_1 l_1 = \begin{pmatrix} 0 \\ -2 \end{pmatrix}$$

所以，得

$$\hat{x}_1 = N_1^{-1} W_1 = \begin{pmatrix} -2 \\ -2 \end{pmatrix}$$

进行第二次平差，计算

$$P_2^{-1} + B_2 Q_{\hat{x}_1} B_2^{\mathrm{T}} = \begin{pmatrix} 2.5 & -1 \\ -1 & 2 \end{pmatrix}, \quad (P_2^{-1} + B_2 Q_{\hat{x}_1} B_2^{\mathrm{T}})^{-1} = \frac{1}{4}\begin{pmatrix} 2 & 1 \\ 1 & 2.5 \end{pmatrix}$$

于是，得

$$J = Q_{\hat{x}_1} B_2^{\mathrm{T}} (P_2^{-1} + B_2 Q_{\hat{x}_1} B_2^{\mathrm{T}})^{-1} = \frac{1}{8}\begin{pmatrix} -4 & 2 \\ -2 & 3 \end{pmatrix}$$

$$\bar{l}_2 = l_2 - B_2 \hat{x}_1 = \begin{pmatrix} 3 \\ 1 \end{pmatrix} - \begin{pmatrix} 2 \\ -2 \end{pmatrix} = \begin{pmatrix} 1 \\ 3 \end{pmatrix}$$

所以

$$\hat{x} = \hat{x}_1 + J\bar{l}_2 = \begin{pmatrix} -2 \\ -2 \end{pmatrix} + \frac{1}{8}\begin{pmatrix} -4 & 2 \\ -2 & 3 \end{pmatrix}\begin{pmatrix} 1 \\ 3 \end{pmatrix} = \begin{pmatrix} -1.75 \\ -1.125 \end{pmatrix}$$

$$Q_{\hat{x}} = (I - JB_2) Q_{\hat{x}_1} = \frac{1}{8}\begin{pmatrix} 4 & 2 \\ 2 & 3 \end{pmatrix}$$

从而得，$\hat{X} = X_0 + \hat{x} = \begin{pmatrix} 5.6482 \\ 7.1189 \end{pmatrix}$ ，且，$Q_{\hat{x}} = \frac{1}{8}\begin{pmatrix} 4 & 2 \\ 2 & 3 \end{pmatrix}$

第11章 平差在 GPS 中的应用

在 GPS 导航定位之中，通过接收 GPS 卫星信号进行静态或动态定位，由于 GPS 卫星星历、信号传播、接收机设备等各种误差影响，合理地处理 GPS 数据求其最优导航定位结果，其全过程都需要应用测量平差理论和技术。

GPS 数据经基线解算所得到的是两点间的三维坐标差及其协方差阵，这是 GPS 网平差的观测值。本章作为测量平差理论和方法的应用，着重讨论 GPS 网平差、GPS 高程拟合、GPS 坐标转换以及整数最小二乘及其在 GPS 整周模糊度固定中的应用等内容。

11.1 GPS 网平差

在 GPS 网的数据处理过程中，基线解算所得到的基线向量仅能确定 GPS 网的几何形状，但却无法提供最终确定网中点的绝对坐标所必需的绝对位置基准，所以我们要引入位置基准，进行 GPS 网平差。

在 GPS 网平差中，通过起算点坐标可以达到引入绝对基准的目的。不过，这不是 GPS 网平差的唯一目的，总结起来，进行 GPS 网平差的目的主要有三个：

(1)消除由观测量和已知条件中所存在的误差而引起的 GPS 网在几何上的不一致。

(2)改善 GPS 网的质量，评定 GPS 网精度。

(3)确定 GPS 网中点在指定参照系下的坐标以及其他所需参数的估值。

在 GPS 定位中，在任意两个观测站上进行 GPS 观测，可得到两点之间的基线向量观测值，它是 WGS84 坐标系(采用广播星历处理基线)或 ITRF 空间坐标系(采用 IGS 精密星历处理基线)下的三维坐标差。为了提高定位结果的精度和可靠性，通常需将不同时段观测的基线向量联结成网，进行整体平差。用 GPS 基线向量构成的网称为 GPS 网。一般 GPS 网平差采用间接平差模型。

11.1.1 函数模型

设 GPS 网中各待定点的空间直角坐标平差值为参数，参数的纯量形式记为：

$$\begin{bmatrix} \hat{X}_i \\ \hat{Y}_i \\ \hat{Z}_i \end{bmatrix} = \begin{bmatrix} X_i^0 \\ Y_i^0 \\ Z_i^0 \end{bmatrix} + \begin{bmatrix} \hat{x}_i \\ \hat{y}_i \\ \hat{z}_i \end{bmatrix} \tag{11-1-1}$$

设 GPS 基线向量观测值为 $(\Delta X_{ij} \quad \Delta Y_{ij} \quad \Delta Z_{ij})$ ，则基线向量观测值的平差值为：

$$\begin{bmatrix} \Delta\hat{X}_{ij} \\ \Delta\hat{Y}_{ij} \\ \Delta\hat{Z}_{ij} \end{bmatrix} = \begin{bmatrix} \hat{X}_j \\ \hat{Y}_j \\ \hat{Z}_j \end{bmatrix} - \begin{bmatrix} \hat{X}_i \\ \hat{Y}_i \\ \hat{Z}_i \end{bmatrix} = \begin{bmatrix} \Delta X_{ij} + V_{X_{ij}} \\ \Delta Y_{ij} + V_{Y_{ij}} \\ \Delta Z_{ij} + V_{Z_{ij}} \end{bmatrix} \tag{11-1-2}$$

基线向量的误差方程为：

$$\begin{bmatrix} V_{X_{ij}} \\ V_{Y_{ij}} \\ V_{Z_{ij}} \end{bmatrix} = \begin{bmatrix} \hat{x}_j \\ \hat{y}_j \\ \hat{z}_j \end{bmatrix} - \begin{bmatrix} \hat{x}_i \\ \hat{y}_i \\ \hat{z}_i \end{bmatrix} + \begin{bmatrix} X_j^0 - X_i^0 - \Delta X_{ij} \\ Y_j^0 - Y_i^0 - \Delta Y_{ij} \\ Z_j^0 - Z_i^0 - \Delta Z_{ij} \end{bmatrix} \tag{11-1-3}$$

或

$$\begin{bmatrix} V_{X_{ij}} \\ V_{Y_{ij}} \\ V_{Z_{ij}} \end{bmatrix} = \begin{bmatrix} \hat{x}_j \\ \hat{y}_j \\ \hat{z}_j \end{bmatrix} - \begin{bmatrix} \hat{x}_i \\ \hat{y}_i \\ \hat{z}_i \end{bmatrix} - \begin{bmatrix} \Delta X_{ij} - \Delta X_{ij}^0 \\ \Delta Y_{ij} - \Delta Y_{ij}^0 \\ \Delta Z_{ij} - \Delta Z_{ij}^0 \end{bmatrix} \tag{11-1-4}$$

令

$$V_{k\atop 3,1} = \begin{bmatrix} V_{X_{ij}} \\ V_{Y_{ij}} \\ V_{Z_{ij}} \end{bmatrix}, \ \hat{x}_{k(j)\atop 3,1} = \begin{bmatrix} \hat{x}_j \\ \hat{y}_j \\ \hat{z}_j \end{bmatrix}, \ \hat{x}_{k(i)\atop 3,1} = \begin{bmatrix} \hat{x}_i \\ \hat{y}_i \\ \hat{z}_i \end{bmatrix}, \ l_{k\atop 3,1} = \begin{bmatrix} \Delta X_{ij} - \Delta X_{ij}^0 \\ \Delta Y_{ij} - \Delta Y_{ij}^0 \\ \Delta Z_{ij} - \Delta Z_{ij}^0 \end{bmatrix}$$

则编号为 K 的基线向量误差方程为：

$$V_{k\atop 3,1} = \hat{x}_{k(j)\atop 3,1} - \hat{x}_{k(i)\atop 3,1} - l_{k\atop 3,1} \tag{11-1-5}$$

当网中有 m 个待定点，n 条基线向量时，则 GPS 网的误差方程为

$$V_{3n,1} = B_{3n,3m}\ \hat{x}_{3m,1} - l_{3n,1} \tag{11-1-6}$$

11.1.2 随机模型

随机模型一般形式仍为

$$D = \sigma_0^2 Q = \sigma_0^2 P^{-1} \tag{11-1-7}$$

现以两台 GPS 接收机测得的结果为例，说明 GPS 平差的随机模型的组成。

用两台 GPS 接收机测量，在一个时段内只能得到一条观测基线向量 $(\Delta X_{ij} \quad \Delta Y_{ij} \quad \Delta Z_{ij})$，其中 3 个观测坐标分量是相关的，观测基线向量的协方差直接由软件给出，其形式为

$$D_{ij} = \begin{bmatrix} \sigma_{\Delta X_{ij}}^2 & \sigma_{\Delta X_{ij}\Delta Y_{ij}} & \sigma_{\Delta X_{ij}\Delta Z_{ij}} \\ \text{对} & \sigma_{\Delta Y_{ij}}^2 & \sigma_{\Delta Y_{ij}\Delta Z_{ij}} \\ \text{称} & & \sigma_{\Delta Z_{ij}}^2 \end{bmatrix} \tag{11-1-8}$$

对于采用单基线解求得的基线分量，不同的观测基线向量之间是互相独立的。因此对于由多条单基线解组成的 GPS 网而言，(11-1-7)式中的 D 是块对角阵，即

$$D = \begin{bmatrix} D_1 & 0 & \cdots & 0 \\ {\scriptstyle 33} & & & \\ 0 & D_2 & \cdots & 0 \\ & {\scriptstyle 33} & & \\ & & \ddots & \\ 0 & 0 & & D_g \\ & & & {\scriptstyle 33} \end{bmatrix} \qquad (11\text{-}1\text{-}9)$$

式中, D 的下脚标号 1, 2, …, g 为各观测基线向量号, 相应的组成如(11-1-8)式所示。

由(11-1-9)式可得权阵为

$$Q = P^{-1} = D/\sigma_0^2, \quad P = (D/\sigma_0^2)^{-1} \qquad (11\text{-}1\text{-}10)$$

式中, σ_0^2 的先验值可任意选定, 最简单的方法是设为 1, 但为了使权阵中各元素不要过大, 也可适当选取。权阵也是块对角阵。

根据进行网平差时所采用观测量和已知条件的类型和数量, 可将网平差分为无约束平差和约束平差。

无约束平差中所采用的观测量为 GPS 基线向量, 平差通常在与基线向量相同的地心地固坐标系下进行。在平差进行过程中, 无约束平差除了引入一个提供位置基准信息的起算点坐标外, 不再引入其他的外部起算数据, 或者不引入任何外部起算数据, 采用秩亏自由网基准。总之无约束平差时不引入会使 GPS 网的尺度或方位发生变化的起算数据。

在约束平差过程中引入了会使 GPS 网的尺度或方位发生变化的外部起算数据。GPS 网的约束平差常被用于实现 GPS 网成果由基线解算时所用 GPS 卫星星历所对应的参照系到特定的区域参照系的转换。

下面举例说明 GPS 三维网平差的步骤, 首先是 GPS 三维无约束平差。

【例 11-1】　选取一个实测 GPS 网, 用两台 GPS 接收机观测, 测得 5 条独立基线向量, $n = 15$, 每一个基线向量中三个坐标差观测值相关, 各观测基线向量互相独立, 网中 N001 点的三维坐标已知, 其余三个为待定点, 参数个数 $t = 9$。

(1)GPS 网图, 如图 11-1 所示。

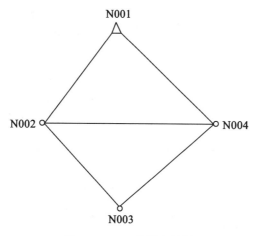

图 11-1　GPS 基线向量网

（2）已知点信息，如表 11-1 所示。

表 11-1 　　　　　　　　　　　　　　　　　已知点信息　　　　　　　　　　　　　　　　（单位 mm）

	X	Y	Z
N001	−1974638.7340	4590014.8190	3953144.9235

（3）观测基线向量信息，如表 11-2 所示。

表 11-2 　　　　　　　　　　　　　　　　观测基线向量信息　　　　　　　　　　　　　　（单位 mm）

编号	起点	终点	ΔX	ΔY	ΔZ	基线方差阵
1	2	1	−1218.561	−1039.227	1737.720	$\begin{bmatrix} 2.32099E-007 & \text{对} & \\ -5.097008E-007 & 1.339931E-006 & \text{称} \\ -4.371401E-007 & 1.109356E-006 & 1.008592E-006 \end{bmatrix}$
2	4	1	270.457	−503.208	1879.923	$\begin{bmatrix} 1.044890E-006 & \text{对} & \\ -2.396533E-006 & 6.341291E-006 & \text{称} \\ -2.319683E-006 & 5.902876E-006 & 6.035577E-006 \end{bmatrix}$
3	4	2	1489.013	536.030	142.218	$\begin{bmatrix} 5.850064E-007 & \text{对} & \\ -1.329620E-006 & 3.362548E-006 & \text{称} \\ -1.252374E-006 & 3.069820E-006 & 3.019233E-006 \end{bmatrix}$
4	3	2	1405.531	−178.157	1171.380	$\begin{bmatrix} 1.205319E-006 & \text{对} & \\ -2.636702E-006 & 6.858585E-006 & \text{称} \\ -2.174106E-006 & 5.480745E-006 & 4.820125E-006 \end{bmatrix}$
5	4	3	83.497	714.153	−1029.199	$\begin{bmatrix} 9.662657E-006 & \text{对} & \\ -2.175476E-005 & 5.194777E-005 & \text{称} \\ -1.971468E-005 & 4.633565E-005 & 4.324110E-005 \end{bmatrix}$

（4）待定参数：设 N002，N003，N004 点的三维坐标平差值为参数，即

$$\hat{X} = \begin{bmatrix} \hat{X}_2 & \hat{Y}_2 & \hat{Z}_2 & \hat{X}_3 & \hat{Y}_3 & \hat{Z}_3 & \hat{X}_4 & \hat{Y}_4 & \hat{Z}_4 \end{bmatrix}^{\mathrm{T}}$$

（5）待定点参数近似坐标信息，如表 11-3 所示。

表 11-3	待定点参数近似坐标信息		（单位：m）
	X^0	Y^0	Z^0
N002	−1973420.1740	4591054.0467	3951407.2050
N003	−1974825.7010	4591232.1940	3950235.8130
N004	−1974909.1980	4590518.0410	3951265.0120

（6）误差方程：

$$V_{15,1} = B_{15,99,1}\,\hat{x} - l_{15,1}$$

$$
\begin{bmatrix} v_1 \\ v_2 \\ v_3 \\ v_4 \\ v_5 \\ v_6 \\ v_7 \\ v_8 \\ v_9 \\ v_{10} \\ v_{11} \\ v_{12} \\ v_{13} \\ v_{14} \\ v_{15} \end{bmatrix}
=
\begin{bmatrix}
-1 & 0 & 0 & 0 & 0 & 0 & 0 & 0 & 0 \\
0 & -1 & 0 & 0 & 0 & 0 & 0 & 0 & 0 \\
0 & 0 & -1 & 0 & 0 & 0 & 0 & 0 & 0 \\
0 & 0 & 0 & 0 & 0 & 0 & -1 & 0 & 0 \\
0 & 0 & 0 & 0 & 0 & 0 & 0 & -1 & 0 \\
0 & 0 & 0 & 0 & 0 & 0 & 0 & 0 & -1 \\
1 & 0 & 0 & 0 & 0 & 0 & -1 & 0 & 0 \\
0 & 1 & 0 & 0 & 0 & 0 & 0 & -1 & 0 \\
0 & 0 & 1 & 0 & 0 & 0 & 0 & 0 & -1 \\
1 & 0 & 0 & -1 & 0 & 0 & 0 & 0 & 0 \\
0 & 1 & 0 & 0 & -1 & 0 & 0 & 0 & 0 \\
0 & 0 & 1 & 0 & 0 & -1 & 0 & 0 & 0 \\
0 & 0 & 0 & 1 & 0 & 0 & -1 & 0 & 0 \\
0 & 0 & 0 & 0 & 1 & 0 & 0 & -1 & 0 \\
0 & 0 & 0 & 0 & 0 & 1 & 0 & 0 & -1
\end{bmatrix}
\begin{bmatrix} \hat{x}_2 \\ \hat{y}_2 \\ \hat{z}_2 \\ \hat{x}_3 \\ \hat{y}_3 \\ \hat{z}_3 \\ \hat{x}_4 \\ \hat{y}_4 \\ \hat{z}_4 \end{bmatrix}
-
\begin{bmatrix} -0.001 \\ 0.0007 \\ 0.0015 \\ -0.007 \\ 0.014 \\ 0.0115 \\ -0.0110 \\ 0.0243 \\ 0.0250 \\ 0.0040 \\ -0.0097 \\ -0.012 \\ 0 \\ 0 \\ 0 \end{bmatrix}
$$

（7）权阵。为了计算方便，令先验单位权中误差为 $\sigma_0 = 0.00298$，其权阵为

$$P = \left(\frac{D}{\sigma_0^2} \right)^{-1}$$

$$P_{1515} = \begin{bmatrix}
249.53 & & & & & & & & & & & & & & \\
60.20 & 88.85 & & & & & & & & & \text{对} & & & & \\
41.94 & -71.63 & 105.79 & & & & & & & & & & & & \\
0 & 0 & 0 & 71.43 & & & & & & & & & & & \\
0 & 0 & 0 & 16.07 & 19.28 & & & & & & & & & & \\
0 & 0 & 0 & 11.73 & -12.68 & 18.38 & & & & & & \text{称} & & & \\
0 & 0 & 0 & 0 & 0 & 0 & 169.83 & & & & & & & & \\
0 & 0 & 0 & 0 & 0 & 0 & 0 & 39.60 & 46.12 & & & & & & \\
0 & 0 & 0 & 0 & 0 & 0 & 0 & 30.18 & -30.46 & 46.44 & & & & & \\
0 & 0 & 0 & 0 & 0 & 0 & 0 & 0 & 0 & 49.05 & & & & & \\
0 & 0 & 0 & 0 & 0 & 0 & 0 & 0 & 0 & 0 & 12.89 & 17.59 & & & \\
0 & 0 & 0 & 0 & 0 & 0 & 0 & 0 & 0 & 0 & 7.47 & -14.19 & 21.35 & & \\
0 & 0 & 0 & 0 & 0 & 0 & 0 & 0 & 0 & 0 & 0 & 0 & 0 & 17.74 & \\
0 & 0 & 0 & 0 & 0 & 0 & 0 & 0 & 0 & 0 & 0 & 0 & 0 & 4.86 & 5.21 \\
0 & 0 & 0 & 0 & 0 & 0 & 0 & 0 & 0 & 0 & 0 & 0 & 0 & 2.88 & -3.36 & 5.12
\end{bmatrix}$$

（8）法方程：

$$B^T P B \hat{x} = B^T P l$$

$$\begin{bmatrix}
468.4142 & & & & & & & & \\
112.6840 & 152.5534 & & & & \text{对} & & & \\
79.5936 & -116.2839 & 173.5805 & & & & & & \\
-49.0502 & -12.8852 & -7.4728 & 14.1853 & & & & & \\
-12.8852 & -17.5868 & 14.1853 & 17.7451 & 22.7947 & & \text{称} & & \\
-7.4728 & 14.1853 & -21.3465 & 10.3510 & -17.5501 & 26.4702 & & & \\
-169.8336 & -39.6002 & -30.1830 & -17.7351 & -4.8599 & -2.8782 & 259.0030 & & \\
-39.6002 & -46.1183 & 30.4649 & -4.8599 & -5.2079 & 3.3648 & 60.5337 & 70.6066 & \\
-30.1830 & 30.4649 & -46.4430 & -2.8782 & 3.3648 & -5.1237 & 44.7957 & -46.5086 & 69.9513
\end{bmatrix}
\hat{x} = \begin{bmatrix}
-0.0253 \\
0.0801 \\
-0.0665 \\
0.0185 \\
-0.0512 \\
0.0887 \\
0.2914 \\
0.0649 \\
-0.0405
\end{bmatrix}$$

（9）法方程系数阵的逆：

$$N_{BB}^{-1} = \begin{bmatrix}
0.0020 & & & & & & & & \\
-0.0044 & 0.0116 & & & & & & & \\
-0.0038 & 0.0097 & 0.0089 & & & & & & \\
0.0019 & -0.0042 & -0.0037 & 0.0124 & & & & & \\
-0.0042 & 0.0111 & 0.0093 & -0.0273 & 0.0700 & & & & \\
-0.0037 & 0.0093 & 0.0086 & -0.0231 & 0.0575 & 0.0515 & & & \\
0.0013 & -0.0028 & -0.0025 & 0.0016 & -0.0036 & -0.0032 & 0.0044 & & \\
-0.0028 & 0.0076 & 0.0064 & -0.0035 & 0.0097 & 0.0082 & -0.0100 & 0.0260 & \\
-0.0025 & 0.0064 & 0.0060 & -0.0030 & 0.0080 & 0.0076 & -0.0094 & 0.0235 & 0.0231
\end{bmatrix}$$

（10）法方程的解及精度评定（单位：m）：

$$\begin{bmatrix} \hat{x}_2 \\ \hat{y}_2 \\ \hat{z}_2 \\ \hat{x}_3 \\ \hat{y}_3 \\ \hat{z}_3 \\ \hat{x}_4 \\ \hat{y}_4 \\ \hat{z}_4 \end{bmatrix} = N_{BB}^{-1}A^{\mathrm{T}}Pl = \begin{bmatrix} 0.0007 \\ -0.002 \\ -0.0006 \\ -0.0023 \\ 0.0073 \\ 0.0087 \\ 0.0096 \\ -0.0198 \\ -0.0197 \end{bmatrix}$$

单位权中误差：

$$\hat{\sigma}_0 = \sqrt{\frac{V^{\mathrm{T}}PV}{n-t}} = \sqrt{\frac{0.0006}{15-9}} = 0.010\mathrm{m}$$

坐标中误差(m)：

点	$\hat{\sigma}_x$	$\hat{\sigma}_y$	$\hat{\sigma}_z$
N002	0.0015	0.0036	0.0032
N003	0.0037	0.0089	0.0076
N004	0.0022	0.0054	0.0051

(11)平差结果(m)：

	$\hat{X}$	$\hat{Y}$	$\hat{Z}$
N002	−1973420.1733	4591054.0465	3951407.2044
N003	−1974825.7033	4591232.2013	3950235.8217
N004	−1974909.1884	4590518.0212	3951264.9923

接下来举例说明三维约束平差。

【例 11-2】 图 11-2 所示为另一简单的 GPS 网，G01，G02 为已知点，G03，G04 为待定点，用 GPS 接收机观测，测得 5 条基线向量，$n=15$，每一个基线向量中三个坐标差观测值相关，各观测基线向量互相独立，参数个数 $t=6$。

(1)网图，如图 11-2 所示。

(2)已知点信息，如表 11-4 所示。

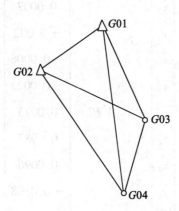

图 11-2　无约束 GPS 基线向量网

表 11-4　　　　　　　　　　　　已知点信息(单位：m)

	X	Y	Z
G01	−2411745.1210	−4733176.7637	3510160.3400
G02	−2411356.6914	−4733839.0845	3518496.4387

(3)观测基线向量信息，如表 11-5 所示。

表 11-5　　　　　　　　　　观测基线向量信息(单位：m)

编号	起点	终点	ΔX	ΔY	ΔZ	基线方差阵		
1	G01	G03	−4627.5876	1730.2583	−885.4004	0.04703247	−0.05020088	−0.03281445
						−0.05020088	0.09218768	0.04696787
						−0.03281445	0.04696787	0.05623398
2	G01	G04	−6711.4497	466.8445	−3961.5828	0.02473143	0.02876859	−0.01509773
						0.02876859	0.06655087	−0.02851111
						−0.01509773	−0.02851111	0.03094389
3	G02	G03	−5016.0719	2392.4410	−221.3953	0.04070099	0.04414530	−0.02748649
						0.04414530	0.08474371	−0.04139903
						−0.02748649	−0.04139903	0.04886984
4	G02	G04	−7099.8788	1129.2431	−3297.7530	0.02779443	−0.03152263	−0.01775849
						−0.03152263	0.06920519	−0.03106032
						−0.01775849	−0.03106032	0.034708320

编号	起点	终点	ΔX	ΔY	ΔZ	基线方差阵		
5	G03	G04	−2083.8123	−1263.3628	−3076.2452	0.03731600	0.04074495	−0.02452800
						0.04074495	0.08001627	−0.03802864
						−0.02452800	−0.03802864	0.04469407

（4）待定参数：设 G03，G04 点的三维坐标平差值为参数，即

$$\hat{X} = \begin{bmatrix} \hat{X}_3 & \hat{Y}_3 & \hat{Z}_3 & \hat{X}_4 & \hat{Y}_4 & \hat{Z}_4 \end{bmatrix}^T$$

（5）待定点参数近似坐标信息，如表 11-6 所示。

表 11-6　　　　　待定点参数近似坐标信息（单位：m）

	X^0	Y^0	Z^0
G03	−2416372.7665	−4731446.5765	3518275.0196
G04	−2418456.5526	−4732709.8813	3515198.7678

（6）误差方程：

$$\underset{15,1}{V} = \underset{15,6}{B}\ \underset{6,1}{\hat{x}} - \underset{15,1}{l}$$

$$\begin{bmatrix} v_1 \\ v_2 \\ v_3 \\ v_4 \\ v_5 \\ v_6 \\ v_7 \\ v_8 \\ v_9 \\ v_{10} \\ v_{11} \\ v_{12} \\ v_{13} \\ v_{14} \\ v_{15} \end{bmatrix} = \begin{bmatrix} 1 & 0 & 0 & 0 & 0 & 0 \\ 0 & 1 & 0 & 0 & 0 & 0 \\ 0 & 0 & 1 & 0 & 0 & 0 \\ 0 & 0 & 0 & 1 & 0 & 0 \\ 0 & 0 & 0 & 0 & 1 & 0 \\ 0 & 0 & 0 & 0 & 0 & 1 \\ 1 & 0 & 0 & 0 & 0 & 0 \\ 0 & 1 & 0 & 0 & 0 & 0 \\ 0 & 0 & 1 & 0 & 0 & 0 \\ 0 & 0 & 0 & 1 & 0 & 0 \\ 0 & 0 & 0 & 0 & 1 & 0 \\ 0 & 0 & 0 & 0 & 0 & 1 \\ -1 & 0 & 0 & 1 & 0 & 0 \\ 0 & -1 & 0 & 0 & 1 & 0 \\ 0 & 0 & -1 & 0 & 0 & 1 \end{bmatrix} \begin{bmatrix} \hat{x}_3 \\ \hat{y}_3 \\ \hat{z}_3 \\ \hat{x}_4 \\ \hat{y}_4 \\ \hat{z}_4 \end{bmatrix} - \begin{bmatrix} 5.79 \\ 7.11 \\ -8.00 \\ -1.81 \\ -3.79 \\ -1.06 \\ 0.32 \\ -6.70 \\ 2.38 \\ -1.76 \\ 3.99 \\ -8.21 \\ -2.62 \\ -5.80 \\ 0.66 \end{bmatrix}$$

常数项单位为 cm。

（7）法方程：

$$\begin{bmatrix} 0.1250 & 0.1351 & -0.0848 & -0.0373 & -0.0407 & 0.0245 \\ 0.1351 & 0.2569 & -0.1264 & -0.0407 & -0.0800 & 0.0380 \\ -0.0848 & -0.1264 & 0.1498 & 0.0245 & 0.0380 & -0.0447 \\ -0.0373 & -0.0407 & 0.0898 & 0.0898 & 0.1010 & -0.0574 \\ -0.0407 & -0.0800 & 0.1010 & 0.1010 & 0.2158 & -0.0976 \\ 0.0245 & 0.0380 & -0.0574 & -0.0574 & -0.0976 & 0.1103 \end{bmatrix} \hat{x} = \begin{bmatrix} 0.89 \\ 1.27 \\ -0.90 \\ -0.27 \\ -0.39 \\ 0.04 \end{bmatrix}$$

（8）法方程系数阵的逆：

$$N_{BB}^{-1} = \begin{bmatrix} 22.620304 & & & & & \\ -9.4844961 & 1.511957 & & \text{对} & & \\ 4.747137 & 4.3882481 & 3.995193 & & \text{称} & \\ 8.680639 & -3.384450 & 1.6868442 & 8.065997 & & \\ -3.386006 & 4.094469 & 1.778182 & -10.817164 & 12.916282 & \\ 1.682683 & 1.779732 & 5.551018 & 4.947777 & 5.860772 & 18.080173 \end{bmatrix}$$

（9）法方程的解及精度评定：

$$\begin{bmatrix} \hat{x}_3 \\ \hat{y}_3 \\ \hat{z}_3 \\ \hat{x}_4 \\ \hat{y}_4 \\ \hat{z}_4 \end{bmatrix} = N_{BB}^{-1} A^{\mathrm{T}} Pl = \begin{bmatrix} 3.03 \\ 1.48 \\ -3.77 \\ -1.04 \\ -1.44 \\ -4.17 \end{bmatrix}$$

单位权中误差：

$$\hat{\sigma}_0 = \sqrt{\frac{V^{\mathrm{T}} P V}{n - t}} = \sqrt{\frac{1.3619}{15 - 6}} = 0.389$$

坐标中误差（cm）：

点	$\hat{\sigma}_x$	$\hat{\sigma}_y$	$\hat{\sigma}_z$
G03	1.85	1.32	2.27
G04	1.46	2.06	2.52

（10）平差结果：

	$\hat{X}$	$\hat{Y}$	$\hat{Z}$
G03	−2416372.7362	−4731446.5617	3518274.9819
G04	−2418456.5630	−4732709.8957	3515198.7261

11.2　GPS 高程拟合

由于采用 GPS 观测所得到的是大地高,为了确定出正常高,需要有大地水准面差距或高程异常数据。将 GPS 测得的大地高转换为正常高的主要方法包括:基于区域似大地水准面精化模型的高程异常内插法、基于地球重力场模型的高程异常内插法和高程拟合法。其中前两种是基于通过物理的方法已经得到了一定分辨率的高程异常值,然后通过双线性插值方法内插出待求点出的高程异常。而高程拟合法是纯几何方法,其利用在范围不大的区域中,高程异常具有一定的几何相关性这一原理,采用数学方法,求解高程异常。

常用的 GPS 高程拟合方法有二次多项式高程拟合法、多面函数高程拟合法等。

11.2.1　二次多项式高程拟合法

将高程异常表示为下面二次多项式的形式:

$$\xi = a_0 + a_1 \cdot dx + a_2 \cdot dy + a_3 \cdot dx^2 + a_4 \cdot dy^2 + a_5 \cdot dx \cdot dy \tag{11-2-1}$$

其中:

$$dx = x - x_0$$

$$dy = y - y_0$$

$$x_0 = \frac{1}{n} \sum_{i=1}^{n} x_i$$

$$y_0 = \frac{1}{n} \sum_{i=1}^{n} y_i$$

n 为 GPS 网的点数。

利用公共点上 GPS 测定的大地高和水准测量测定的正常高计算出该点上的高程异常 ξ,存在一个这样的公共点,就可以依据上式列出一个方程:

$$\xi_i + v_i = \hat{a}_0 + \hat{a}_1 \cdot dx_i + \hat{a}_2 \cdot dy_i + \hat{a}_3 \cdot dx_i^2 + \hat{a}_4 \cdot dy_i^2 + \hat{a}_5 \cdot dx_i \cdot dy_i \tag{11-2-2}$$

若共存在 m 个这样的公共点,则可列出 m 个方程:

$$\xi_1 + v_1 = \hat{a}_0 + \hat{a}_1 \cdot dx_1 + \hat{a}_2 \cdot dy_1 + \hat{a}_3 \cdot dx_1^2 + \hat{a}_4 \cdot dy_1^2 + \hat{a}_5 \cdot dx_1 \cdot dy_1$$

$$\xi_2 + v_2 = \hat{a}_0 + \hat{a}_1 \cdot dx_2 + \hat{a}_2 \cdot dy_2 + \hat{a}_3 \cdot dx_2^2 + \hat{a}_4 \cdot dy_2^2 + \hat{a}_5 \cdot dx_2 \cdot dy_2$$

……

$$\xi_m + v_m = \hat{a}_0 + \hat{a}_1 \cdot dx_m + \hat{a}_2 \cdot dy_m + \hat{a}_3 \cdot dx_m^2 + \hat{a}_4 \cdot dy_m^2 + \hat{a}_5 \cdot dx_m \cdot dy_m$$

即有:

$$V = B\hat{X} - L \tag{11-2-3}$$

其中:

$$B = \begin{bmatrix} 1 & dx_1 & dy_1 & dx_1^2 & dy_1^2 & dx_1 \cdot dy_1 \\ 1 & dx_2 & dy_2 & dx_2^2 & dy_2^2 & dx_2 \cdot dy_2 \\ \vdots & \vdots & \vdots & \vdots & \vdots & \vdots \\ 1 & dx_m & dy_m & dx_m^2 & dy_m^2 & dx_m \cdot dy_m \end{bmatrix}$$

$$X = \begin{bmatrix} \hat{a}_0 & \hat{a}_1 & \hat{a}_2 & \hat{a}_3 & \hat{a}_4 & \hat{a}_5 \end{bmatrix}^{\mathrm{T}}$$

$$L = \begin{bmatrix} \xi_1 & \xi_2 & \cdots & \xi_m \end{bmatrix}^{\mathrm{T}}$$

通过最小二乘法可以求解出多项式的系数：

$$\hat{X} = (B^{\mathrm{T}}PB)^{-1}(B^{\mathrm{T}}PL) \tag{11-2-4}$$

式中：P 为权阵，它可以根据水准高程和 GPS 所测得的大地高的精度所确定的高程异常精度来加以确定。

11.2.2 多面函数高程拟合法

美国人 Hardy 于 1977 年提出多面函数拟合法，该方法基于下述观点：任何一个圆滑的数学表面总可用一系列的有规则的数学表面的总和以任意精度逼近。

设任意一个数学表面上点 (x, y) 处的高程异常 $\xi(x, y)$ 可表达成：

$$\xi(x, y) = \sum_{j=1}^{u} \alpha_j Q(x, y; x_j', y_j') \tag{11-2-5}$$

式中，$Q(x, y; x_j', y_j')$ 为核函数，u 为所取节点的个数，$\alpha_j(j=1, 2, \cdots, u)$ 为待估参数。

核函数 $Q(x, y; x_j', y_j')$ 在理论上可以任意选择，一般采用如下的正双曲面函数：

$$Q(x, y; x_j', y_j') = [(x - x_j')^2 + (y - y_j')^2 + \delta^2]^{\beta} \tag{11-2-6}$$

式中，δ^2 为光滑因子，其值最好根据实际数据研究确定。通常 δ 可取一个小正数或零，β 取 $1/2$、1、$-1/2$ 等。

同样利用公共点上 GPS 测定的大地高和水准测量测定的正常高计算出该点上的高程异常 ξ，设这样的公共点有 n 个，其中精度高、可靠性好的有 u 个。将公共点上的高程异常 ξ 表示为上述多面函数的形式：

$$\begin{bmatrix} \xi(x_1, y_1) \\ \xi(x_2, y_2) \\ \vdots \\ \xi(x_n, y_n) \end{bmatrix} + \begin{bmatrix} v_1 \\ v_2 \\ \vdots \\ v_n \end{bmatrix}$$

$$= \begin{bmatrix} Q(x_1, y_1; x_1', y_1') & Q(x_1, y_1; x_2', y_2') & \cdots & Q(x_1, y_1; x_u', y_u') \\ Q(x_2, y_2; x_1', y_1') & Q(x_2, y_2; x_2', y_2') & \cdots & Q(x_2, y_2; x_u', y_u') \\ \vdots & \vdots & & \vdots \\ Q(x_n, y_n; x_1', y_1') & Q(x_n, y_n; x_2', y_2') & \cdots & Q(x_n, y_n; x_u', y_u') \end{bmatrix} \begin{bmatrix} \hat{\alpha}_1 \\ \hat{\alpha}_2 \\ \vdots \\ \hat{\alpha}_u \end{bmatrix}$$

$$\tag{11-2-7}$$

即有：

$$V = B\hat{X} - L \tag{11-2-8}$$

其中：

$$B = \begin{bmatrix} Q(x_1,\ y_1;\ x_1',\ y_1') & Q(x_1,\ y_1;\ x_2',\ y_2') & \cdots & Q(x_1,\ y_1;\ x_u',\ y_u') \\ Q(x_2,\ y_2;\ x_1',\ y_1') & Q(x_2,\ y_2;\ x_2',\ y_2') & \cdots & Q(x_2,\ y_2;\ x_u',\ y_u') \\ \vdots & \vdots & & \vdots \\ Q(x_n,\ y_n;\ x_1',\ y_1') & Q(x_n,\ y_n;\ x_2',\ y_2') & \cdots & Q(x_n,\ y_n;\ x_u',\ y_u') \end{bmatrix}$$

$$X = \begin{bmatrix} \hat{\alpha}_1 & \hat{\alpha}_2 & \cdots & \hat{\alpha}_u \end{bmatrix}^T$$

$$L = \begin{bmatrix} \xi(x_1,\ y_1) & \xi(x_2,\ y_2) & \cdots & \xi(x_n,\ y_n) \end{bmatrix}^T$$

通过最小二乘法可以求解出多项式的系数：

$$\hat{X} = (B^T P B)^{-1}(B^T P L) \tag{11-2-9}$$

其中：P 为权阵，它同样可以根据水准高程和 GPS 所测得的大地高的精度所确定的高程异常精度来加以确定。

11.3 GPS 坐标转换

通常情况下，直接通过 GPS 测量定位所得到的坐标，属于一个全球坐标参照系。对于大多数的工程应用而言，它们往往需要在某个局部坐标参照系下的坐标。这一局部坐标参照系，既可能是一个全球坐标参照系的局部实现，也可能是一个国家坐标参照系或地方独立坐标参照系。所以我们要进行基准转换。进行转换的算法比较多，较为常用的空间基准转换方法有布尔沙-沃尔夫(Bursa-Wolf)模型，较为常用的平面坐标转换模型有相似变换模型。

11.3.1 布尔沙-沃尔夫模型

布尔沙-沃尔夫模型又被称为七参数转换(7-Parameter Transformation)或七参数赫尔墨特变换(7-Parameter Helmert Transformation)模型。在该模型中共采用了 7 个参数，分别是 3 个平移参数 ΔX_0、ΔY_0、ΔZ_0，3 个旋转参数 $\bar{\omega}_X$、$\bar{\omega}_Y$、$\bar{\omega}_Z$（也被称为 3 个欧拉角）和 1 个尺度参数 m（如图 11-3 所示）。

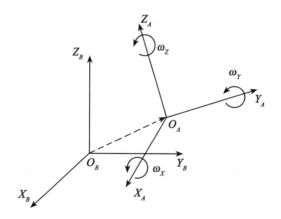

图 11-3 空间直角坐标系之间的关系

若:

$(X_A \quad Y_A \quad Z_A)^T$ 为某点在空间直角坐标系 A 的坐标;

$(X_B \quad Y_B \quad Z_B)^T$ 为该点在空间直角坐标系 B 的坐标;

$(\Delta X_0 \quad \Delta Y_0 \quad \Delta Z_0)^T$ 为空间直角坐标系 A 转换到空间直角坐标系 A 的平移参数;

$(\omega_X \quad \omega_Y \quad \omega_Z)$ 为空间直角坐标系 A 转换到空间直角坐标系 B 的旋转参数;

m 为空间直角坐标系 A 转换到空间直角坐标系 B 的尺度参数。

则由空间直角坐标系 A 到空间直角坐标系 B 的转换关系为:

$$\begin{bmatrix} X_B \\ Y_B \\ Z_B \end{bmatrix} = \begin{bmatrix} \Delta X_0 \\ \Delta Y_0 \\ \Delta Z_0 \end{bmatrix} + (1+m)R(\omega)\begin{bmatrix} X_A \\ Y_A \\ Z_A \end{bmatrix} \tag{11-3-1}$$

式中:

$$R(\omega_X) = \begin{pmatrix} 1 & 0 & 0 \\ 0 & \cos\omega_x & \sin\omega_x \\ 0 & -\sin\omega_x & \cos\omega_x \end{pmatrix}$$

$$R(\omega_Y) = \begin{pmatrix} \cos\omega_Y & 0 & -\sin\omega_Y \\ 0 & 1 & 0 \\ \sin\omega_Y & 0 & \cos\omega_Y \end{pmatrix}$$

$$R(\omega_Z) = \begin{pmatrix} \cos\omega_Z & \sin\omega_Z & 0 \\ -\sin\omega_Z & \cos\omega_Z & 0 \\ 0 & 0 & 1 \end{pmatrix}$$

一般 ω_X、ω_Y 和 ω_Z 均为小角度,将 $\cos\omega$ 和 $\sin\omega$ 分别展开成泰勒级数,仅保留一次项,则有:

$$\cos\omega \approx 1$$
$$\sin\omega \approx \omega$$

则有:

$$R(\omega) = R(\omega_Z) \cdot R(\omega_Y) \cdot R(\omega_X) = \begin{bmatrix} 1 & \omega_Z & -\omega_Y \\ -\omega_Z & 1 & \omega_X \\ \omega_Y & -\omega_X & 1 \end{bmatrix}$$

下面以 WGS-84 和北京 54 坐标之间的转换说明七参数转换模型参数求解的过程。

【例 11-3】 已知 5 个点在 WGS-84 和北京 54 坐标系下的坐标(见表 11-7),根据布尔沙模型求解 WGS-84 和北京 54 坐标系之间的转换参数。

表 11-7

点号	X_{84}	Y_{84}	Z_{84}	X_{54}	Y_{54}	Z_{54}
1	−1142966.4541	5015869.1907	3760776.4243	−1142863.3850	5015902.6164	3760766.8677
2	−1138458.4123	5015068.2785	3764662.5934	−1138355.3531	5015101.6407	3764652.9955
3	−1147233.4305	5015848.6936	3759387.2466	−1147130.3517	5015882.1884	3759377.7212
4	−1143593.3297	5013498.3694	3759298.4395	−1143490.3069	5013531.8122	3759288.8988
5	−1143984.2085	5014984.3094	3705939.4985	−1143881.4740	5015017.6191	3705930.1843

解：两个坐标系之间转换的布尔沙模型为：

$$\begin{pmatrix} X \\ Y \\ Z \end{pmatrix}_{54} = \begin{pmatrix} \Delta X_0 \\ \Delta Y_0 \\ \Delta Z_0 \end{pmatrix} + (1+m)R_3(\omega_Z)R_2(\omega_Y)R_1(\omega_X)\begin{pmatrix} X \\ Y \\ Z \end{pmatrix}_{84}$$

式中：

$\begin{pmatrix} X \\ Y \\ Z \end{pmatrix}_{54}$ 和 $\begin{pmatrix} X \\ Y \\ Z \end{pmatrix}_{84}$ 分别为某点在北京 54 坐标系和 WGS-84 坐标系下的坐标：

ΔX_0，ΔY_0，ΔZ_0 为由 WGS-84 坐标系转换到北京 54 坐标系的平移参数；

ω_X，ω_Y，ω_Z 为由 WGS-84 坐标系转换到北京 54 坐标系的旋转参数；

m 为由 WGS-84 坐标系转换到北京 54 坐标系的尺度参数；

考虑到通常情况下，两个不同基准间旋转的 3 个欧拉角 ω_X，ω_Y，ω_Z 都非常小，因此布尔沙模型最终可以简化表示为：

$$\begin{pmatrix} X \\ Y \\ Z \end{pmatrix}_{54} = \begin{pmatrix} X \\ Y \\ Z \end{pmatrix}_{84} + \begin{pmatrix} 1 & 0 & 0 & 0 & -Z_{84} & Y_{84} & X_{84} \\ 0 & 1 & 0 & Z_{84} & 0 & -X_{84} & Y_{84} \\ 0 & 0 & 1 & -Y_{84} & X_{84} & 0 & Z_{84} \end{pmatrix}\begin{pmatrix} \Delta X_0 \\ \Delta Y_0 \\ \Delta Z_0 \\ \omega_X \\ \omega_Y \\ \omega_Z \\ m \end{pmatrix}$$

按题意知，必要观测数 $t=7$，$n=15$，$r=8$。选取 7 个转换参数为待估参数。

（1）列误差方程：将北京 54 坐标系下的坐标视为观测值，设 WGS-84 坐标系下的坐标无误差，则可列出误差方程为：

$$\begin{pmatrix} v_{x_1} \\ v_{y_1} \\ v_{z_1} \\ \vdots \\ v_{x_5} \\ v_{y_5} \\ v_{z_5} \end{pmatrix}_{54} = \begin{pmatrix} 1 & 0 & 0 & 0 & -Z_1 & Y_1 & X_1 \\ 0 & 1 & 0 & Z_1 & 0 & -X_1 & Y_1 \\ 0 & 0 & 1 & -Y_1 & X_1 & 0 & Z_1 \\ \vdots & \vdots & \vdots & \vdots & \vdots & \vdots & \vdots \\ 1 & 0 & 0 & 0 & -Z_5 & Y_5 & X_5 \\ 0 & 1 & 0 & Z_5 & 0 & -X_5 & Y_5 \\ 0 & 0 & 1 & -Y_5 & X_5 & 0 & Z_5 \end{pmatrix} \begin{pmatrix} \Delta X_0 \\ \Delta Y_0 \\ \Delta Z_0 \\ \omega_X \\ \omega_Y \\ \omega_Z \\ m \end{pmatrix} - \begin{pmatrix} X_1 \\ Y_1 \\ Z_1 \\ \vdots \\ X_5 \\ Y_5 \\ Z_5 \end{pmatrix}_{54} - \begin{pmatrix} X_1 \\ Y_1 \\ Z_1 \\ \vdots \\ X_5 \\ Y_5 \\ Z_5 \end{pmatrix}_{84}$$

写成矩阵形式即

$$V = B\hat{X} - L$$

由于各点的坐标可视为同精度独立观测值，因此 $P = I$。

（2）参数求解：把各点坐标已知值带入上述误差方程，然后按照下列公式求解出参数估值：

$$\hat{X} = (B^{\mathrm{T}}B)^{-1}(B^{\mathrm{T}}L)$$

求得：

$$\begin{pmatrix} \Delta X_0 \\ \Delta Y_0 \\ \Delta Z_0 \\ \omega_X \\ \omega_Y \\ \omega_Z \\ m \end{pmatrix} = \begin{pmatrix} -9.3086\text{m} \\ 26.0143\text{m} \\ 12.2976\text{m} \\ 0.51576\text{s} \\ -1.21846\text{s} \\ 3.50691\text{s} \\ -4.27145\text{ppm} \end{pmatrix}$$

（3）精度评定：将所求得 $\hat{X}$ 代入 $V = B\hat{X} - L$ 求改正数 V，利用改正数进行精度评定。

单位权中误差 $\hat{\sigma}_0 = \sqrt{\dfrac{V^{\mathrm{T}}PV}{n-t}} = \sqrt{\dfrac{V^{\mathrm{T}}PV}{8}} = 0.032\text{m}$，$\hat{\sigma}_0 = 0.032\text{m}$

11.3.2 平面相似变换模型

由于我国的北京 54/西安 80 坐标系（包括地方独立坐标系）是一个平面和高程相对分离的系统，而且其主要维持的是一套二维平面的坐标体系。而 GPS 测量得到的成果往往是三维空间的坐标体系。我们可以对北京 54/西安 80/地方任意平面直角坐标系坐标与投影到平面上的 GPS 测得到空间坐标系坐标成果进行转换。平面坐标系统之间的相互转换实际上是一种二维转换。一般而言，两平面坐标系统之间包含四个原始转换因子，即两个平移因子、一个旋转因子和一个尺度因子，可采用相似变换模型。

则由 A 坐标系转换到 B 坐标系的转换关系为：

$$\begin{bmatrix} x \\ y \end{bmatrix}_B = (1+m) \begin{bmatrix} \cos\alpha & \sin\alpha \\ -\sin\alpha & \cos\alpha \end{bmatrix} \left(\begin{bmatrix} x \\ y \end{bmatrix}_A + \begin{bmatrix} \Delta x \\ \Delta y \end{bmatrix} \right) \tag{11-3-2}$$

其中：

$\begin{bmatrix} x & y \end{bmatrix}_A^T$ 为某点在 A 坐标系下的空间直角坐标;

$\begin{bmatrix} x & y \end{bmatrix}_B^T$ 为该点在北 B 坐标系下的空间直角坐标;

$\begin{bmatrix} \Delta x & \Delta y \end{bmatrix}^T$ 为 A 坐标系转换到 B 坐标系的平移参数;

m 为 A 坐标系转换到 B 坐标系的尺度参数。

要求取两平面坐标系之间的转换关系,需要至少 2 个以上的同时有两套平面坐标系成果的公共点。

11.4　整数最小二乘及其在 GPS 整周模糊度固定中的应用

由于原始的 GPS 载波相位观测值中含有模糊度,因此,在确定出模糊度之前,它并不是完整的卫星与接收机之间的距离观测值。但是,一旦能够准确地确定出模糊度,就可以将其转换为毫米级精度的距离观测值,从而能够进行厘米级甚至毫米级的定位。因此,模糊度处理对于 GPS 高精度数据处理来说至关重要。目前,常用的模糊度处理方法主要有 4 类,分别为消去法、在观测值域中确定模糊度的方法、在坐标域中确定模糊度的方法和在模糊度域中确定模糊度的方法。其中,最常用的一类方法是在模糊度域中确定模糊度中的最小二乘模糊度降相关平差方法(Least Squares Ambiguity Decorrelation Adjustment, LAMBDA)。

Teunissen(1993)提出了最小二乘模糊度降相关平差方法。经过多年的发展与完善,该方法已成为了理论体系最完整、应用最广泛的方法。LAMBDA 的主要特点是对原始模糊度参数进行整数变换,降低模糊度参数之间的相关性,从而达到缩小搜索范围的目的。

我们知道,通过在模糊度域中进行搜索所确定出的模糊度整数值应满足:

$$(\hat{N} - N)^T Q_{\hat{N}}^{-1}(\hat{N} - N) = \min \tag{11-4-1}$$

其中,$Q_{\hat{N}}$ 为模糊度实数估值的协因数阵。

不难看出,若 $Q_{\hat{N}}$ 为对角阵,假设其为:

$$Q_{\hat{N}} = \begin{bmatrix} q_{\hat{N}_1\hat{N}_1} & 0 & \cdots & 0 \\ 0 & q_{\hat{N}_2\hat{N}_2} & & 0 \\ \vdots & & \ddots & \vdots \\ 0 & \cdots & 0 & q_{\hat{N}_t\hat{N}_t} \end{bmatrix} \tag{11-4-2}$$

此时模糊度参数之间误差独立,则

$$\chi^2(N) = (\hat{N} - N)^T Q_{\hat{N}}^{-1}\left(\hat{N} - N\right) = \sum_{i=1}^t \left[q_{\hat{N}_i\hat{N}_i}^{-1}\left(\hat{N}_i - N_i\right)^2 \right] = \min \tag{11-4-3}$$

显然,在这一条件下所确定的模糊度整数值就是最接近模糊度实数值的整数。

由式(11-4-2)可知,因 $Q_{\hat{N}}$ 假定为对角矩阵,因此所求得的任意 2 个整周模糊度参数 N_1 和 N_2 完全不相关。从几何学上来说,如果将两个坐标轴用模糊度 N_1 和 N_2 表示,那么这个等式就代表了一个以模糊度 $\hat{N}$ 为中心的椭圆。这个椭圆被认为是一个模糊度搜索空间。从数学角度讲，这两个整数模糊度包含在二维整数空间中。

实际上，$Q_{\hat{N}}$ 是一个各因子都不为零的对称矩阵，这意味着两个模糊度之间存在相关性，从而寻找 $\chi^2(N)$ 最小值变得更为复杂。换句话说，将浮点解四舍五入至整数解的原则不再适用。为处理的方便，降低模糊度之间的相关性是非常必要的。所采用的方法是模糊度去相关变换，这意味着变换后的模糊度方差阵恢复为对角阵。

由于采用特征值分解即可得出一个对角矩阵，使得寻找一个产生对角阵 $Q_{\hat{N}}$ 的变换并非难事。显然，每个对称矩阵

$$Q = \begin{bmatrix} q_{11} & q_{12} \\ q_{12} & q_{22} \end{bmatrix} \tag{11-4-4}$$

都能转换为对角矩阵

$$Q' = \begin{bmatrix} \lambda_1 & 0 \\ 0 & \lambda_2 \end{bmatrix} \tag{11-4-5}$$

定义特征值

$$\left. \begin{aligned} \lambda_1 &= \frac{1}{2}(q_{11} + q_{22} + w) \\ \lambda_2 &= \frac{1}{2}(q_{11} + q_{22} - w) \end{aligned} \right\} \tag{11-4-6}$$

及辅助量
$$w = \sqrt{(q_{11} - q_{22})^2 + 4q_{12}^2} \tag{11-4-7}$$
两个特征向量相互正交，其方向可用旋转角 φ 定义，φ 的计算公式为

$$\tan 2\varphi = \frac{2q_{12}}{q_{11} - q_{22}} \tag{11-4-8}$$

唯一的问题是必须同样对整数模糊度 N 进行交换并且必须保留其整数特性。对此，一般的特征值分解方法难以做到。

通常，可将该过程表示为：

$$N' = ZN$$
$$\hat{N}' = Z\hat{N} \tag{11-4-9}$$
$$Q_{\hat{N}'} = ZQ_{\hat{N}}Z^{\mathrm{T}}$$

其中，协因数阵的转换通过误差传播律获得。由于转换后所得到的模糊度 N' 必须保持整数值，因而转换矩阵 Z 必须满足 3 个条件：

(1)转换矩阵 Z 的元素必须为整数值；

(2)转换必须保持体积不变；

(3)转换必须使所有模糊度方差的乘积减小。

另外，转换矩阵 Z 的逆也必须仅由整数所组成，因为一旦对(所确定的)整数模糊度 N' 再次进行转换时，还必须保持模糊度的整数特性。对于前面所示的二维情形，体积不变退化为二维协因数(协方差)阵所代表的椭圆面积不变。如果满足以上三个条件，变换后的模糊度仍为整数值，并且变换后模糊度的协因数(协方差)阵与原始模糊度的协因数(协方差)阵相比，其对角阵特性更为明显。

高斯变换是满足上述条件的变换之一，可表示为：

$$Z_1 = \begin{bmatrix} 1 & 0 \\ \alpha_1 & 1 \end{bmatrix}, \quad \alpha_1 = - \mathrm{INT}\left[q_{\hat{N}_1 \hat{N}_2} / q_{\hat{N}_1 \hat{N}_1} \right] \tag{11-4-10}$$

或另一种形式

$$Z_2 = \begin{bmatrix} 1 & \alpha_2 \\ 0 & 1 \end{bmatrix}, \quad \alpha_2 = - \mathrm{INT}\left[q_{\hat{N}_1 \hat{N}_2} / q_{\hat{N}_2 \hat{N}_2} \right] \tag{11-4-11}$$

上述两组模糊度可进行相互变换。在变换式(11-4-10)中，模糊度 $\hat{N}_1$ 保持不变，对 $\hat{N}_2$ 进行了变换。类似地，在式(11-4-11)中，模糊度 $\hat{N}_2$ 保持不变，对 $\hat{N}_1$ 进行了变换。这里，INT 表示四舍五入到最近整数。变换过程的理论背景实际上是条件最小二乘平差估计。

由下式可得到变换后的模糊度：

$$\begin{bmatrix} \hat{N}'_1 \\ \hat{N}'_2 \end{bmatrix} = \begin{bmatrix} 1 & - \mathrm{INT}\left[q_{\hat{N}_1 \hat{N}_2} / q_{\hat{N}_2 \hat{N}_2} \right] \\ 0 & 1 \end{bmatrix} \begin{bmatrix} \hat{N}_1 \\ \hat{N}_2 \end{bmatrix} \tag{11-4-12}$$

设基线处理过程中所得到的模糊度浮点解为

$$\hat{N} = \begin{bmatrix} \hat{N}_1 \\ \hat{N}_2 \end{bmatrix} = \begin{bmatrix} 1.05 \\ 1.30 \end{bmatrix}$$

其协因素阵为

$$Q_{\hat{N}} = \begin{bmatrix} q_{\hat{N}_1 \hat{N}_1} & q_{\hat{N}_1 \hat{N}_2} \\ q_{\hat{N}_1 \hat{N}_2} & q_{\hat{N}_2 \hat{N}_2} \end{bmatrix} = \begin{bmatrix} 53.4 & 38.4 \\ 38.4 & 28.0 \end{bmatrix}$$

现在对 $Q_{\hat{N}}$ 进行变换。首先，即进行基于 Z_2 的变换。由式(11-4-11)得

$$\alpha_2 = - \mathrm{INT}\left[q_{\hat{N}_1 \hat{N}_2} / q_{\hat{N}_2 \hat{N}_2} \right] = - \mathrm{INT}\left[38.4 / 28.0 \right] = - 1$$

则

$$Z_2 = \begin{bmatrix} 1 & - 1 \\ 0 & 1 \end{bmatrix}$$

根据式(11-4-9)可将变换表示为

$$Q_{\hat{N}'} = Z_2 Q_{\hat{N}} Z_2^{\mathrm{T}} = \begin{bmatrix} 1 & - 1 \\ 0 & 1 \end{bmatrix} \begin{bmatrix} 53.4 & 38.4 \\ 38.4 & 28.0 \end{bmatrix} \begin{bmatrix} 1 & 0 \\ - 1 & 1 \end{bmatrix} = \begin{bmatrix} 4.6 & 10.4 \\ 10.4 & 28.0 \end{bmatrix}$$

如果以标准椭圆(以相应的模糊度为中心)表示模糊度搜索空间，则此变换的效果最好。如果分别用 $Q_{\hat{N}}$ 和 $Q_{\hat{N}'}$ 代替 Q，则标准椭圆的参数可从式(11-4-4)到式(11-4-8)计算得出。矩阵的特征值等于椭圆半轴的平方，且 φ 定义了椭圆长半轴的方向。显然，可得椭圆参数为

$$Q_{\hat{N}} \quad \lambda_1 = 9.0, \ \lambda_2 = 0.5, \ \varphi = 35°$$
$$Q_{\hat{N}'} \quad \lambda_1 = 5.7, \ \lambda_2 = 0.8, \ \varphi = 69°$$

可对 $Q_{\hat{N}'}$ 进行另一种变换。由于模糊度 $\hat{N}'_2$ 的方差比 $\hat{N}'_1$ 大，因此最好改变 $\hat{N}'_2$ 而保持 $\hat{N}'_1$ 不变，即进行基于 Z_1 的变换。首先，根据式(11-4-10)得

$$\alpha_1 = -\text{INT}\left[q_{\hat{N}_1\hat{N}_2}/q_{\hat{N}_1\hat{N}_1}\right] = -\text{INT}\left[10.4/4.6\right] = -2$$

以及

$$Z_1 = \begin{bmatrix} 1 & 0 \\ -2 & 1 \end{bmatrix}$$

且

$$Q_{\hat{N}''} = Z_1 Q_{\hat{N}'} Z_1^T = \begin{bmatrix} 1 & 0 \\ -2 & 1 \end{bmatrix}\begin{bmatrix} 4.6 & 10.4 \\ 10.4 & 28.0 \end{bmatrix}\begin{bmatrix} 1 & -2 \\ 0 & 1 \end{bmatrix}$$

这里双撇号表示变换是在之前的变换矩阵上进行的。可得

$$Q_{\hat{N}''} = \begin{bmatrix} 4.6 & 1.2 \\ 1.2 & 4.8 \end{bmatrix}$$

通过 $Q_{\hat{N}'}$ 和变换后 $Q_{\hat{N}''}$ 非对角元素的比较可明显看出相关性降低。将 $Q_{\hat{N}'} = Z_2 Q_{\hat{N}} Z_2^T$ 代入 $Q_{\hat{N}''} = Z_1 Q_{\hat{N}'} Z_1^T$ 可得：

$$Q_{\hat{N}''} = \underbrace{Z_1 Z_2}_{Z} Q_{\hat{N}} \underbrace{Z_2^T Z_1^T}_{Z^T} \tag{11-4-13}$$

式中：

$$Z = \begin{bmatrix} 1 & 0 \\ -2 & 1 \end{bmatrix}\begin{bmatrix} 1 & -1 \\ 0 & 1 \end{bmatrix} = \begin{bmatrix} 1 & -1 \\ -2 & 3 \end{bmatrix}$$

单个变换矩阵 Z 为 Z_2 和 Z_1 变换的合成矩阵。

当通过 Z 变换进行模糊度降相关后，剩下的任务就是实际解算模糊度整数估计值。可通过使用序贯条件平差逐步确定每一个模糊度。对于待定的第 i 个模糊度，之前确定的 $i-1$ 个模糊度都已固定(即可作为已知条件)。此时序贯条件最小二乘平差所估计的模糊度不相关。

由上面的介绍可以看出，LAMBDA 方法分为如下几个步骤：

(1)进行常规平差，产生基线分量和浮动模糊度。

(2)采用 Z 变换，对模糊度搜索空间进行重新参数化，以使浮动模糊度去相关。

(3)采用序贯条件平差连同一个离散的搜索方法，对整数模糊度进行估计。通过逆变换 Z^{-1} 将模糊度重新转换回原来的模糊度空间(所给出基线向量的空间)。由于 Z^{-1} 仅由整数元素所构成，因此，模糊度的整数特性将保留。

(4)将整数模糊度作为整数固定，用最小二乘平差确定最终的基线向量。

第 12 章 测量平差在 GIS 和 RS 空间数据处理中的应用

GIS 空间数据主要是应用野外测量方法和对已有的地形图进行数字化和遥感影像处理得到。本章作为测量平差理论和方法的应用,着重讨论数字化数据和遥感影像坐标变换、几何纠正和匹配时的平差模型和在平差中的进行精度估计的方法及有关问题。

数字化数据也可以认为是一系列观测值,它们是一系列由数字化仪(或扫描仪)得到的坐标值,在经过相似变换(或仿射变换)后也是一系列在地面坐标系统中的坐标值。严格说来,它们具有一定的相关性,但为讨论方便,将它们看成是一组相互独立的同精度观测值。

数字化坐标观测值含有随机误差,仍具有随机误差的统计性质,但它们的分布不一定是正态分布,而可能是 p 范分布,其 p 值在 1.6 左右,$p = 2$,就是正态分布。因此,一方面可以不顾及它们的分布,建立其平差模型,按最小二乘估计法处理;另一方面,也可以考虑它们服从 p 范分布或其他分布,按 L_p 估计或其他方法处理。

对于一些孤立点的数字化坐标观测值是不存在多余观测的,但地形图上许多点是相互联系的,例如地形图上的房屋,它们的房角一般是直角,因此,对每个房角点数字化,则这些数字化数据之间就相互关联,这就产生了多余观测和平差问题。

遥感图像精纠正的第一个环节是像素坐标的变换,即将图像坐标转变为地图或地面坐标。先根据图像的成像方式确定影像坐标和地面坐标之间的数学模型,再根据所采用的数字模型确定纠正公式,然后根据地面控制点和对应像点坐标进行平差计算变换参数,最后对原始影像进行几何变换计算,像素亮度值重采样。若采用多项式进行遥感影像的几何纠正,可应用最小二乘平差。

12.1 数字化数据的基本平差模型

地形图数字化的观测值是地面点的坐标,采用条件平差比较方便,本节讨论采用最小二乘条件平差时的各种条件方程。在某些情况下(例如对道路曲线的数字化数据的处理),采用最小二乘间接平差更有利(将在 12.3 节中阐述)。

假设 (x_i, y_i) $(i = 1, 2, \cdots, n)$ 为地物点的数字化坐标观测值,相应的平差值和改正数为 $(\hat{x}_i, \hat{y}_i)$ 和 (v_{x_i}, v_{y_i}),且有

$$\left.\begin{array}{l} \hat{x}_i = x_i + v_{x_i} \\ \hat{y}_i = y_i + v_{y_i} \end{array}\right\} \quad (i = 1, 2\cdots, n) \tag{12-1-1}$$

197

12.1.1　直角与直线模型

设 i，j，k 三点构成一个特定的已知角值 β，则存在如下条件：

$$\hat{\alpha}_{ik} - \hat{\alpha}_{ij} = \beta \tag{12-1-2}$$

式中，$\hat{\alpha}_{ik}$，$\hat{\alpha}_{ij}$ 分别为 ik，ij 方向的方位角平差值，即

$$\hat{\alpha}_{ik} = \arctan \frac{\hat{y}_k - \hat{y}_i}{\hat{x}_k - \hat{x}_i} \ ; \ \hat{\alpha}_{ij} = \arctan \frac{\hat{y}_j - \hat{y}_i}{\hat{x}_j - \hat{x}_i}$$

整理得条件方程式：

$$a_{ik}v_{x_k} + b_{ik}v_{y_k} - (a_{ik} - a_{ij})v_{x_i} - (b_{ik} - b_{ij})v_{y_i} - a_{ij}v_{x_j} - b_{ij}v_{y_j} + \omega_i = 0 \tag{12-1-3}$$

式中：

$$a_{ij} = -\frac{\sin\alpha_{ij}}{s_{ij}}; \ b_{ij} = \frac{\cos\alpha_{ij}}{s_{ij}}; \ a_{ik} = -\frac{\sin\alpha_{ik}}{s_{ik}}; \ b_{ik} = \frac{\cos\alpha_{ik}}{s_{ik}};$$

$$s_{ij} = \sqrt{(x_j - x_i)^2 + (y_j - y_i)^2}; \ s_{ik} = \sqrt{(x_k - x_i)^2 + (y_k - y_i)^2};$$

$$\omega_i = \arctan \frac{y_k - y_i}{x_k - x_i} - \arctan \frac{y_j - y_i}{x_j - x_i} - \beta。$$

其中，α_{ik}，α_{ij} 分别为 ik，ij 方向的方位角，由观测值计算得到。

容易理解，当 $\beta = \frac{\pi}{2}$（或 $\frac{3\pi}{2}$）时，式（12-1-3）就是直角条件；当 $\beta = \pi$ 时，式（12-1-3）就是直线条件。

直角房屋以及部分直角的情形在地图数字化工作中相当普遍，也是规则地物中的典型情况。对直角形房屋的每一个直角，可仿式（12-1-3）列出条件方程。例如，对于如图 12-1 所示的房屋，观测数 $n = 12$，必要观测数 $t = 7$，可列 5 个条件方程。对于第 5 个角，β 为 $\frac{3\pi}{2}$。一般来说，对于一个有 N 个顶点的直角形房屋，其观测数 $n = 2N$，必要观测数 $t = N + 1$，而多余观测数 $r = N - 1$，即可列出 $N - 1$ 个条件方程。

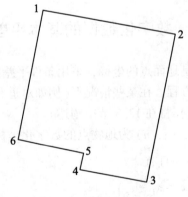

图 12-1　典型直角房屋

12.1.2　平行线模型

对平行的道路边线、桥梁等，如图 12-2 所示，存在以下条件：

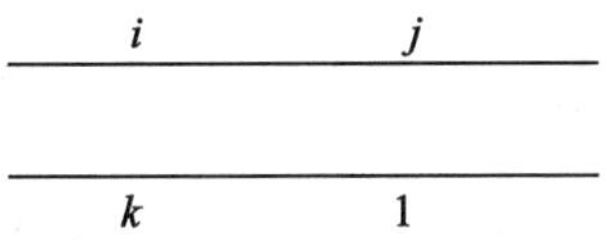

$$\frac{i \qquad\qquad j}{}$$

$$\frac{}{k \qquad\qquad 1}$$

图 12-2　平行直线

$$\hat{\alpha}_{ij} - \hat{\alpha}_{kl} = 0 \qquad\qquad (12\text{-}1\text{-}4)$$

式中，$\hat{\alpha}_{ij}$，$\hat{\alpha}_{kl}$ 意义同式（12-1-2）。

整理得条件方程：

$$a_{ij}v_{x_j} + b_{ij}v_{y_j} - a_{ij}v_{x_i} - b_{ij}v_{y_i} - a_{kl}v_{x_l} - b_{kl}v_{y_l} + a_{kl}v_{x_k} + b_{kl}v_{y_k} + \omega = 0 \qquad (12\text{-}1\text{-}5)$$

式中，$a_{ij} = -\dfrac{\sin\alpha_{ij}}{s_{ij}}$；$a_{kl} = -\dfrac{\sin\alpha_{kl}}{s_{kl}}$；$b_{ij} = \dfrac{\cos\alpha_{ij}}{s_{ij}}$；$b_{kl} = \dfrac{\cos\alpha_{kl}}{s_{kl}}$；$\omega = \alpha_{ij} - \alpha_{kl}$。

容易理解，如果平行线上有多个点，则可以列出几个直线条件和一个平行条件。

12.1.3　距离模型

设 i，j 两点间的距离为给定值 L_{ij}，则存在下列条件：

$$\sqrt{(\hat{y}_j - \hat{y}_i)^2 + (\hat{x}_j - \hat{x}_i)^2} - L_{ij} = 0 \qquad\qquad (12\text{-}1\text{-}6)$$

条件方程为

$$-b_{ij}v_{x_i} + a_{ij}v_{y_i} + b_{ij}v_{x_j} - a_{ij}v_{y_j} + \omega = 0 \qquad\qquad (12\text{-}1\text{-}7)$$

式中 $a_{ij} = -\sin\alpha_{ij}$；$b_{ij} = \cos\alpha_{ij}$；$l_{ij} = \sqrt{(y_j - y_i)^2 + (x_j - x_i)^2}$；$\omega = l_{ij} - L_{ij}$。

12.1.4　面积模型

如图 12-3 所示的封闭多边形，其顶点为 $P_i(i = 1,\ 2,\ \cdots,\ n)$，面积为给定值 S，则存在如下条件：

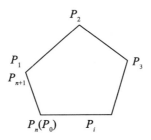

图 12-3　封闭多边形

$$\frac{1}{2}\sum_{i=1}^{n}\hat{x}_i(\hat{y}_{i+1}-\hat{y}_{i-1})-S=0 \qquad (12\text{-}1\text{-}8)$$

其中, $P_n=P_0$; $P_{n+1}=P_1$
条件方程为

$$\sum_{i=1}^{n}a_iv_{x_i}+\sum_{i=1}^{n}b_iv_{y_i}+\omega=0 \qquad (12\text{-}1\text{-}9)$$

式中, $a_i=0.5(y_{i+1}-y_{i-1})$; $b_i=0.5(x_{i-1}-x_{i+1})$; $\omega=0.5\sum_{i=1}^{n}x_i(y_{i+1}-y_{i-1})-S$。

当考虑面积尺度参数时(如宗地数字化坐标与宗地面积之间的条件),则存在如下条件:

$$\frac{1}{2}\sum_{i=1}^{n}\hat{x}_i(\hat{y}_{i+1}-\hat{y}_{i-1})-\hat{\mu}\cdot\hat{S}=0 \qquad (12\text{-}1\text{-}10)$$

可得附有参数的条件平差方程

$$\sum_{i=0}^{n}a_iv_{xi}+\sum_{i=1}^{n}b_iv_{yi}-\mu_0v_S-Sv_{\mu}+w=0 \qquad (12\text{-}1\text{-}11)$$

式中, μ 为面积尺度参数,其近似值一般取 $\mu_0=1$, a_i 、 b_i 同式(12-1-9),且

$$w=\frac{1}{2}\sum_{i=1}^{n}x_i(y_{i+1}-y_{i-1})-\mu_0S$$

设对一个区域(如一个街坊或若干个街坊)进行面积平差,顶点数字化坐标观测值为 L ,相应的协因数阵为 Q ,改正数为 V ,面积观测值为 L_S ,改正数为 V_S ,协因数阵为 Q_S ,则考虑尺度参数的宗地平差的条件方程表示为

$$AV+A_SV_S+A_{\lambda}\nabla\lambda+w=0 \qquad (12\text{-}1\text{-}12)$$

式中, $A_S^{\mathrm{T}}=\begin{bmatrix}0 & -I\end{bmatrix}$, A 、 A_{λ} 、 w 中的系数可计算得到。

在处理实际问题时,可根据具体情况对宗地面积数据进行分析,设立一个或若干个尺度参数。

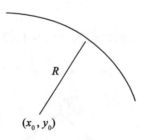

图 12-4　圆曲线

12.1.5　圆曲线条件

如果在圆曲线图 12-4 上数字化点 $N\geqslant 3$,则对每个点都可列出以下条件:

$$(\hat{y}_i-y_0)^2+(\hat{y}_i-y_0)^2=R^2 \qquad (12\text{-}1\text{-}13)$$

其中, (x_0,y_0) 是圆心坐标, R 为圆的半径,将它们作为未知参数,线性化得含未知参数

的条件方程

$$\Delta x_{0i} V_{x_i} + \Delta y_{0i} V_{y_i} - \Delta x_{0i} \delta \hat{x}_0 - \Delta y_{0i} \delta \hat{y}_0 - R^0 \delta R + w = 0 \qquad (12\text{-}1\text{-}14)$$

其中，$w = \left[(\hat{x}_i - x_0^0)^2 + (\hat{y}_i - y_0^0)^2 - R^{0\,2} \right] / 2$

　　针对各种实际情况可以组合上述基本模型，如直角模型+直线模型、平行模型+距离模型等，形成混合模型。这在地图数字化中是非常普遍的情况。

12.2　GIS 数字化数据的分级平差

　　12.1 节通过研究 GIS 地图数字化中规则地物满足的几何条件，推导了直角、直线、平行线、距离和面积等平差模型来建立数字化数据的条件方程，实现了图形的几何纠正，并提出平差计算所得到的改正值（残差）评定数字化精度，以达到实施质量控制的目的。但在地图数字化实际工作中，不仅要处理单个独立的直角房屋、平行线和直线，而且更普遍的情况是对复杂地物的处理，各个地物之间互相联系，为了解决各种条件混合问题，可以借鉴测量控制网中建立和布设的原则和思想，采用分级控制、逐级平差的方法来处理复杂地物的情况，并以成片直角房屋为例实现。

12.2.1　数字化数据的分级平差原则

　　在地图数字化实际中，经常可见如图 12-5 所示的情况：直角房屋 A、B、C 紧靠在一起的，它们之间是相关的，存在公共点和公共边。房屋 A、B、C 的顶点集分别记为 $A = \{1, 2, 3, 4, 5, 6, 7, 8\}$，$B = \{3, 9, 10, 11, 12, 4\}$，$C = \{9, 13, 14, 15, 16, 17, 10\}$，显然有，$A \cap B = \{3, 4\}$，$B \cap C = \{9, 10\}$，由于有公共点和公共边界，对于这类图形通常采用以下两种方法：

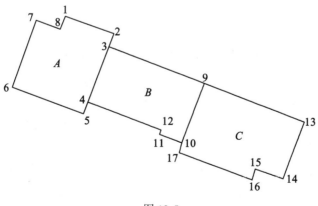

图 12-5

　　（1）采用分别处理的方法，即对 A、B、C 分别列出上述条件方程，然后组成法方程求解，但是由于图形之间的相关性，结果导致原 A、B 之间公共点 3、4 和 B、C 之间公共点 9、10 不再是公共顶点，在此点的图形将发生分离或交错，并且第 2，3，4，5 四点的共线关系也将破坏，出现图形的混乱。同样，B、C 也有同样的问题出现，达不到平差处理后提高图形质量的目的。如图 12-6 所示是对房屋 A、B、C 独立平差处理后的情况。

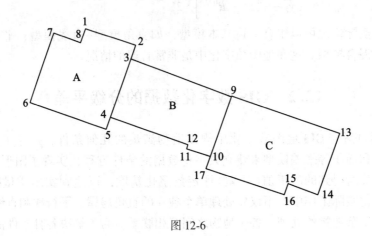

图 12-6

（2）采用顺序平差的方法，即按某种顺序对成片房屋中的各个直角房屋进行处理，并以每次平差后的坐标点作为已知点参与下一个直角房屋的平差。以图 12-5 为例，若以 A、B、C 的顺序对这三个房屋进行平差，这样，图形几何条件和图形质量得到了保证，但是，这种方法存在的问题是，由于顺序平差处理，导致数字化误差随着平差房屋逐级传递，平差房屋个数越多，其累积误差也会越来越大，使纠正后的图形与原图发生较大偏移，这可通过将数字化图形与原图套合比较反映出来。

为了克服上述方法的缺陷，我们借鉴测量控制网建立和布设的有关思想，按照"先控制后细部，先总体后局部"的原则，将其引入地图数字化中对复杂地物（如成片房屋）平差的处理中，采用分级控制、逐级平差的方法。

根据图的复杂程度，一般可分为 1~3 级。

对于较简单的图形，如独立地物等，当需要考虑的条件方程较少时，不必分级，可列出条件方程后统一平差。

对于较复杂的图可分为两级。首先以成片房屋的外围特征点作为首级控制点，构成一个闭合路线，列出条件方程对其进行平差处理，将平差后的坐标点作为下一级平差的固定点，然后再对成片房屋内部的直角房屋进行平差处理。

对于特别复杂的图可分为三级。在对外围特征点作为首级控制点处理完后，以这些已知的控制点作为起、终点，构成数条附和路线，对其进行平差，然后将区域再次划分，将平差后的坐标点也作为固定点对内部房屋进行平差处理。

12.2.2　分级平差的条件方程与求解

分级平差时，将高级点作为固定点，因此在按式（12-1-3）或式（12-1-4）建立条件方程时，应在式中去掉与固定点有关的项，将它们并入常数项，例如若在式（12-1-3）中 i 为已知点，则条件方程变为：

$$a_{ik}v_{xk} + b_{ik}v_{yk} - a_{ij}v_{xj} - b_{ij}v_{yj} + \omega_i = 0 \tag{12-2-1}$$

且有

$$\omega_i = \arctan \frac{y_k - \tilde{y}_i}{x_k - \tilde{X}_i} - \arctan \frac{y_j - \tilde{y}_i}{x_j - \tilde{X}_i} - \beta$$

式中，$(\tilde{X}_i, \tilde{y}_i)$ 是上一级平差得到的坐标值。这里，没有考虑固定点的误差。如果考虑固定点的误差，也可以类似地列出条件方程。

在每个选定的范围内，将各种条件联合组成条件方程：

$$AV + W = 0 \tag{12-2-2}$$

按照条件平差迭代计算方法：

$$K = (AA^{\mathrm{T}})^{-1}W$$
$$\hat{L}' = L + A^{\mathrm{T}}K \tag{12-2-3}$$

式中，$W = A(L - L^0) + f(L^0)$。

对一幅数字化地图，由下式即可从总体上评定数字化成果的精度和质量：

$$\hat{\sigma}_0 = \sqrt{\frac{\sum_{j=1}^{M}\sum_{i=1}^{m_j} V_i^{\mathrm{T}} P_i V_i}{\sum_{j=1}^{M}\sum_{i=1}^{m_j} r_i}} \tag{12-2-4}$$

式中，M 为参加平差的地物类别数；$m_j(j = 1, 2, \cdots, M)$ 为参加平差的各类地物个数；r_i 为条件方程数。并按照下式评定平差后数字化点的坐标的精度：

$$Q_{\hat{L}} = Q - QA^{\mathrm{T}}(AQA^{\mathrm{T}})^{-1}AQ \tag{12-2-5}$$

$$D_{\hat{L}} = Q_{\hat{L}}\hat{\sigma}_0^2 \tag{12-2-6}$$

这里，认为数字化各点的坐标观测值是独立和等精度的，即

$$Q = P^{-1} = I$$

以上这些精度指标可以作为地图数字化质量控制的元数据（metadata）信息输入到 GIS 数据库中，供用户参考使用。

12.2.3　实例分析与讨论

以 1∶500 地籍图进行成片房屋分级控制、逐级平差为例。如图 12-7 所示是某一幅图中的一部分，其中 1、2、3、4 是以道路自然划分的成片直角房屋。图 12-8、图 12-9 是图 12-7 中成片房屋 1 和 4 的放大。从图可知成片房屋各由若干直角房屋组成，例如图 12-8 中的区域包括直角房屋 A、B、C、D、E、F、G 等。各房屋的顶点见图所示。分别对图 12-8 和图 12-9 的成片房屋进行分级控制试验，从计算结果可以看到：

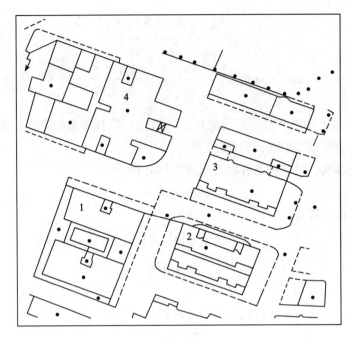

图 12-7 图幅中的部分图形

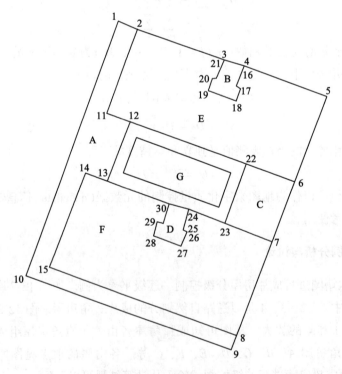

图 12-8 成片房屋 1

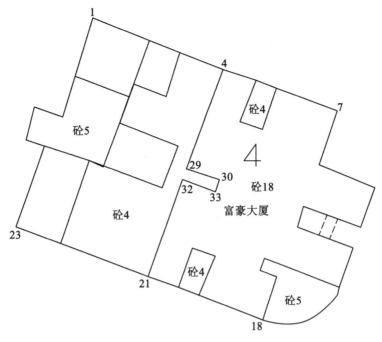

图 12-9　成片房屋 4

（1）对图 12-8 作分级平差。首先对该图作外围控制平差，外围控制线由特征点 1，2，3，4，5，6，7，8，9，10 组成闭和路线，进行平差。

（2）以外围点以及每次平差后的内部房屋点作为已知点分别对内部房屋 A，B，C，D，E，F，G 进行处理。

（3）对图 12-9 作分级平差。对其外围控制路线为 1->4->7-18->21->23->1 共 23 个点进行平差，由于区域较大，以点 4，29，30，31，21 构成分划线，其中起点 4 和终点 21 为已知点，以外围点以及分划线为已知点对内部房屋进行处理。

（4）按式（12-2-5）、式（12-2-6）计算所得的整个一幅地图的数字化精度值，进而对 200 幅数字化地形图精度指标进行统计，其均值为 0.070m。这可作为地形图规则地物数字化位置精度的一个参考指标，以对数字化地图质量进行评价。

（5）在作分级平差时，其外部控制不仅可以选取成片区域的外围，对格网点、控制点等均可作为平差控制点，或将地物分级，以主要地物的特征点作为首要控制点来参与次要地物的平差。这样将图幅分区，实现逐级质量控制。

12.3　道路曲线数字化数据的平差模型

本节以地图数字化建立道路 GIS 基础地图为研究对象，探讨道路曲线数字化过程中以直线、缓和曲线和圆曲线等基本单元组合而成的道路线形的平差模型以及评价数字化道路曲线的精度的方法，为建立道路 GIS 数据库提供质量参考，并且为建立道路 GIS 线性参照系统和动态分段的数据模型奠定基础。

道路曲线是由直线和规则曲线组成，有严格的数学模型，本节采用间接平差方法建立平差模型。

12.3.1 直线段的误差方程

仍设数字化观测值为 $(x_i,\ y_i)$ $(i=1,\ 2,\ \cdots,\ n)$，相应的平差值为 $(\hat{x}_i,\ \hat{y}_i)$，改正数为 $(v_{x_i},\ v_{y_i})$。又设直线方程为：

$$y = k_1 x + k_2 \tag{12-3-1}$$

现取坐标 $\hat{x}_i$ 和系数 $\hat{k}_1$、$\hat{k}_2$ 为未知参数，则可建立如下直线段数字化点的误差方程：

$$\left.\begin{aligned} v_{x_i} &= \delta\hat{x}_i - (x_i - x_i^0) \\ v_{y_i} &= k_1^0\delta\hat{x}_i + x_i^0\delta\hat{k}_1 + \delta\hat{k}_2 - (y_i - y_i^0) \end{aligned}\right\} \tag{12-3-2}$$

且有

$$\hat{y}_i = \hat{k}_1\hat{x}_i + \hat{k}_2,\ \hat{k}_1 = k_1^0 + \delta k_1,\ \hat{k}_2 = k_2^0 + \delta k_2,\ \hat{x}_i = x_i^0 + \delta\hat{x}_i$$

12.3.2 圆曲线段的误差方程

因圆曲线有参数方程：

$$\left.\begin{aligned} x &= x_0 + R\cos(\varphi) \\ y &= y_0 + R\sin(\varphi) \end{aligned}\right\} \tag{12-3-3}$$

取圆心坐标（$\hat{x}_0$、$\hat{y}_0$）、半径 $\hat{R}$ 和矢径方位角 $\hat{\varphi}$ 作为未知参数，可建立圆曲线数字化点的误差方程：

$$\left.\begin{aligned} v_{x_i} &= \delta\hat{x}_0 + \cos(\varphi_i^0)\delta\hat{R} - R^0\sin(\varphi_i^0)\frac{\delta\hat{\varphi}_i}{\rho} - (x_i - x_i^0) \\ v_{y_i} &= \delta\hat{y}_0 + \sin(\varphi_i^0)\delta\hat{R} + R^0\cos(\varphi_i^0)\frac{\delta\hat{\varphi}_i}{\rho} - (y_i - y_i^0) \end{aligned}\right\} \tag{12-3-4}$$

其中

$$\hat{x}_0 = x_0^0 + \delta\hat{x}_0;\ \hat{y}_0 = y_0^0 + \delta\hat{y}_0$$

$$\hat{R} = R^0 + \delta\hat{R};\ \hat{\varphi}_i = \varphi_i^0 + \delta\hat{\varphi}_i$$

12.3.3 缓和曲线段的误差方程

根据缓和曲线局部坐标系 $\tilde{x}B\tilde{y}$，如图 12-10 所示，以缓和曲线起点 B 为局部坐标原点，以该点的切线方向为横轴，以其法线方向为纵轴，建立右手系 $\tilde{x}B\tilde{y}$，则在此局部坐标系中，缓和曲线坐标，则有如下参数方程：

$$\left.\begin{aligned} \tilde{x}_i &= l_i\left(1 - \frac{\beta_i^2}{10} + \frac{\beta_i^4}{216} - \frac{\beta_i^6}{9360} + \cdots\right) \\ \tilde{y}_i &= \frac{\beta_i l_i}{3}\left(1 - \frac{\beta_i^2}{14} + \frac{\beta_i^4}{440} - \frac{\beta_i^6}{25200} + \cdots\right) \end{aligned}\right\} \tag{12-3-5}$$

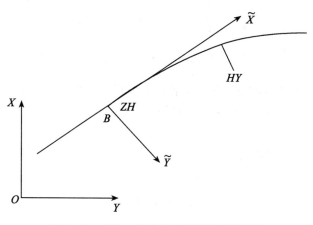

图 12-10　直线、圆曲线和缓和曲线的组合

其中 l_i 是从缓和曲线起点（直缓点）B 到 i 点的曲线长度，β_i 是缓和曲线上 i 点的转折角，也就是 i 点处切线在 $\tilde{x}B\tilde{y}$ 坐标系中的方位角。设 l_0 为缓和曲线的总长，R 为缓和曲线终点处圆曲线的半径。β_i 与 l_i 有关系

$$\left.\begin{aligned}\beta_i &= \frac{l_i^2}{2Rl_0} \\ \beta_0 &= \frac{l_0}{2R}\end{aligned}\right\} \tag{12-3-6}$$

式中，β_0 表示缓和曲线终点的转折角。将式（12-3-6）代入式（12-3-5），可得

$$\left.\begin{aligned}\tilde{x}_i &= l_i - \frac{l_i^5}{40R^2l_0^2} + \frac{l_i^9}{3456R^4l_0^4} - \cdots \\ \tilde{y}_i &= \frac{l_i^3}{6Rl_0} - \frac{l_i^7}{336R^3l_0^3} + \frac{l_i^{11}}{42240R^5l_0^5} - \cdots\end{aligned}\right\} \tag{12-3-7}$$

对上式微分得

$$\left.\begin{aligned}\mathrm{d}\tilde{x}_i &= \cos(\beta_i^0)\mathrm{d}l_i + \tilde{a}_{xR}\mathrm{d}R + \tilde{a}_{xl_0}\mathrm{d}l_0 \\ \mathrm{d}\tilde{y}_i &= \sin(\beta_i^0)\mathrm{d}l_i + \tilde{a}_{yR}\mathrm{d}R + \tilde{a}_{yl_0}\mathrm{d}l_0\end{aligned}\right\} \tag{12-3-8}$$

式中：

$$\tilde{a}_{xR} = \frac{l_i^5}{20R^3l_0^2} - \frac{l_i^9}{864R^5l_0^4}$$

$$\tilde{a}_{yR} = -\frac{l_i^3}{6R^2l_0} + \frac{l_i^7}{112R^4l_0^3} - \frac{l_i^{11}}{8448R^6l_0^5}$$

$$\tilde{a}_{xl_0} = \frac{R}{l_0}\tilde{a}_{xR} \qquad \tilde{a}_{yl_0} = \frac{R}{l_0}\tilde{a}_{yR}$$

缓和曲线局部坐标系 $\tilde{x}B\tilde{y}$ 与大地坐标系 xoy 之间的转换矩阵为：

$$\begin{bmatrix} x_i \\ y_i \end{bmatrix} = \begin{bmatrix} x_B \\ y_B \end{bmatrix} + \begin{bmatrix} \cos\alpha & \cos(\alpha + C \cdot \dfrac{\pi}{2}) \\ \sin\alpha & \sin(\alpha + C \cdot \dfrac{\pi}{2}) \end{bmatrix} \cdot \begin{bmatrix} \tilde{x}_i \\ \tilde{y}_i \end{bmatrix} \tag{12-3-9}$$

式中,α是直缓点 B 处切线的方位角,也就是直线段的方位角;(x_B,y_B)是缓和曲线起点(即直缓点)在大地坐标系中的坐标;C 为缓和曲线偏转参数($C=1$ 表示右偏;$C=-1$ 表示左偏)。

式中的 α 与(x_B,y_B)有如下关系:

$$\left. \begin{array}{l} k_1 = \tan\alpha \\ y_B = k_1 x_B + k_2 \end{array} \right\} \tag{12-3-10}$$

对上式微分得:

$$\mathrm{d}k_1 = \frac{\delta\alpha}{\rho \cos^2\alpha}$$

$$\mathrm{d}y_B = k_1^0 \delta x_B + x_B^0 \delta k_1 + \delta k_2 \tag{12-3-11}$$

得缓和曲线坐标点的误差方程式为(以曲线右偏为例)

$$\left. \begin{array}{l} v_{x_i} = \delta x_B + \cos(\alpha^0 - \beta_i^0)\mathrm{d}l_i + a_{xk}\delta k_1 + a_{xR}\mathrm{d}R + a_{xl_0}\mathrm{d}l_0 - (x_i - x_i^0) \\ v_{yi} = \delta y_B + \sin(\alpha^0 - \beta_i^0)\mathrm{d}l_i + a_{yk}\delta k_1 + a_{yR}\mathrm{d}R + a_{yl_0}\delta l_0 - (y_i - y_i^0) \end{array} \right\} \tag{12-3-12}$$

其中

$$a_{xk} = (-\tilde{x}_i^0 \sin\alpha^0 - \tilde{y}_i^0 \cos\alpha^0)\cos^2(\alpha^0)$$

$$a_{yk} = (\tilde{x}_i^0 \cos\alpha^0 - \tilde{y}_i^0 \sin\alpha^0)\cos^2(\alpha^0)$$

$$\begin{bmatrix} a_{xR} & a_{xl_0} \\ a_{yR} & a_{yl_0} \end{bmatrix} = \begin{bmatrix} \cos\alpha^0 & -\sin\alpha^0 \\ \sin\alpha^0 & \cos\alpha^0 \end{bmatrix} \begin{bmatrix} \tilde{a}_{xR} & \tilde{a}_{xl_0} \\ \tilde{a}_{yR} & \tilde{a}_{yl_0} \end{bmatrix} \tag{12-3-13}$$

12.3.4　曲线数字化误差方程的求解与精度估计

从以上误差方程可以看到,在道路曲线中,直线段有参数 k_1,k_2,圆曲线段有参数 R 和 x_0,y_0,缓和曲线段除有参数 k_1,k_2 和 R 外,还含有 x 和 l,这样就有 7 个必要观测。而道路曲线上的每一个数字化点,都有一个必要观测(将 x_i 看成参数),故对于由直线—缓和曲线—圆曲线构成的道路曲线段,若共有数字化点 n 个,则有观测值 $2n$ 个,而必要观测值和平差中的未知参数为 $n+7$ 个。

应用间接平差模型,由(12-3-2)式、(12-3-4)式和(12-3-12)式可建立道路曲线平差的误差方程:

$$V = B\delta\hat{X} - L \tag{12-3-14}$$

其中 A 为误差方程式系数阵,L 为相应的常数向量,V 为观测值的改正数,$\delta\hat{X}$ 为未知参数。

由下式计算平差多个道路曲线的单位权中误差,作为评定数字化曲线成果的质量和精度的指标。

$$\sigma_0 = \sqrt{\dfrac{\sum\limits_{i=1}^{M} V_i^{\mathrm{T}} V_i}{\sum\limits_{i=1}^{M} (2n_i - t_i)}} \qquad (12\text{-}3\text{-}15)$$

式中，M 为平差的道路曲线个数，n_i、t_i 为第 i 条曲线的数字化总点数和必要观测数。

类似地，按照下式可以评定未知参数以及道路曲线坐标数字化的精度。

$$Q_{\hat{x}\hat{x}} = (B^{\mathrm{T}}B)^{-1}, \; D_{\hat{x}} = \sigma_0^2 Q_{\hat{x}} \qquad (12\text{-}3\text{-}16)$$

在道路曲线数字化实际情况中，可对某一条道路曲线完整地数字化，这可采用上述模型和方法进行平差处理。但是，在大多数情况下，往往是对道路曲线分段进行数字化，因此，有必要对分段的道路曲线进行整体平差处理。如图 12-11 所示，以两段（I 和 II）圆—缓—直—缓—圆组成的道路曲线为例，推导道路曲线的整体计算公式。

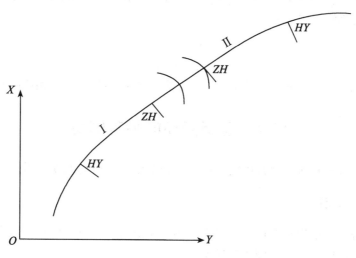

图 12-11　分段的道路曲线的整体平差

对第 I 段建立曲线误差方程：

$$V_1 = B_{11}\xi_1 + B_{1\eta}\eta - L_1 \qquad (12\text{-}3\text{-}17)$$

同样的，对第 II 段建立曲线误差方程：

$$V_2 = B_{22}\xi_2 + B_{2\eta}\eta - L_2 \qquad (12\text{-}3\text{-}18)$$

式中：

$$V_1 = [v_{x_1}^{(1)} \; v_{y_1}^{(1)} \; \cdots \; v_{x_{n1}}^{(1)} \; v_{y_{n1}}^{(1)} \; v_{x_{n1+1}}^{(1)} \; v_{y_{n1+1}}^{(1)} \; \cdots \; v_{x_{n1+n2}}^{(1)} \; v_{y_{n1+n2}}^{(1)} \; \cdots \; v_{x_{n1+n2+n3}}^{(1)} \; v_{y_{n1+n2+n3}}^{(1)}]^{\mathrm{T}}$$

$$\xi_1 = [\delta X_0^{(1)} \; \cdots \; \delta X_{n1-1}^{(1)} \; \delta X_B^{(1)} \; \delta L_L^{(1)} \; \delta l_0^{(1)} \; \cdots \; \delta l_{n2-1}^{(1)} \; \delta R^{(1)} \; \delta X_c^{(1)} \; \delta Y_c^{(1)} \; \delta\varphi_0^{(1)} \; \cdots \; \delta\varphi_{n3-1}^{(1)}]^{\mathrm{T}}$$

$$V_2 = [v_{x_{n1+1}}^{(2)} \; v_{y_{n1+1}}^{(2)} \; \cdots \; v_{x_{n1+n2}}^{(2)} \; v_{y_{n1+n2}}^{(2)} \; \cdots \; v_{x_{n1+n2+n3}}^{(2)} \; v_{y_{n1+n2+n3}}^{(2)}]^{\mathrm{T}}$$

$$\xi_2 = [\delta X_B^{(2)} \; \delta L_L^{(2)} \; \delta l_0^{(2)} \; \cdots \; \delta l_{n2-1}^{(2)} \; \delta R^{(2)} \; \delta X_c^{(2)} \; \delta Y_c^{(2)} \; \delta\varphi_0^{(2)} \; \cdots \; \delta\varphi_{n3-1}^{(2)}]^{\mathrm{T}}$$

$$\eta = [\delta k_1^{(12)} \; \delta k_2^{(12)}]^{\mathrm{T}}$$

按照最小二乘原理，由误差方程（12-3-18）、（12-3-19）组成法方程

$$\begin{bmatrix} B_{11}^T B_{11} & 0 & B_{11}^T B_{1\eta} \\ 0 & B_{22}^T B_{22} & B_{22}^T B_{2\eta} \\ B_{1\eta}^T B_{11} & B_{2\eta}^T B_{22} & B_{1\eta}^T B_{1\eta} + B_{2\eta}^T B_{2\eta} \end{bmatrix} \cdot \begin{bmatrix} \xi_1 \\ \xi_2 \\ \eta \end{bmatrix} - \begin{bmatrix} B_{11}^T L_1 \\ B_{22}^T L_2 \\ B_{1\eta}^T L_1 + B_{2\eta}^T L_2 \end{bmatrix} = 0 \quad (12\text{-}3\text{-}19)$$

由式(12-3-20)，求得联系参数 η 和 ξ_1，ξ_2 为

$$\eta = \bar{N}^{-1} \bar{W} \quad (12\text{-}3\text{-}20)$$

$$\left. \begin{aligned} \xi_1 &= (B_{11}^T B_{11})^{-1}(B_{11}^T L_1 - B_{11}^T B_{1\eta}\eta) \\ \xi_2 &= (B_{22}^T B_{22})^{-1}(B_{22}^T L_2 - B_{22}^T B_{2\eta}\eta) \end{aligned} \right\} \quad (12\text{-}3\text{-}21)$$

式中：

$$\bar{N} = (B_{1\eta}^T B_{1\eta} + B_{2\eta}^T B_{2\eta}) - (B_{1\eta}^T B_{11})(B_{11}^T B_{11})^{-1}(B_{11}^T B_{1\eta}) - (B_{2\eta}^T B_{22})(B_{22}^T B_{22})^{-1}(B_{22}^T B_{2\eta})$$

$$\bar{W} = (B_{1\eta}^T L_1 + B_{2\eta}^T) - (B_{1\eta}^T B_{11})(B_{11}^T B_{11})^{-1}B_{11}^T L_1 - (B_{2\eta}^T B_{22})(B_{22}^T B_{22})^{-1}B_{22}^T L_2$$

上述整体平差的单位权中误差为

$$\hat{\sigma}_0 = \sqrt{\frac{V_{\mathrm{I}}^T V_{\mathrm{I}} + V_{\mathrm{II}}^T V_{\mathrm{II}}}{n_{\mathrm{I}} + n_{\mathrm{II}} - 12}} \quad (12\text{-}3\text{-}22)$$

式中，n_{I}、V_{I} 和 n_{II}、V_{II} 分别为第 I 段和第 II 段曲线数字化点数和相应的坐标改正数。

12.4 坐标变换的平差模型

坐标变换是 GIS 和遥感中常用的操作，有相似变换、仿射变换、射影变换等。

12.4.1 相似变换

从理论上讲，二维坐标相似变换可以采用四参数模型，三维坐标相似变换可以采用七参数模型。二维坐标相似变换四参数模型为：

$$\left. \begin{aligned} X + v_X &= ax - by + c \\ Y + v_Y &= ay + bx + d \end{aligned} \right\} \quad (12\text{-}4\text{-}1)$$

其中，$a = S\cos\theta$，$b = S\sin\theta$，S 是尺度因子，θ 是旋转角，c、d 分别是 x 和 y 方向的平移因子。设有 n 个公共点，建立误差方程：

$$V = BX - L \quad (12\text{-}4\text{-}2)$$

$$B = \begin{bmatrix} x_1 & -y_1 & 1 & 0 \\ y_1 & x_1 & 0 & 1 \\ \vdots & \vdots & \vdots & \vdots \\ x_i & -y_i & 1 & 0 \\ y_i & x_i & 0 & 1 \\ \vdots & \vdots & \vdots & \vdots \\ x_n & -y_n & 1 & 0 \\ y_n & x_n & 0 & 1 \end{bmatrix}, \quad X = \begin{bmatrix} a \\ b \\ c \\ d \end{bmatrix}, \quad L = \begin{bmatrix} X_1 \\ Y_1 \\ \vdots \\ X_i \\ Y_i \\ \vdots \\ X_n \\ Y_n \end{bmatrix}$$

法方程为：

$$
\begin{bmatrix}
\sum_{i=1}^{n}(x_i^2 + y_i^2) & 0 & \sum_{i=1}^{n} x_i & \sum_{i=1}^{n} y_i \\
& \sum_{i=1}^{n}(x_i^2 + y_i^2) & -\sum_{i=1}^{n} y_i & \sum_{i=1}^{n} x_i \\
对 & & n & 0 \\
& 称 & & n
\end{bmatrix}
\begin{bmatrix} a \\ b \\ c \\ d \end{bmatrix}
=
\begin{bmatrix}
\sum_{i=1}^{n}(x_i X_i + y_i Y_i) \\
\sum_{i=1}^{n}(x_i Y_i - y_i X_i) \\
\sum_{i=1}^{n}(X_i) \\
\sum_{i=1}^{n}(Y_i)
\end{bmatrix}
$$

$$（12\text{-}4\text{-}3）$$

间接平差得未知数的解。可按下式计算尺度因子和旋转角：

$$\theta = \arctan \frac{b}{a}$$

$$S = \frac{a}{\cos\theta}$$

三维坐标相似变换七参数模型为：

$$
\left.
\begin{aligned}
X + v_X &= S(r_{11}x + r_{21}y + r_{31}z) + T_x \\
Y + v_Y &= S(r_{12}x + r_{22}y + r_{32}z) + T_y \\
Z + v_Z &= S(r_{13}x + r_{23}y + r_{33}z) + T_z
\end{aligned}
\right\}
$$

$$（12\text{-}4\text{-}4）$$

其中，

$$
\begin{aligned}
r_{11} &= \cos\theta_2\cos\theta_3 \\
r_{12} &= \sin\theta_1\sin\theta_2\cos\theta_3 + \cos\theta_1\sin\theta_3 \\
r_{13} &= -\cos\theta_1\sin\theta_2\cos\theta_3 + \sin\theta_1\sin\theta_3 \\
r_{21} &= -\cos\theta_2\sin\theta_3 \\
r_{22} &= -\sin\theta_1\sin\theta_2\sin\theta_3 + \cos\theta_1\cos\theta_3 \\
r_{23} &= \cos\theta_1\sin\theta_2\sin\theta_3 + \sin\theta_1\cos\theta_3 \\
r_{31} &= \sin\theta_2 \\
r_{32} &= -\sin\theta_1\cos\theta_2 \\
r_{33} &= \cos\theta_1\cos\theta_2
\end{aligned}
$$

S 是尺度因子，θ_1、θ_2、θ_3 分别是绕 x、y、z 轴的旋转角，T_x，T_y，T_z 分别是 x、y、z 方向的平移因子，总共涉及 7 个未知参数（S，θ_1，θ_2，θ_3，T_x，T_y，T_z）。设有 n 个公共点，建立误差方程并线性化得：

$$
\begin{bmatrix}
\left(\dfrac{\partial X}{\partial S}\right)_0 & 0 & \left(\dfrac{\partial X}{\partial \theta_2}\right)_0 & \left(\dfrac{\partial X}{\partial \theta_3}\right)_0 & 1 & 0 & 0 \\
\left(\dfrac{\partial Y}{\partial S}\right)_0 & \left(\dfrac{\partial Y}{\partial \theta_1}\right)_0 & \left(\dfrac{\partial Y}{\partial \theta_2}\right)_0 & \left(\dfrac{\partial Y}{\partial \theta_3}\right)_0 & 0 & 1 & 0 \\
\left(\dfrac{\partial Z}{\partial S}\right)_0 & \left(\dfrac{\partial Z}{\partial \theta_1}\right)_0 & \left(\dfrac{\partial Z}{\partial \theta_2}\right)_0 & \left(\dfrac{\partial Z}{\partial \theta_3}\right)_0 & 0 & 0 & 1
\end{bmatrix}
\begin{bmatrix}
\mathrm{d}S \\ \mathrm{d}\theta_1 \\ \mathrm{d}\theta_2 \\ \mathrm{d}\theta_3 \\ \mathrm{d}T_x \\ \mathrm{d}T_y \\ \mathrm{d}T_z
\end{bmatrix}
=
\begin{bmatrix}
X - X_0 \\ Y - Y_0 \\ Z - Z_0
\end{bmatrix}
$$

$$（12\text{-}4\text{-}5）$$

其中

$$\frac{\partial X}{\partial S} = r_{11}x + r_{21}y + r_{31}z \ , \ \frac{\partial Y}{\partial S} = r_{12}x + r_{22}y + r_{32}z \ , \ \frac{\partial Z}{\partial S} = r_{13}x + r_{23}y + r_{33}z$$

$$\frac{\partial Y}{\partial \theta_1} = - S(r_{13}x + r_{23}y + r_{33}z) \ , \ \frac{\partial Z}{\partial \theta_1} = S(r_{12}x + r_{22}y + r_{32}z)$$

$$\frac{\partial X}{\partial \theta_2} = S(-x\sin\theta_2\cos\theta_3 + y\sin\theta_2\sin\theta_3 + z\cos\theta_2)$$

$$\frac{\partial Y}{\partial \theta_2} = S(x\sin\theta_1\cos\theta_2\cos\theta_3 - y\sin\theta_1\cos\theta_2\sin\theta_3 + z\sin\theta_1\sin\theta_2)$$

$$\frac{\partial Z}{\partial \theta_2} = S(-x\cos\theta_1\cos\theta_2\cos\theta_3 + y\cos\theta_1\cos\theta_2\sin\theta_3 - z\cos\theta_1\sin\theta_2)$$

$$\frac{\partial X}{\partial \theta_3} = S(r_{21}x - r_{11}y) \ , \ \frac{\partial Y}{\partial \theta_3} = S(r_{22}x - r_{12}y) \ , \ \frac{\partial Z}{\partial \theta_3} = S(r_{23}x - r_{13}y)$$

组成法方程，间接平差得未知数的解。

12.4.2 仿射变换

仿射变换模型为：

$$\left.\begin{array}{l} X + v_X = ax + by + c \\ Y + v_Y = \mathrm{d}x + ey + f \end{array}\right\} \tag{12-4-6}$$

设有 n 个公共点，逐点建立误差方程：

$$v_i = \begin{bmatrix} v_{X_i} \\ v_{Y_i} \end{bmatrix} = \begin{bmatrix} x_i & y_i & 1 & 0 & 0 & 0 \\ 0 & 0 & 0 & x_i & y_i & 1 \end{bmatrix} \begin{bmatrix} a \\ b \\ c \\ d \\ e \\ f \end{bmatrix} - \begin{bmatrix} X_i \\ Y_i \end{bmatrix} \tag{12-4-7}$$

法方程为：

$$\begin{bmatrix} \sum\limits_{i=1}^{n}x_i^2 & \sum\limits_{i=1}^{n}x_iy_i & \sum\limits_{i=1}^{n}x_i & 0 & 0 & 0 \\ & \sum\limits_{i=1}^{n}y_i^2 & \sum\limits_{i=1}^{n}y_i & 0 & 0 & 0 \\ & & n & 0 & 0 & 0 \\ \text{对} & & & \sum\limits_{i=1}^{n}x_i^2 & \sum\limits_{i=1}^{n}x_iy_i & \sum\limits_{i=1}^{n}x_i \\ & & & & \sum\limits_{i=1}^{n}y_i^2 & \sum\limits_{i=1}^{n}y_i \\ & \text{称} & & & & n \end{bmatrix} \begin{bmatrix} a \\ b \\ c \\ d \\ e \\ f \end{bmatrix} = \begin{bmatrix} \sum\limits_{i=1}^{n}(x_iX_i) \\ \sum\limits_{i=1}^{n}(y_iX_i) \\ \sum\limits_{i=1}^{n}(X_i) \\ \sum\limits_{i=1}^{n}(x_iY_i) \\ \sum\limits_{i=1}^{n}(y_iY_i) \\ \sum\limits_{i=1}^{n}(Y_i) \end{bmatrix} \tag{12-4-8}$$

写成向量形式为 $V = BX - L$，按间接平差可求得未知参数的解。

12.4.3　射影变换

射影变换模型为：

$$\left.\begin{array}{l} X + v_X = \dfrac{a_1 x + b_1 y + c_1}{a_3 x + b_3 y + 1} \\[3mm] Y + v_Y = \dfrac{a_2 x + b_2 y + c_2}{a_3 x + b_3 y + 1} \end{array}\right\} \qquad (12\text{-}4\text{-}9)$$

若 a_3、b_3 为 0，则退化成了仿射变换。模型中共有 8 个未知数，至少需要 4 个公共点。若公共点数 n 大于 4，可用最小二乘求解。将模型线性化得：

$$\begin{bmatrix} \left(\dfrac{\partial X}{\partial a_1}\right)_0 & \left(\dfrac{\partial X}{\partial b_1}\right)_0 & \left(\dfrac{\partial X}{\partial c_1}\right)_0 & 0 & 0 & 0 & \left(\dfrac{\partial X}{\partial a_3}\right)_0 & \left(\dfrac{\partial X}{\partial b_3}\right)_0 \\[3mm] 0 & 0 & 0 & \left(\dfrac{\partial Y}{\partial a_2}\right)_0 & \left(\dfrac{\partial Y}{\partial b_2}\right)_0 & \left(\dfrac{\partial Y}{\partial c_2}\right)_0 & \left(\dfrac{\partial Y}{\partial a_3}\right)_0 & \left(\dfrac{\partial Y}{\partial b_3}\right)_0 \end{bmatrix} \begin{bmatrix} \mathrm{d}a_1 \\ \mathrm{d}b_1 \\ \mathrm{d}c_1 \\ \mathrm{d}a_2 \\ \mathrm{d}b_2 \\ \mathrm{d}c_2 \\ \mathrm{d}a_3 \\ \mathrm{d}b_3 \end{bmatrix} = \begin{bmatrix} X - X_0 \\ Y - Y_0 \end{bmatrix}$$

$$(12\text{-}4\text{-}10)$$

其中

$$\frac{\partial X}{\partial a_1} = \frac{x}{a_3 x + b_3 y + 1}, \quad \frac{\partial X}{\partial b_1} = \frac{y}{a_3 x + b_3 y + 1}, \quad \frac{\partial X}{\partial c_1} = \frac{1}{a_3 x + b_3 y + 1}$$

$$\frac{\partial X}{\partial a_3} = -\frac{a_1 x + b_1 y + c_1}{(a_3 x + b_3 y + 1)^2} x, \quad \frac{\partial X}{\partial b_3} = -\frac{a_1 x + b_1 y + c_1}{(a_3 x + b_3 y + 1)^2} y$$

$$\frac{\partial Y}{\partial a_2} = \frac{x}{a_3 x + b_3 y + 1}, \quad \frac{\partial Y}{\partial b_2} = \frac{y}{a_3 x + b_3 y + 1}, \quad \frac{\partial Y}{\partial c_2} = \frac{1}{a_3 x + b_3 y + 1}$$

$$\frac{\partial Y}{\partial a_3} = -\frac{a_2 x + b_2 y + c_2}{(a_3 x + b_3 y + 1)^2} x, \quad \frac{\partial Y}{\partial b_3} = -\frac{a_2 x + b_2 y + c_2}{(a_3 x + b_3 y + 1)^2} y$$

同上，可按间接平差可求得未知参数的解。

12.4.4　直接线性变换

直接线性变换是单像空间后方交会方法之一，不需要框标和摄影机内外方位元素的起始近似值，特别适用于非量测摄影机所摄像片的处理。直接线性变换的基本公式是：

$$\left.\begin{array}{l} x + \dfrac{L_1 X + L_2 Y + L_3 Z + L_4}{L_9 X + L_{10} Y + L_{11} Z + 1} = 0 \\[3mm] y + \dfrac{L_5 X + L_6 Y + L_7 Z + L_8}{L_9 X + L_{10} Y + L_{11} Z + 1} = 0 \end{array}\right\} \qquad (12\text{-}4\text{-}11)$$

x、y 是像方坐标，X、Y 是地面坐标，含有 11 个未知参数，至少需要 6 个地面控制点。这 11 个未知参数是摄影光束内、外方位元素和像片线性系统误差（包括坐标轴尺度不一致、

误差理论与测量平差

坐标轴不垂直等)的函数。令 $A = L_9 X + L_{10} Y + L_{11} Z + 1$，将式(12-4-11)写成误差方程式的形式：

$$
\left.\begin{aligned}
v_x &= \frac{X}{A}L_1 + \frac{Y}{A}L_2 + \frac{Z}{A}L_3 + \frac{1}{A}L_4 - \frac{xX}{A}L_9 - \frac{xY}{A}L_{10} - \frac{xZ}{A}L_{11} - \frac{x}{A} \\
v_{yx} &= \frac{X}{A}L_5 + \frac{Y}{A}L_6 + \frac{Z}{A}L_7 + \frac{1}{A}L_8 - \frac{yX}{A}L_9 - \frac{yY}{A}L_{10} - \frac{yZ}{A}L_{11} - \frac{y}{A}
\end{aligned}\right\}
$$
(12-4-12)

式(12-4-12)为非线性公式，解算时需要迭代趋近。

在实际工作中，求解出这 11 个参数后，并不根据它们之间的关系求内外方位元素，而是利用它们求任一地面点的空间坐标。

12.5 多项式几何纠正平差模型

数字遥感图像处理中常用一个适当的多项式来模拟两幅图像间的几何变形，几何精纠正中就常采用多项式拟合。其核心是在两幅图像上确定分布均匀、足够数量的同名点，由同名点来解算多项式系数，建立多项式坐标变换模型，最终完成图像的几何纠正。

12.5.1 一般多项式模型：

假设 (x, y) 为原始图像上控制点的坐标向量，$x = (x_1, x_2, \cdots, x_m)^T$，$y = (y_1, y_2, \cdots, y_m)^T$，$(X, Y)$ 为同名点对应的地面或地图坐标向量，$X = (X_1, X_2, \cdots, X_m)^T$，$Y = (Y_1, Y_2, \cdots, Y_m)^T$，$m$ 为同名点个数。有

$$
\left.\begin{aligned}
x &= a_0 + (a_1 X + a_2 Y) + (a_3 X^2 + a_4 XY + a_5 Y^2) + (a_6 X^3 + a_7 X^2 Y + a_8 XY^2 + a_9 Y^3) + \cdots \\
y &= b_0 + (b_1 X + b_2 Y) + (b_3 X^2 + b_4 XY + b_5 Y^2) + (b_6 X^3 + b_7 X^2 Y + b_8 XY^2 + b_9 Y^3) + \cdots
\end{aligned}\right\}
$$
(12-5-1)

得误差方程式：

$$
\left.\begin{aligned}
v_x &= B\Delta_a - L_x \\
v_y &= B\Delta_b - L_y
\end{aligned}\right\}
$$
(12-5-2)

其中改正向量为：

$$
\begin{aligned}
v_x &= \begin{bmatrix} v_{x_1} & v_{x_2} & \cdots \end{bmatrix}^T \\
v_y &= \begin{bmatrix} v_{y_1} & v_{y_2} & \cdots \end{bmatrix}^T
\end{aligned}
$$
(12-5-3)

系数阵为：

$$
B = \begin{bmatrix} 1 & X_1 & Y_1 & X_1^2 & X_1 Y_1 & \cdots \\ \vdots & \vdots & \vdots & \vdots & \vdots & \\ 1 & X_m & Y_m & Y_1^2 & X_m Y_m & \cdots \end{bmatrix}
$$
(12-5-4)

所求的未知数为变换系数：

$$
\left.\begin{aligned}
\Delta_a &= \begin{bmatrix} a_0 & a_1 & a_2 & \cdots & a_n \end{bmatrix} \\
\Delta_b &= \begin{bmatrix} b_0 & b_1 & b_2 & \cdots & b_n \end{bmatrix}
\end{aligned}\right\}
$$
(12-5-5)

n 为系数的个数。像点坐标为：

$$\left. \begin{array}{l} L_x = \begin{bmatrix} x_1 & x_2 & \cdots \end{bmatrix} \\ L_y = \begin{bmatrix} y_1 & y_2 & \cdots \end{bmatrix} \end{array} \right\} \tag{12-5-6}$$

构成法方程：

$$\left. \begin{array}{l} (B^{\mathrm{T}} B) \Delta_a = B^{\mathrm{T}} L_x \\ (B^{\mathrm{T}} B) \Delta_b = B^{\mathrm{T}} L_y \end{array} \right\} \tag{12-5-7}$$

计算多项式系数：

$$\begin{array}{l} \Delta_a = (B^{\mathrm{T}} B)^{-1} B^{\mathrm{T}} L_x \\ \Delta_b = (B^{\mathrm{T}} B)^{-1} B^{\mathrm{T}} L_y \end{array} \tag{12-5-8}$$

精度评定：

$$\begin{array}{l} \delta_x = \pm \sqrt{\left(\dfrac{[V_x^{\mathrm{T}} V_x]}{m-n} \right)} \\[3mm] \delta_y = \pm \sqrt{\left(\dfrac{[V_y^{\mathrm{T}} V_y]}{m-n} \right)} \end{array} \tag{12-5-9}$$

当多项式的阶次为一时，上述多项式为仿射纠正模型（可参考本章 12.5 节），可处理平移、旋转、比例尺变化和仿射变形等引起的线性变形。当多项式的阶次为二时，在改正一次项各种变形的基础上，可改正偏扭、弯曲等二次非线性变形。一般用二阶多项式就可以了。

12.5.2　二次多项式纠正模型

二阶多项式模型为：

$$\left. \begin{array}{l} x = a_0 + (a_1 X + a_2 Y) + (a_3 X^2 + a_4 XY + a_5 Y^2) \\ y = b_0 + (b_1 X + b_2 Y) + (b_3 X^2 + b_4 XY + b_5 Y^2) \end{array} \right\} \tag{12-5-10}$$

误差方程：

$$V = BX - L \tag{12-5-11}$$

其中

$$B = \begin{bmatrix} 1 & X_1 & Y_1 & X_1^2 & X_1 Y_1 & Y_1^2 \\ \vdots & \vdots & \vdots & \vdots & \vdots & \vdots \\ 1 & X_m & X_m & X_m^2 & X_m Y_m & Y_m^2 \end{bmatrix}, \; X = \begin{bmatrix} a_0 & b_0 \\ a_1 & b_1 \\ a_2 & b_2 \\ a_3 & b_3 \\ a_4 & b_4 \\ a_5 & b_5 \end{bmatrix}, \; L = \begin{bmatrix} x_1 & y_1 \\ \vdots & \vdots \\ x_n & y_n \end{bmatrix}$$

法方程为：

$$
\begin{bmatrix}
n & \sum\limits_{i=1}^{n} X_i & \sum\limits_{i=1}^{n} Y_i & \sum\limits_{i=1}^{n} X_i^2 & \sum\limits_{i=1}^{n} X_i Y_i & \sum\limits_{i=1}^{n} Y_i^2 \\
\sum\limits_{i=1}^{n} X_i^2 & \sum\limits_{i=1}^{n} X_i Y_i & \sum\limits_{i=1}^{n} X_i^3 & \sum\limits_{i=1}^{n} X_i^2 Y_i & \sum\limits_{i=1}^{n} X_i Y_i^2 \\
& \sum\limits_{i=1}^{n} Y_i^2 & \sum\limits_{i=1}^{n} X_i^2 Y_i & \sum\limits_{i=1}^{n} X_i Y_i^2 & \sum\limits_{i=1}^{n} Y_i^3 \\
\text{对} & & \sum\limits_{i=1}^{n} X_i^4 & \sum\limits_{i=1}^{n} X_i^3 Y_i & \sum\limits_{i=1}^{n} X_i^2 Y_i^2 \\
& & & \sum\limits_{i=1}^{n} X_i^2 Y_i^2 & \sum\limits_{i=1}^{n} X_i Y_i^3 \\
\text{称} & & & & \sum\limits_{i=1}^{n} Y_i^4
\end{bmatrix}
\begin{bmatrix}
a_0 & b_0 \\
a_1 & b_1 \\
a_2 & b_2 \\
a_3 & b_3 \\
a_4 & b_4 \\
a_5 & b_5
\end{bmatrix}
=
\begin{bmatrix}
\sum\limits_{i=1}^{n} x_i & \sum\limits_{i=1}^{n} y_i \\
\sum\limits_{i=1}^{n} (x_i X_i) & \sum\limits_{i=1}^{n} (y_i X_i) \\
\sum\limits_{i=1}^{n} (x_i Y_i) & \sum\limits_{i=1}^{n} (y_i Y_i) \\
\sum\limits_{i=1}^{n} (x_i X_i^2) & \sum\limits_{i=1}^{n} (y_i X_i^2) \\
\sum\limits_{i=1}^{n} (x_i X_i Y_i) & \sum\limits_{i=1}^{n} (y_i X_i Y_i) \\
\sum\limits_{i=1}^{n} (x_i Y_i^2) & \sum\limits_{i=1}^{n} (y_i Y_i^2)
\end{bmatrix}
$$

$$(12\text{-}6\text{-}12)$$

可得未知数的解为：

$$
\begin{bmatrix}
a_0 & b_0 \\
a_1 & b_1 \\
a_2 & b_2 \\
a_3 & b_3 \\
a_4 & b_4 \\
a_5 & b_5
\end{bmatrix}
=
\begin{bmatrix}
n & \sum\limits_{i=1}^{n} X_i & \sum\limits_{i=1}^{n} Y_i & \sum\limits_{i=1}^{n} X_i^2 & \sum\limits_{i=1}^{n} X_i Y_i & \sum\limits_{i=1}^{n} Y_i^2 \\
\sum\limits_{i=1}^{n} X_i^2 & \sum\limits_{i=1}^{n} X_i Y_i & \sum\limits_{i=1}^{n} X_i^3 & \sum\limits_{i=1}^{n} X_i^2 Y_i & \sum\limits_{i=1}^{n} X_i Y_i^2 \\
& \sum\limits_{i=1}^{n} Y_i^2 & \sum\limits_{i=1}^{n} X_i^2 Y_i & \sum\limits_{i=1}^{n} X_i Y_i^2 & \sum\limits_{i=1}^{n} Y_i^3 \\
\text{对} & & \sum\limits_{i=1}^{n} X_i^4 & \sum\limits_{i=1}^{n} X_i^3 Y_i & \sum\limits_{i=1}^{n} X_i^2 Y_i^2 \\
& & & \sum\limits_{i=1}^{n} X_i^2 Y_i^2 & \sum\limits_{i=1}^{n} X_i Y_i^3 \\
\text{称} & & & & \sum\limits_{i=1}^{n} Y_i^4
\end{bmatrix}^{-1}
\begin{bmatrix}
\sum\limits_{i=1}^{n} x_i & \sum\limits_{i=1}^{n} y_i \\
\sum\limits_{i=1}^{n} (x_i X_i) & \sum\limits_{i=1}^{n} (y_i X_i) \\
\sum\limits_{i=1}^{n} (x_i Y_i) & \sum\limits_{i=1}^{n} (y_i Y_i) \\
\sum\limits_{i=1}^{n} (x_i X_i^2) & \sum\limits_{i=1}^{n} (y_i X_i^2) \\
\sum\limits_{i=1}^{n} (x_i X_i Y_i) & \sum\limits_{i=1}^{n} (y_i X_i Y_i) \\
\sum\limits_{i=1}^{n} (x_i Y_i^2) & \sum\limits_{i=1}^{n} (y_i Y_i^2)
\end{bmatrix}
$$

$$(12\text{-}5\text{-}13)$$

12.6 数字遥感影像最小二乘匹配的平差模型

影像匹配是对物方空间的同一目标所获得的不同影像进行配准逼供确定同名像点的过程。数字遥感影像最小二乘匹配，能同时改正几何变形和辐射误差，可应用到不同传感器影像配准于融合、GIS 信息更新、摄影测量数字空中三角测量、数字高程模型的建立和数字微分纠正等方面。

12.6.1 辐射畸变改正

设 g_l，$\overline{g}_l$ 和 σ_{g_l} 分别为左影像的灰度值、均值和标准差，g_r，$\overline{g}_r$ 和 σ_{g_r} 分别为右影像的灰度值、均值和标准差，通过中心化和规格化得：

$$\left.\begin{array}{l} g_1 = (g_l - \bar{g}_l)/\sigma_{g_l} \\ g_2 = (g_r - \bar{g}_r)/\sigma_{g_r} \end{array}\right\} \tag{12-6-1}$$

假设在左影像和右影像之间存在线性的辐射畸变，为了使两影像在灰度分布上一致，使用线性变换进行改正：

$$g_1 = h_0 + h_1 g_2 \tag{12-6-2}$$

式中，h_0，h_1 是辐射畸变参数。以左窗口影像为基准对右窗口影像进行改正，有：

$$g_1 + n_1 = h_0 + h_1 g_2 + g_2 + n_2$$

n_1、n_2 为左右影像的随机噪声。则误差方程为：

$$v = n_1 - n_2 = h_0 + h_1 g_2 - (g_1 - g_2) \tag{12-6-3}$$

设影像窗口大小为 $n \times n$，每个像素点都有一对灰度值。判别影像匹配的准则之一就是灰度差平方和最小，以此为原则，可以逐点列出误差方程并建立法方程得：

$$\left.\begin{array}{l} n^2 h_0 + \left(\displaystyle\sum_{i=0}^{n-1} \sum_{j=0}^{n-1} (g_2(i, j)) \right) h_1 = \displaystyle\sum_{i=0}^{n-1} \sum_{j=0}^{n-1} (g_1(i, j)) - \displaystyle\sum_{i=0}^{n-1} \sum_{j=0}^{n-1} (g_2(i, j)) \\[2em] \left(\displaystyle\sum_{i=0}^{n-1} \sum_{j=0}^{n-1} (g_2(i, j)) \right) h_0 + \left(\displaystyle\sum_{i=0}^{n-1} \sum_{j=0}^{n-1} (g_2^2(i, j)) \right) h_1 \\[2em] = \displaystyle\sum_{i=0}^{n-1} \sum_{j=0}^{n-1} (g_1(i, j) g_2(i, j)) - \displaystyle\sum_{i=0}^{n-1} \sum_{j=0}^{n-1} (g_2^2(i, j)) \end{array}\right\}$$

$$\tag{12-6-4}$$

由于左右影像均已中心化，有：

$$\sum_{i=0}^{n-1} \sum_{j=0}^{n-1} (g_1(i, j)) = 0 \ , \ \sum_{i=0}^{n-1} \sum_{j=0}^{n-1} (g_2(i, j)) = 0$$

所以解法方程得：

$$\left.\begin{array}{l} h_0 = 0 \\[1em] h_1 = \dfrac{\displaystyle\sum_{i=0}^{n-1} \sum_{j=0}^{n-1} (g_1(i, j) g_2(i, j))}{\displaystyle\sum_{i=0}^{n-1} \sum_{j=0}^{n-1} (g_2^2(i, j))} - 1 \end{array}\right\} \tag{12-6-5}$$

12.6.2　仅考虑线性辐射畸变的最小二乘影像匹配

将式(12-6-5)代入式(12-6-3)可知，消除了辐射畸变后的灰度余差为：

$$v = h_1 g_2 - g_1 + g_2 = \frac{\displaystyle\sum_{i=0}^{n-1} \sum_{j=0}^{n-1} (g_1(i, j) g_2(i, j))}{\displaystyle\sum_{i=0}^{n-1} \sum_{j=0}^{n-1} (g_2^2(i, j))} g_2 - g_1 \tag{12-6-6}$$

则余差平方和为：

$$\sum_{i=0}^{n-1}\sum_{j=0}^{n-1}(vv) = \sum_{i=0}^{n-1}\sum_{j=0}^{n-1}(g_1^2(i,j)) - \frac{\left(\sum_{i=0}^{n-1}\sum_{j=0}^{n-1}(g_1(i,j)g_2(i,j))\right)^2}{\sum_{i=0}^{n-1}\sum_{j=0}^{n-1}(g_2^2(i,j))} \tag{12-6-7}$$

因为相关系数的定义如下：

$$\rho^2 = \frac{C_{g_1g_2}^2}{C_{g_1g_1}C_{g_2g_2}} = \frac{\left(\sum_{i=0}^{n-1}\sum_{j=0}^{n-1}(g_1(i,j)g_2(i,j))\right)^2}{\left(\sum_{i=0}^{n-1}\sum_{j=0}^{n-1}(g_1^2(i,j))\right)\left(\sum_{i=0}^{n-1}\sum_{j=0}^{n-1}(g_2^2(i,j))\right)} \tag{12-6-8}$$

代入式(12-6-7)得相关系数灰度余差平方和的关系为：

$$\sum_{i=0}^{n-1}\sum_{j=0}^{n-1}(vv) = \left(\sum_{i=0}^{n-1}\sum_{j=0}^{n-1}(g_1^2(i,j))\right)(1-\rho^2) \tag{12-6-9}$$

定义信噪比为：

$$\mathrm{SNR} = \sqrt{\frac{信号功率}{噪声功率}} = \sqrt{\frac{\sum_{i=0}^{n-1}\sum_{j=0}^{n-1}(g_1^2(i,j))}{\sum_{i=0}^{n-1}\sum_{j=0}^{n-1}(v^2(i,j))}} = \sqrt{(1-\rho^2)} \tag{12-6-10}$$

可得到以信噪比表示的相关系数为：

$$\rho = \sqrt{1 - \frac{1}{(\mathrm{SNR})^2}} \tag{12-6-11}$$

基于辐射畸变改正的最小二乘影像匹配就是求相关系数最大的序列，或搜索信噪比最大的序列。

12.6.3 兼顾几何变形和辐射改正的最小二乘影像匹配

在影像匹配中不可避免地存在相对位移、旋转和比例缩放等几何变形。这些变形可采用本章 12.4 节、12.5 节所述的方法进行纠正。在这里以仿射纠正(一次多项式纠正)为例，阐述兼顾几何变形和辐射改正的最小二乘影像匹配的平差模型。

仿射变换表达为：

$$\left.\begin{array}{l} x_2 = a_0 + a_1 x_1 + a_2 y_1 \\ y_2 = b_0 + b_1 x_1 + b_2 y_1 \end{array}\right\} \tag{12-6-12}$$

(x_1, y_1) 和 (x_2, y_2) 是左右影像同名像素的坐标，$(a_0, a_1, a_2, b_0, b_1, b_2)$ 是仿射变换系数。影像匹配时，兼顾几何变形和辐射畸变，取左影像为基准影像，令 $x=x_1$，$y=y_1$ 有：

$$g_1(x,y) + n_1(x,y) = h_0 + h_1 g_2(x_2,y_2) + g_2(x_2,y_2) + n_2(x_2,y_2) \tag{12-6-13}$$

则误差方程为：

$$v = n_1(x,y) - n_2(x_2,y_2) = h_0 + h_1 g_2(x_2,y_2) + g_2(x_2,y_2) - g_1(x,y) \tag{12-6-14}$$

考虑式(12-6-12)并线性化有：

$$v = c_1 da_0 + c_2 da_1 + c_3 da_2 + c_4 db_0 + c_5 db_1 + c_6 db_2 + dh_0 + g_2 dh_1 - (g_1(x,y) - g_2(x,y)) \tag{12-6-15}$$

式中，da_0、da_1 和 da_2 分别是 x 方向的位移、比例和旋转改正，db_0、db_1 和 db_2 分别是 y 方向的位移、比例和旋转改正，dh_0、dh_1 是辐射改正系数，$c_1 = \dfrac{\partial g_2}{\partial x_2} \cdot \dfrac{\partial x_2}{\partial a_0}$，$c_2 = \dfrac{\partial g_2}{\partial x_2} \cdot \dfrac{\partial x_2}{\partial a_1}$，

$c_3 = \dfrac{\partial g_2}{\partial x_2} \cdot \dfrac{\partial x_2}{\partial a_2}$，$c_4 = \dfrac{\partial g_2}{\partial y_2} \cdot \dfrac{\partial y_2}{\partial b_0}$，$c_5 = \dfrac{\partial g_2}{\partial y_2} \cdot \dfrac{\partial y_2}{\partial b_1}$，$c_3 = \dfrac{\partial g_2}{\partial y_2} \cdot \dfrac{\partial y_2}{\partial b_2}$。

　　按式(12-6-15)逐像素建立误差方程，用间接平差进行求解。求得变形参数(几何和辐射)后，计算相关系数，搜索相关系数最大的序列，得到最佳匹配点位。在实际应用中，由于辐射改正和几何改正是两种不同性质的运算，需要分别进行。

参考文献

[1]武汉大学测绘学院测量平差学科组.误差理论与测量平差基础(第二版).武汉：武汉大学出版社，2009.

[2]陈永龄，夏坚白，王之卓.测量平差法.上海：商务印书馆，1943.

[3]武汉大学测绘学院测量平差学科组.误差理论与测量平差基础.武汉：武汉大学出版社，2003.

[4]武汉大学测绘学院测量平差学科组.误差理论与测量平差基础习题集.武汉：武汉大学出版社，2005.

[5]武汉测绘科技大学测量平差教研室.测量平差基础(第三版).北京：测绘出版社，1996.

[6]王新洲，陶本藻，邱卫宁等.高等测量平差.北京：测绘出版社，2006.

[7]邱卫宁，陶本藻，姚宜斌等.测量数据处理理论与方法.武汉：武汉大学出版社，2008.

[8]於宗俦，鲁林成.测量平差基础(增订本).北京：测绘出版社，1983.

[9]於宗俦，鲁林成.测量平差基础原理.武汉：武汉测绘科技大学出版社，1990.

[10]刘大杰，陶本藻.实用测量数据处理方法.北京：测绘出版社，2000.

[11]陶本藻.自由网平差与变形分析.北京：测绘出版社，1984.

[12]陶本藻.自由网平差与变形分析(新版).武汉：测绘科技大学出版社，2001.

[13]李庆海，陶本藻.概率统计原理和在测量中的应用(第二版).北京，测绘出版社，1992.

[14]高士纯，于正林.测量平差基础习题集.北京：测绘出版社，1983.

[15]王新洲.非线性模型参数估计理论与应用.武汉：武汉大学出版社，2002.8.

[16]崔希璋，於宗俦，陶本藻，刘大杰.广义测量平差.武汉：武汉测绘科技大学出版社，2000.

[17]黄维彬.近代平差理论及其应用.北京：解放军出版社，1992.

[18]孙家抦.遥感原理与应用.武汉：武汉大学出版社.2003.

[19]杨元喜，宋力杰，徐天河.大地测量相差观测抗差估计理论.测绘学报，2002(2).

[20]周江文，黄幼才，杨元喜，欧吉坤.抗差二乘法.武汉：华中理工大学出版社，1995.

[21]刘大杰，史文中，童小华，孙红春.GIS空间数据精度分析与质量控制.上海市科学技术文献出版社，1999.

[22]陈鹰.遥感影像的数字摄影测量.上海：同济大学出版社，2003.

[23]张祖勋，张剑清.数字摄影测量学.武汉：武汉大学出版社，1997.

［24］李德仁，郑肇葆．解析摄影测量学．北京：测绘出版社，1992.

［25］Gauss. C. F. Theoria motus corporum coelestium. Hamburg，1809.

［26］E. M. Mikhail，G. Gracie. Analysis and Adjustment of Surver Measurements. New York，1981.

［27］P. Meissl. Least Squares Adjustment a Modern Approach. Technischen Universitat Craz，1982.

［28］K. R. Koch. Parameter Estimation and Hypothesis Testing Linear Models. Springer-Verlag，1987.

［29］Hardy R. L. The Application of Multiquadric Equation and Point Mass Anomaly Models to Crustal Movement Studies. NOAA Technical Report NOS76，NGS11，1978.

［30］P. J. G Teunissen. Nonlinear least squares. Manuscript Geodaetica. 1990，Vol. 15：137-150.

［31］Hein G. A Model comparison in vertical crustal motion estimation using leveling data. NOAA Technical Report NOS117，NGS 35，1986.

［32］Bjerhammer A. Theory of errors and generalized matrix inverse. Elsevier，Amsterdam，1973.

［33］Rao C. R，Mitra S. K. Generalized inverses of matrices and its applications. John Wiley，1971.

［34］Mittermayer E. Eine Verallgeminerung der Methode der Kleinsten Qundrate zur Ausgleichung freier Netze. Z. F. V(11)，1971.

［35］E. W. Grafarend，B. Schaffrin. Ausgleichungsrechnung in Linearen Modellen. B：I Wissens-chaftsverlag，1993.

［36］Huber P J. Robust Statistics. New York：Wiley，1981.

［37］Huber P J. Robust estimation of a location. Ann. Math. Statist. 1964.

［38］Tong，X. H.，Shi，W. Z.，Liu，D. J.. A least squares-based method for adjusting the boundaries of area objects. Photogrammetric Engineering and Remote Sensing，2005，71（2）：189-195.

［39］Tong，X. H.，Shi，W. Z.，Liu，D. J.. Introducing scale parameters for adjusting area objects in GIS based on least squares and variance component estimation. International Journal of Geographical Information Science，2009，23(11)：1413-1432.

［40］Tong X. H.，Shi，W. Z.，Liu，D. J.. Improved accuracy of area objects in a Geographic Information System based on Helmert's variance component estimation method. Journal of Surveying Engineering，2009，135(1)：19-26.